食品与营养
科学研究方法

周合江　李秀芬　主编

中国科学技术出版社
·北　京·

图书在版编目（CIP）数据

食品与营养科学研究方法 / 周合江，李秀芬主编 . 北京：中国科学技术出版社，2025. 8. -- ISBN 978-7-5236-1494-5

Ⅰ . TS201.4-3

中国国家版本馆 CIP 数据核字第 2025LE7353 号

策划编辑	韩海丽　王晓平
责任编辑	王晓平　朱治安
封面设计	孙雪鹂
正文设计	中文天地
责任校对	吕传新
责任印制	李晓霖

出　　版	中国科学技术出版社
发　　行	中国科学技术出版社有限公司
地　　址	北京市海淀区中关村南大街 16 号
邮　　编	100081
发行电话	010-62173865
传　　真	010-62173081
网　　址	http://www.cspbooks.com.cn

开　　本	710mm × 1000mm　1/16
字　　数	335 千字
印　　张	20.25
版　　次	2025 年 8 月第 1 版
印　　次	2025 年 8 月第 1 次印刷
印　　刷	北京荣泰印刷有限公司
书　　号	ISBN 978-7-5236-1494-5
定　　价	78.00 元

编委会

主　　编　周合江　云南农业大学

　　　　　　李秀芬　云南农业大学

副 主 编　苏凌燕　云南农业大学

　　　　　　杜传来　安徽科技学院

　　　　　　耿　欣　青岛农业大学

　　　　　　陈山泉　香港中文大学

编写人员（按姓氏拼音排序）

　　　　　　韩爱玲　山西师范大学

　　　　　　刘鹏飞　齐鲁工业大学

　　　　　　滕　飞　东北农业大学

　　　　　　王　策　大连工业大学

　　　　　　王曙光　昆明理工大学

　　　　　　魏晓博　宁夏大学

　　　　　　闫鑫磊　内蒙古农业大学

　　　　　　云少君　山西农业大学

前　言

食品与营养科学作为一门多学科交叉融合形成的应用型学科，涵盖了食品科学、营养学、生物学、化学、医学和公共卫生学等多个学科的知识。随着全球人口的增长、生活方式的改变以及慢性疾病的流行，食品与营养科学的研究在促进人类健康、预防疾病和改善生活质量方面，发挥着越来越重要的作用。《食品与营养科学研究方法》一书旨在为读者提供一套系统、科学的研究方法，帮助研究者深入理解食品与营养科学的复杂性，并为解决实际问题提供科学依据。

本书基于食品与营养科学领域的最新研究进展和实践需求，系统地介绍了从基础理论到前沿技术的全方位内容。开篇介绍了食品与营养科学的基本概念及研究方法的重要性，为读者奠定理论基础；随后详细阐述了营养素的评价方法，帮助研究者准确评估膳食摄入及其健康影响；探讨了营养素消化与吸收的研究方法，为理解食物代谢过程及设计营养干预策略提供科学依据；介绍了营养与代谢研究方法，揭示营养与疾病的复杂关系，支持疾病预防与治疗。此外，本书深入探讨了组学技术在食品营养研究中的应用，为研究者提供从分子到整体的全面视角，推动学科发展。同时，本书聚焦公共营养、个性化食品营养及营养流行病学研究方法，为制定公共营养政策、设计营养干预策略及实现精准营养与个性化健康管理提供支持。最后，本书系统地介绍了食品与营养科学研究的数据统计方法及论文撰写要点，为研究者提供实用指导，并总结了领域面临的机遇与挑战。

本书由云南农业大学食品学院云南省精准营养与个性化食品制造重点实验室周合江和李秀芬主编，由在香港中文大学、东北农业大学、大连工业大学、昆明理工大学等多所高等院校中长期从事食品与营养教学与科研工作的一线教师和研究者共同编写，感谢所有参与本书编写的老师和参与辅助工作的学生们。本书编写过程中参阅了一部分教材和文献资料，在此谨向有关作者表示感谢；也衷心感谢中国科学技术出版社的鼎力支持和帮助。本书不仅可供高等院校食品营养与健康类各专业教学使用，也可供相关领域的科研人员和专业技术工作者参考阅读。希望本书能够为您的研究和实践提供助力，共同推动食品与营养科学的繁荣发展。

在编写过程中，我们力求内容的科学性和实用性，但由于食品与营养科学领域的快速发展以及编者学识水平有限，书中难免存在疏漏和不足之处。我们欢迎广大读者提出宝贵意见和建议，以便在未来的版本中不断完善和改进，编者不胜感谢！

编　者

2025 年 3 月

目 录

第 1 章
绪论

李秀芬

学习目标

1. 了解食品与营养科学研究的发展历程。
2. 了解食品与营养科学研究的主要方法。

1.1 食品与营养科学研究中的基本概念

1.1.1 食品与营养的概念

1.1.1.1 食品的定义

食品（food），也称食物，是营养物质的客观真实载体，承载着维持人体健康所需的各种营养素。笼统地说，凡是能用来供人类充饥，并经消化吸收后构成机体供给、活动所需能量或调节生理机能的无毒无害物质都可统称为食品。根据不同的适用对象，食品有不同的定义。国际食品法典委员会（Codex Alimentarius Commission，CAC）对食品的定义是任何加工、半加工或未经加工供人类食用的物质，包括饮料、口香糖及生产、制作或处理食品时所用的任何物质，但不包括化妆品、烟草或只作药物使用的物质。美国及欧盟对食品的定义大致相同，都指未加工、部分加工或者完全加工的，可以用于人类食用的物品。《中华人民共和国食品安全法》（2021 修正）对食品的定义是，各种供人食用或者饮用的成品和原料以及按照传统既是食品又是中药材的物品，但是不包括以治疗为目的的物品。根据国务院卫生行政部门发布的三批次既是食品又是中药材名单（卫法监发［2002］51 号、2019 年第 8 号、2023 年第 9 号、2024 年第 4 号），截至 2024 年年底，共计 106 种物质是按照传统既是食品又是中药材的物质。生产经营的食品中不得添加药品，但是可以添加按照传统既是食品又是中药材的物质（简称“食药物质”）。相比来看，我国对食品范畴的界定略广。这是由于我国食物供给来源多，从陆地的山珍到海洋里的海味，从传统农作物和畜禽资源到更丰富的生物资源，动植物种类多种多样。当前，人民日益多元化的食品消费结构，表现为不满足于“吃得饱、吃得好”，进一步向“吃得营养、吃得健康”方向转变。“大食物观”倡导开发和生产更多样化的非粮食物，不断满足着人民群众的食物消费需求。

食品通常具有三个基本属性：第一，食品应具有安全属性，食品应不含有毒有害物质，应确保消费者在食用过程中的健康与安全；第二，食品应具有营养属性，食品能够提供人体所需的营养物质，对人体的生理功能产生积极的影响，能够维持人体的健康；第三，食品应具有感官属性，食品应具有一定的色泽、香气和味道，能够满足人们对色、香、味、形和质地的享受，能促进食欲。在食品的属性中，安全属性是前提，营养属性是核心，感官属性是附加值。食品的营养属性又有两层含义：一是提供机体处于正常状态下的营养素和能量补给；二是或可具有增强机体免疫力、调节机体生理节律、预防疾病、促进康复或延缓衰老等功能。因此，补充功能或调节作用明确，并且得到国际上相关法律法规认可的食品，可以称为功能食品。我国功能食品的定义与保健食品无异，指声称并具有特定保健功能或者以补充微生物、矿物质为目的的食品。功能食品适用于特定人群食用，具有调节机体功能，不以治疗疾病为目的，并且不会对人体产生任何急性、亚急性或慢性危害。

1.1.1.2 营养和营养素的定义

营养（nutrition）是与食品相伴而生的一个名词。营养是机体从外界摄取食物，经过体内消化、吸收和代谢，利用食物中对身体有益的物质构建机体组织器官，满足生理功能和体力活动需求的必要生物学过程。能维持人体正常生长发育、新陈代谢所必需的营养物质，被称为营养素（nutrient）。营养素指具有营养功能的物质，包括蛋白质、脂类、碳水化合物、维生素、矿物质、水和膳食纤维等。

食品营养学（food nutrition）是研究人体营养与健康关系的一门学科，指研究机体营养规律以及改善措施的科学，即研究食物对人体有益成分以及人体摄取和利用这些成分以维持、促进健康的规律和机制，在此基础上采取具体的、宏观的社会性措施改善人类健康、提高生命质量。因此，营养学主要涉及食物营养、人体营养和公共营养三大领域，或可将其分为基础营养、食物营养、公共营养、特殊人群营养和临床营养五大领域。食品营养学是营养学的一个分支，研究食物、营养与人体生长发育及健康的关系，以及据此提出预防疾病、保护和促进健康的措施、政策和法规，提高食品营养价值的方法以及食物资源开发的学科。食品是营养素的载体，是保障健康的基础，也是食品营养学的研究对象。营养不良（malnutrition）也称营养失调，是指由一种或几种营养素的缺乏或过剩，所造成的机体健康异常或疾病状态。营养不良包括两种表现，即营养缺乏（nutrition deficiency）和营养过剩（over nutrition）。

1.1.2 食品与营养科学研究方法

为了深入了解食品与人体的关系，营养学研究需要运用各种方法和技术。食品与营养科学研究的目的、项目和要求也不尽相同。食品与营养科学研究方法是一门以食品科学与营养学为基础理论的课程，揭示食品与营养领域研究内在规律的工具和手段。该课程综合性、实践性较强，重点阐述食品与营养研究中采取的研究方法和技术的科学性、规范性和适用性，以及食品与营养研究最新的手段、技术、思路和模式。食品与营养科学研究是应用物理、化学、生物化学等学科的基础理论、方法和技术，对食品原料、半成品和成品的营养属性和健康作用探究和评价过程。食品与营养科学研究是了解和评价食品营养的一系列基础性和关键性工作，是食品营养学的具体研究方法的总结和体现。该课程主要的研究内容包括：食品原料、辅料、添加剂、半成品、成品的营养素组成和评价方法，对机体的营养作用及其机制的研究方法，对疾病预防和人群营养干预的研究方法，以及如何进行数据分析并撰写科技论文等。食品的营养作用还包括它们被机体摄入后，在人体消化道（口腔、咽、食管、胃、小肠和大肠等）中消化和吸收过程的属性（结构、尺寸、特性）及微环境营养作用的具体评价等。

1.2 食品与营养科学研究的发展

1.2.1 国际食品营养学的发展

食品营养学源远流长，是基于营养学、食品科学、医学、生物化学、化学和农学等学科的发展，形成的独立学科，起源于古人对饮食文化、养生和医学的探索。随着食品营养学的发展，食品与营养的科学研究方法有了极大的发展。古代，人们通过观察和实践认识到食物对人体的影响是不同的，但没有充足的科学证据对这一理论做详细的阐述。古代朴素营养学说来源于人们对食物的营养和健康促进作用的关注。早在 3000 年前，西周时期的医政制度中设有负责饮食营养管理的专职人员，称为食医，列众医之首，是人类最早的食品营养学的实践。2000 多年前，被西方称为“医学之父”的古希腊医生希波克拉底曾说过“让食物成为你的药物，而不要让药成为你的食物”，强调了食物在营养与健康中的重要作用。这与我国古典营养学提出的“食药同源”具有相似之处。同一时期，我国古代著名医学著作《黄帝内经》记载了“五谷为养，五果为助，五畜为益，五菜为充”的饮食营养管理模式，是对食物营养和合理膳食较早的认识。

18 世纪末期，随着营养学概念和理论的逐渐形成，研究食品营养的科学方法也逐步建立起来。维生素的发现以及研究食物成分的化学分析方法的建立，极大地促进了现代营养学的发展。尤其是蛋白质、脂肪和糖类作为人体所需三大营养素的作用和微量元素的重要性，逐渐受到人们的重视，一系列通过化学、物理和生物手段分析食品中营养素的方法也因此产生了。之后，人们利用动物实验明确了一些营养缺乏病的病因，更多的研究食品营养的动物模型被建立起来。1934年，美国营养学会成立，标志着营养学正式成为一门学科。19—20世纪，食物中的主要营养素被分离和鉴定出来，营养学发展迎来鼎盛时期。宏观营养研究和微观营养素分析开始并行发展。营养素的消化、吸收、分布、代谢、生理活性和作用机制的研究，成为营养学研究的重点。人类对营养素生理作用的认识，经历了由整体机体水平向器官水平、组织水平、亚细胞结构和分子水平逐渐深入的过程。分子生物学技术的发展，极大地丰富了食品与营养科学的研究方法。1985年，分子营养学概念出现，标志着营养学进入分子时代。近年来，人们对营养素的研究不断深入，多不饱和脂肪酸在体内的作用受到重视，肠道菌群在体内的营养干预作用及机制研究引人注目，膳食纤维以及多种植物化学物质等非传统营养素的研究也取得了突出进展。食品营养学从对了解某些营养素在预防营养缺乏中所起的作用，发展为既预防营养缺乏症，又预防某些慢性和非传染性疾病的发生。目前，食品与营养科学研究开始从更加微观的角度研究营养与基因之间的相互作用以及对人类健康的影响，大规模测序技术和生物信息学研究方法逐渐在食品营养学研究中应用，食品精准营养与主动“治未病”引领食品与营养研究的潮流。

1.2.2 我国食品营养学研究的发展

在我国，对于食物和营养的探索可以追溯到上古时期神农尝百草的传说。我国历代名医对膳食营养也有许多论述。战国时期的名医扁鹊认为“君子有病，期先食以疗之，食疗不愈，然后用药”，说明膳食补充营养比药物更重要。唐代医药学家孙思邈论著《千金方》中提到“安身之本，必资于食”以及“不知食疗者，不足以全生”，体现了饮食与健康的重要关系，也体现了“食物是最好的药物”的科学理论。

20世纪初，我国出现了现代营养学。1913年，我国首次发布了食物营养成分分析和一些人群营养状况调查报告；在此基础上，第一次提出营养素供给量建议。1945年，中国营养学会成立。1952年，中国的“食物成分表”正式问世。1955 年，我国提出了中华人民共和国成立后第一个每日膳食营养素推荐供给量（recommended dietary allowance，RDA）。1956 年，《营养学报》创刊。1959 年，我国开展了历史上第一次全国性营养调查。1989 年 10 月，中国营养学会制定并发布了《中国居民膳食指南》（原名《我国的膳食指南》），指导人民群众采用平衡膳食增强健康。近些年来，营养学和食品科学及其相关学科都有了长足的进步。我国在食品营养学领域开展了很多工作，为提升我国居民健康作出了重要贡献。

为了进一步提高国民营养健康水平，国务院办公厅于 2017 年印发并实施了《国民营养计划（2017—2030）》，指出要以人民健康为中心，以普及营养健康知识、优化营养健康服务、完善营养健康制度、建设营养健康环境、发展营养健康产业为重点，关注国民生命全周期、健康全过程的营养健康，将营养融入所有健康政策，提高国民营养健康水平。这对我国食品营养学的发展提出了新的要求，也为我国食品营养学未来的发展指明了方向。在食品科学技术迅猛发展的时代，食品与营养科学研究方法的应用、创新和发展，将有更多的机遇和可能。

1.2.3 食品营养学研究的重要进展

食品与营养科学研究经过多年发展，研究不断深入，取得多项重要成就，积累了大量的营养知识和信息。以下为食品营养学在最近几十年所取得的重要研究进展。

1.2.3.1 基础营养学研究更加深入

基础营养学研究更加深入，并不断取得新进展。随着肥胖和超重者增多和糖尿病患病率的逐年上升，人们对能量平衡调节机制的认识不断深化；食物血糖生成指数（glycemic index，GI）概念得到认同，并被广泛应用。随着宏基因组学技术的发展，肠道微生物的作用逐渐被揭示，膳食纤维的生理功能及其在预防慢性非传染性疾病中的积极作用逐渐被认识。多种维生素（如维生素 C、维生素 E、β 胡萝卜素等），可以直接清除体内自由基；微量元素硒、铁、锌、铜、锰等和维生素 B_2，作为体内抗氧化辅因子的作用及其机制的研究仍在深入；硒对癌细胞有促进分化和抑制分裂的双向作用；叶酸、维生素 B_{12} 和维生素 B_6 与出生缺陷及心血管疾病病因关联的研究，深入分子水平。多不饱和脂肪酸特别是 ω-3 系列的 α-亚麻酸及其在体内形成的二十碳五烯酸（eicosapentaenoic acid，EPA）和二十二碳六烯酸（docosahexaenoic acid，DHA）的生理作用被揭示。

1.2.3.2 营养与健康的关系研究更受重视

营养与健康关系的研究已经成为现代营养学研究的一项重要任务。越来越多的研究和调查表明，一些严重危害身体健康的慢性病与膳食营养关系密切。膳食营养因素是这些疾病的重要成因，也可能成为预防和治疗这些疾病的重要手段。例如，高盐能引起高血压，叶酸、维生素 B_6 和维生素 B_{12} 对心血管疾病有预防作用。另外一些研究表明，癌症、高血压、冠心病、糖尿病乃至骨质疏松症等的发生和发展，都与一些共同的膳食因素有关，营养不平衡导致的肥胖已成为多种慢性病的共同危险因素。因此，世界卫生组织（World Health Organization，WHO）强调在社区中以改善膳食和适当体力活动为主要干预策略，来防治多种慢性病。当前，膳食营养过剩和“隐性饥饿”等问题突出，营养与健康的关系方面的研究还在进行。

1.2.3.3 食物中活性成分的研究十分活跃

食物中活性成分的作用机制，也是目前食品营养学研究较活跃的一个领域。有些流行病学观察结果难以用传统营养素来解释，而更多动物实验结果表明食物中的生物活性成分（如植物化学物质等），具有重要的功能。目前，食物中的生物活性成分研究较多的有植物多酚类（如酚酸和类黄酮等）、类胡萝卜素和异硫氰酸盐、大蒜中的含硫化合物、药食同源食物中的多糖（如人参皂苷）、红曲色素、动植物性食物中的活性肽等。这些成分多具有抗氧化、免疫调节和延缓衰老等作用，对心血管病和某些癌症具有一定的预防和辅助治疗作用。尽管目前还没有可靠的流行病学证据来解释摄入多少这些成分，能发挥预防某些慢性病或促进健康的作用，但多数学者认为这一新领域存在广阔的前景。

1.2.3.4 营养与遗传基因相互作用的研究是新热点

随着分子生物学理论与技术在生命科学各个学科领域的渗透与应用，营养与遗传基因相互作用的研究已成为一个新热点。目前，对有些营养素功能的认识已达到基因干预水平。例如，硒可能通过调节谷胱甘肽过氧化物酶（glutathione peroxidase，GSH-Px）的信使核糖核酸（messenger ribonucleic acid，mRNA）稳定性，来调控 *GSH-Px* 的基因表达。一些基因的异常表达或突变与某些慢性疾病的发生和发展，有着密切关系。例如，血浆中同型半胱氨酸水平异常升高，被认为是动脉粥样硬化的危险因素。正常情况下，胱硫醚合成酶和亚甲基四氢叶酸还原酶将同型半胱氨酸分别转化为半胱氨酸和蛋氨酸，使血液中同型半胱氨酸维持在较低的水平；当表达这两种酶的基因发生突变时，两种酶的活性下降，同型半胱氨酸水平升高，成为发生动脉粥样硬化的危险因素。基因、膳食与健康之间可能相互影响，基因因素可能与膳食及生活方式发生交互作用，并影响人类对疾病的易患性。此外，膳食还可能影响基因的多态性，从而影响相关疾病的发生。例如，膳食维生素 D 和钙的摄入量，则可能改变维生素 D 受体（vitamin D receptor，VDR）的多态性与结直肠腺瘤危险性相关联。

1.2.3.5 多国重视食品的营养强化

实际上，许多国家都很重视食品的营养强化。食品营养强化是指在现代营养科学的指导下，根据不同地区、不同人群的营养缺乏状况和营养需要，以及为弥补食品在正常加工、储存时造成的营养素损失，在食品中选择性地加入一种或者多种微量营养素或其他营养物质。食品营养强化不需要改变人们的饮食习惯，就可以增加人群对某些营养素的摄入量，从而达到纠正或预防人群微量营养素缺乏的目的。1941 年，美国食品与药品监督管理局（Food and Drug Administration，FDA）提出第一个强化面粉标准。之后，强化食品层出不穷。食品营养强化的优点在于，既能覆盖较大范围的人群，又能在短时间内收效，而且花费不多，是经济、便捷的营养改善方式，在世界范围内被广泛应用。1987 年，国际食品法典委员会（CAC）制定了《食品中必需营养素添加通则》，为各国的营养强化政策提供指导。在国际食品法典委员会的指导下，各国通过相关法规来规范本国的食品强化。目前，美国有92%以上的早餐谷类食物是进行了强化的。日本的强化食品标准严格、种类繁多。20世纪50年代，欧洲各国先后建立了强化食品的监督管理体制。有些国家强制对某些主食进行营养素强化，如英国规定面粉中至少应加入维生素B_1（2.4mg/kg）和烟酸（16.5mg/kg），人造奶油中必须添加维生素A和维生素D。2006年12月，欧盟发布了《食品中维生素、矿物质及其他特定物质的添加法令》，旨在避免由于各成员国对于食品中营养素强化量不一致而造成的贸易影响。其他国家也通过标准或管理规范等途径，对食品营养强化进行管理。20世纪50年代初，我国出现了婴儿强化食品；之后，强化食品品种逐步增多，对预防一些营养缺乏症起到了一定作用。1994年，我国建立了营养强化剂的使用标准《食品营养强化剂使用卫生标准》（GB 14880–1994），对规范我国的食品营养强化、指导生产单位生产，起到了积极作用；之后，涌现出一些维生素、矿物质和氨基酸的强化食品，如加碘食盐、强化食用油、强化酱油、强化面粉。此外，卫生部继续以公告的形式增补和扩大新批准的营养素品种和使用范围，借鉴国际和发达国家食品营养强化的管理经验，结合我国居民的最新营养状况和食品营养强化的实际情况，对该标准进行了修订和完善。2012年，我国推出《食品营养强化剂使用标准》（GB 14880–2012），对添加维生素等各类营养素的营养强化食品市场，进行强制性规范。

1.2.3.6 公共营养研究不断发展

第二次世界大战以后，社会性营养工作不断加强，公共营养研究不断发展。在世界卫生组织（WHO）与联合国粮食及农业组织（Food and Agriculture Organization，FAO）的努力下，营养工作的宏观调控作用不断加强。一些新的概念如营养监测（nutrition surveillance）、营养政策（nutrition policy）、投入与效益评估（assessment of input and benefit）出现，形成了公共（社区）营养学，也称社会营养学（social nutrition）。之后，有关社会营养的法律、法规出现了，政府成立了主管营养工作的委员会或主管公共营养的机构。为了指导民众合理地选择和搭配食物，世界各国相继制定了膳食指南（dietary guideline）和每日膳食营养素推荐供给量（RDA）。膳食指南和RDA的内容与指标随着营养学研究的进展，而不断修改或调整。20 世纪 90 年代后，欧美各国相继举行了 RDA 的专题讨论会，对其概念和内容进行了研讨。他们认为营养素不仅具有预防营养缺乏病的作用，而且有预防某些慢性病和延缓衰老的作用；在考虑摄入营养素作用的同时，也应考虑其安全性。鉴于此，美国学者提出了膳食营养素参考摄入量（dietary reference intake，DRI）的概念。在 RDA 的基础上，增加了适宜摄入量（adequate intake，AI）和可耐受最高摄入量（tolerable upper intake level，UL），现为各国所接受。1992 年，在意大利罗马召开了有 159 个国家政府领导人参加的世界营养大会，会上发布了《世界营养宣言》和《营养行动计划》，号召各国政府保障食品供应，控制营养缺乏病，加强宣传教育，并制订国家营养改善行动计划。自 1989 年以来，我国已先后发布四版居民膳食指南，在不同时期指导居民通过平衡膳食改变营养状况、预防慢性病、增强健康素质。现行最新版《中国居民膳食指南（2022）》主要包括一般人群膳食指南、特定人群膳食指南以及平衡膳食模式等。

1.3　食品与营养科学研究方法的主要内容

随着食品加工业的蓬勃发展，加工食品或方便食品已大量呈现在人们面前。人们对营养和健康的日益重视，这些食品的营养和安全问题已成为人们十分关注的问题。20 世纪 80 年代，食品加工中的营养问题开始受到重视。食品加工如何影响食品营养素和营养价值，不同加工方法以及食品中各种营养素、非营养素和添加成分之间如何交互影响等问题的研究不断增加。同时，食品种类繁多，成分复杂，来源不一。“大食物观”下，更多新资源食品、人造食品（如人造肉、3D 打印食品）、预制食品、食药同源食品的出现，以及新加工技术的出现，对食品与营养科学研究提出了新的要求，对更细致精确的分析评价方法的需求也在增加。当今，食品营养学研究已经由以研究营养素缺乏为重点逐渐转向营养素过剩，特别是目前肥胖和糖尿病人群基数不断扩大。如今，新的营养素缺乏形式可能在于“隐形饥饿”。食品科学和现代生物学技术的迅猛发展，食品与营养研究方法在不断更新，使食品营养价值和健康功效的研究更加深入。

食品与营养科学研究方法被用于综合评定食品的营养价值，其结果被应用于食品生产、食物新资源开发等方面，提供具有高营养价值的新型食品，调整我国居民的膳食结构、改善营养状况和健康水平。食品与营养科学研究方法主要有食品分析技术和生物学实验方法、营养调查方法等。

根据研究对象，食品与营养科学研究方法可以笼统地概括为三大类，即以食物组分和营养素为研究主体的食品与营养科学研究方法、以整体动物实验和人体营养为研究主体的食品与营养科学研究方法以及以人群营养为研究主体的食品与营养科学研究方法。随着食品科学技术的发展和人民对营养与健康的日益重视，以食物组分和营养素为研究主体的食品与营养科学研究方法日益增多，从传统的三大营养素、维生素、矿物质的研究，到多种生物活性成分的富集、分离、提取和纯化、鉴定，再到特定成分的营养功能研究。以整体动物实验和人体营养为研究主体的食品与营养科学研究方法，依然是传统食品营养学的研究手段，但也出现了替代动物模型、体外模拟人类胃肠道消化系统、离体器官和组织等辅助手段。人群营养研究方法的更新以大规模人群调查为主要手段，而人群更细致的大数据记录系统充实了人群营养研究的数据库，为人群营养研究注入更多新的活力。

根据食品与营养科学研究方法的发展进程和类型，其可以被分为传统食品营养学研究方法和现代食品营养学研究方法两大类。传统食品营养学研究技术方法包括化学分析法、人群观察法、动物或人体试验法、调查法等。化学分析法用于定性和定量分析食品中营养素的组成、含量、类型和结构，以及食品由于加工发生的变化对营养功能的影响等。人群观察法是最早也是最简单的一种研究方法，通过观察和记录不同食物对人体的影响，对人群的健康状况以及饮食习惯进行比较分析，推断食物与健康的关系。动物或人体实验法是研究食品在个体营养中发挥作用的重要方法。动物实验具有较高的可控性，通过给动物饲喂不同食物或添加不同营养物质，观察动物的生理和生化反应，来推断其对人体的影响。但是，动物与人体的生理存在差异，动物实验的结果在外推到人时，需要进行合理的推断和转化。人体实验通常需要招募志愿者，在严格的实验条件下，观察摄入特定食物或者特定营养物质对人体生物和生化的影响。但也要认识到，人体实验常受到伦理和道德等因素的限制。调查法是食品营养学研究中常用的一种方法，通过人群问卷调查、访谈等方式了解人群的饮食习惯和营养状况，推断饮食因素对健康的影响。该方法多用于观察人群膳食结构，研究不同群体的饮食行为、偏好和健康状况。

随着科学技术的迅猛发展，现代营养学研究技术也日趋多样化和精细化，代表性的食品与营养科学研究技术包括代谢率测定技术、生物化学分析技术、基因组学和转录组学技术、基于色谱和质谱仪的营养素测定技术以及大数据分析技术等。代谢率测定技术包括热卡测定法、定标法和稳定同位素示踪法等，通过测量人体对不同食物的代谢率，推断其对人体能量消耗的影响。生物化学分析技术通过测量人体的生理和生化指标，如血液中的脂类、葡萄糖、维生素和微量元素等含量，评估食物对人体的营养供给和代谢效应。基因组学和转录组学利用高通量测序技术，研究食物对人体基因表达的调控作用，揭示食物与基因之间的相互关系。基于色谱和质谱仪的营养素测定技术，通过测定食物中营养素的含量和组成，分析食物的营养品质。基于生物信息学方法发展起来的大数据分析技术，通过对大规模的饮食问卷数据、基因数据和生理指标数据进行分析和解读，探索食物与健康之间的关联性。

因此，食品与营养科学研究方法的主要内容包括：食品营养成分的科学分析方法，人体对食品的摄入、吸收、消化、代谢和排泄过程中能量与物质代谢的科学研究方法，食品中营养素的营养作用机制研究方法，营养素之间相互作用关系的研究方法，营养与膳食科学研究方法，营养与疾病防治科学研究方法，食品加工对食品营养素的影响研究方法，人群营养科学研究方法，食品与营养研究的数据处理与统计分析方法等。本书旨在介绍食品与营养研究中的科学方法和最新发展起来的应用技术，以上内容将在各章中具体阐述，此处不再赘述。

思考题

食品与营养科学研究中有哪些重要进展？

参考文献

[1] 杨月欣，葛可佑. 中国营养科学全书：第 2 版 [M]. 北京：人民卫生出版社，2022.

［2］张泽生．食品营养学：第 3 版［M］．北京：中国轻工业出版社，2020.
［3］陶宁萍，王锡昌．食品营养与健康：第 2 版［M］．北京：中国轻工业出版社，2015.
［4］孙长颢，凌文华，黄国伟．营养与食品卫生学：第 8 版［M］．北京：人民卫生出版社，2017.
［5］孙远明，柳春红．食品营养学：第 3 版［M］．北京：中国农业大学出版社，2019.
［6］中国营养学会．中国居民膳食指南（2022）［M］．北京：人民卫生出版社，2022.
［7］朱蓓薇．食品精准营养［M］．北京：科学出版社，2024.
［8］中华人民共和国国家卫生和计划生育委员会．GB/T 14880—1994 食品营养强化剂使用卫生标准［S］．北京：中国标准出版社，1994.
［9］中华人民共和国国家卫生和计划生育委员会．GB/T 14880—2012 食品营养强化剂使用标准［S］．北京：中国标准出版社，2012.
［10］中华人民共和国食品安全法［M］．（2021 最新修订）．北京：中国法制出版社，2015.

第2章 膳食营养素的评价方法

王 策 滕 飞

学习目标

1. 了解膳食营养素的生理功能，明确人体缺乏或摄入过量营养素所带来的危害。
2. 掌握膳食营养素的评价方法，学会运用所学方法评价人体内营养素的摄入情况。

2.1 宏量营养素水平的评价

营养素是指为维持机体繁殖、生长发育和生存等一切生命活动和过程，而需要从外界环境中摄取的物质。根据人体对各种营养素的需求量或体内含量，可将营养素分为宏量营养素和微量营养素。人体对宏量营养素的需求量较大，包括蛋白质、脂类和糖类。这三种营养素经体内氧化后，均可以释放能量，故又被称为产能营养素。

2.1.1 蛋白质（protein）

蛋白质是一切生命的物质基础，是细胞、组织、器官的重要组成部分。人体内的蛋白质始终处于不断分解又不断合成的动态平衡之中，每天约有 3% 的人体蛋白质被更新，是构成人体组织的基本材料。

2.1.1.1 蛋白质的构成

蛋白质是由氨基酸以“脱水缩合”方式组成的多肽链，经过盘曲折叠形成的、具有一定空间结构的物质，占人体重量的 16% ～ 20%。人体内蛋白质的种类有很多，虽然都是由氨基酸按不同比例组合而成的，但性质、功能各异，并且在体内不断进行代谢与更新。

氨基酸是组成蛋白质的基本单位，由碳、氢、氮等多种元素构成。已发现的天然氨基酸有 300 多种，参与蛋白质组成的氨基酸共 20 种，叫作基本氨基酸。其中，人体不能合成或合成速度远不能满足机体需求，必须从膳食中获取的氨基酸称为必需氨基酸。它们是赖氨酸、亮氨酸、异亮氨酸、蛋氨酸、苯丙氨酸、苏氨酸、色氨酸、缬氨酸。另外，组氨酸在成人中被视为非必需氨基酸，但对于婴幼儿是必需氨基酸。非必需氨基酸可以在人体内由其他氨基酸或其他物质转化而来，因此在正常情况下不需要通过食物直接获取。这类氨基酸包括谷氨酸、丙氨酸、甘氨酸、天门冬氨酸、胱氨酸、脯氨酸、丝氨酸和酪氨酸等。然而，在某些特定条件下（如疾病、应激状态、快速生长发育期等），人体对某些非必需氨基酸的需求可能会超过其自身的合成能力。这时，这些氨基酸就成了条件必需氨基酸或半必需氨基酸。常见的条件必需氨基酸包括半胱氨酸和酪氨酸，它们在体内分别由蛋氨酸和苯丙氨酸转变而成。如果膳食能够直接提供这两种氨基酸，那么人体对蛋氨酸和苯丙氨酸的需求可减少。

2.1.1.2 蛋白质的生理功能

（1）参与人体的生长发育

蛋白质是细胞的主要组成部分，参与构成细胞膜、细胞骨架等结构，占人体干重一半以上。例如，肌肉、心、肝、肾等器官含大量蛋白质。蛋白质还参与组织修复和生长，如肌肉、皮肤、骨骼等组织的修复和重建。因此，蛋白质是人体不可缺少的结构成分，在维持人体的生长发育中起到重要作用。

（2）调节人体的生理功能

酶是人体物质代谢的催化剂，由蛋白质构成，可以促进人体物质代谢和生长发育，参与骨细胞分化、骨的形成、骨的再建。另外，调节体内物质代谢的激素也大多由蛋白质或蛋白质衍生物组成，它们在体内传递信号，调节各种生理过程。血液中的抗体能够抵抗外来细菌、病毒的侵害。这些酶、激素、抗体都是由蛋白质或其衍生物构成的，因此蛋白质有调节生理功能的作用。

（3）维持体液和电解质平衡

蛋白质在血液和组织液中维持适当的渗透压，对于保持体液平衡非常重要。血浆蛋白（如白蛋白）有助于维持血管内外的液体平衡，如果摄入的蛋白质不足，白蛋白和球蛋白水平最终会下降。这些蛋白质不能再将血液保留在血管中，液体被迫进入细胞之间的空隙中积聚，会发生肿胀或水肿。此外，血浆中的蛋白质可以与钠离子（Na^+）、钾离子（K^+）、钙离子（Ca^{2+}）等电解质结合，影响它们的分布和功能。

（4）提供能量

当糖类摄入缺乏时，蛋白质是能量的供体，可用于促进合成代谢、维持体温和进行其他生理活动。每克蛋白质彻底分解可释放 4kcal（1kcal≈4.184kJ，后面不再换算）能量，与糖类提供的能量相同。一个 70kg 的成人体内每天约有 400g 蛋白质更新，而不同蛋白质的更新时间则长短不一。

（5）运输和储存营养

维生素、矿物质、葡萄糖、胆固醇和氧气等营养素以蛋白质为载体，进入细胞外或细胞内。例如，血红蛋白是一种将氧气从肺部运送到身体组织的蛋白质，葡萄糖转运蛋白将葡萄糖运送到细胞，而脂蛋白则运送血液中的胆固醇和其他脂肪。

2.1.1.3 蛋白质的缺乏与过量摄入

蛋白质的缺乏常会导致代谢速率下降，对疾病抵抗力减退，儿童的生长发育迟缓、体质下降、淡漠、易激怒、贫血以及干瘦或水肿；男性缺乏蛋白质会导致精子质量下降，造成男性不育。蛋白质缺乏往往与能量缺乏共同存在。蛋白质—能量营养不良是一种由缺乏能量和蛋白质引起的营养缺乏病，主要发生在婴幼儿时期，在经济落后、卫生条件差的地区较多见。蛋白质—能量营养不良的临床症状包括体重不增和减轻、皮下脂肪减少和消失，以及全身各器官系统不同程度的功能紊乱，临床上一般分为消瘦型、水肿型和混合型三类。

蛋白质摄入过量会在体内转化成脂肪，造成脂肪堆积、血液的酸性提高、消耗大量的钙质。过多的动物蛋白摄入会造成含硫氨基酸摄入过多，加速骨骼中钙质的丢失，易造成骨质疏松。如果蛋白质摄入过量，过多的蛋白质将被脱氨分解，氮则由尿排出体外。这一过程需要大量水分，从而加重了肾脏的负担。

2.1.1.4 蛋白质的营养学评价

食物蛋白质由于氨基酸组成的差别，营养价值不完全相同。一般来说，动物蛋白质的营养价值优于植物蛋白质。食物蛋白质营养价值主要从食物的蛋白质含量、被消化吸收程度以及被人体利用程度三方面，来全面评价。

（1）蛋白质含量

蛋白质含量是评价食物蛋白质营养价值的基础。各种蛋白质含氮量相近，约占蛋白质的 16%，通过凯氏定氮法测定食物中的含氮量，再乘以换算系数 6.25，得出食物粗蛋白含量；或者，也可以采用另一种常用的微量蛋白质测定方法——考马斯亮蓝法（Coomassic Brilliant Blue），对蛋白进行测定。食物中粗蛋白的含量以大豆最高（30% ～ 40%），其次为鲜肉类（10% ～ 20%），粮谷类含量低于 10%。

（2）食物氨基酸组成和评价

蛋白质质量的特征在于其消化率和支持生命阶段特有过程（如生长、发育、维持和受孕）所需的必需氨基酸含量。氨基酸谱对于确定蛋白质的营养价值至关重要，大多数蛋白质质量评估方法与它们满足人类氨基酸需求的功效直接相关。为平衡人体氮流失和维持蛋白质质量，膳食必需氨基酸的最低摄入量定义了氨基酸营养需求。因此，人体每个生命阶段都需要不同的膳食氨基酸摄入量水平来维持身体健康。如表 2-1 所示，FAO/WHO 于 1991 年和 2013 年完善建立了不同年龄段的氨基酸评分模式，这些模式也被用于估计膳食的蛋白质质量。

表 2-1 不同人群需要的氨基酸评分

氨基酸	婴儿（出生～6个月，mg/g 蛋白质）	幼儿（6个月～3岁，mg/g 蛋白质）	学龄前儿童（2～5岁，mg/g 蛋白质）	年龄较大的儿童、青少年和成人（mg/g 蛋白质）
组氨酸	21	20	19	16
异亮氨酸	55	32	28	30
亮氨酸	96	66	66	61
赖氨酸	69	57	58	48
苏氨酸	44	31	34	25
色氨酸	17	8.5	11	6.6
缬氨酸	55	43	35	40
甲硫氨酸 + 半胱氨酸	33	27	25	23
苯丙氨酸 + 酪氨酸	94	52	63	41

注：本表数据来源于 FAO/WHO，1991，2013。

氨基酸评分（amino acid score，AAS）**或称化学评分**，是目前被广为应用的一种食物蛋白质营养价值评价方法，不仅适用于单一食物蛋白质的评价，还可被用于混合食物蛋白质的评价。该法的基本步骤是将被测食物蛋白质的必需氨基酸组成与推荐的理想蛋白质或参考蛋白质氨基酸模式进行比较，公式如下：

$$\text{氨基酸评分}=\frac{\text{被测蛋白质每克氮（或蛋白质）中氨基酸量（mg）}}{\text{理想模式或参考蛋白质中每克氮（或蛋白质）中氨基酸量（mg）}}\times 100$$

确定食物蛋白质的氨基酸评分步骤：第一，计算被测蛋白质中每种必需氨基酸的评分值；第二，从中找出最低的必需氨基酸（第一限制氨基酸）评分值，即为该蛋白质的氨基酸评分。然而，氨基酸评分法简单，未考虑食物蛋白质的消化率。为此，FDA 推出了蛋白质消化率校正的氨基酸评分（protein digestibility corrected amino acid score，PDCAAS），其计算公式如下：

$$\text{PDCAAS} = \text{氨基酸评分} \times \text{真消化率}$$

在人体合成蛋白质的过程中，各种氨基酸要有适宜的比例。一般膳食蛋白的氨基酸评分越高，其营养价值也越高。如果某一氨基酸过少，就会影响其他氨基酸的利用，营养学上称这种氨基酸为限制氨基酸。若有两种以上氨基酸含量不足，则以不足程度称为第一、第二限制氨基酸。因此，在饮食中提倡食物多样化，将多种食物混合食用，使必需氨基酸互相补充，使其模式更接近人体的需要量，以提高蛋白质的营养价值，这种现象称为蛋白质互补作用。如表 2–2 列出各种膳食蛋白的氨基酸评分，经一定比例的混合后，虽然仍有限制氨基酸，但混合蛋白的氨基酸评分有了明显提高。

表 2–2　几种膳食蛋白的氨基酸评分

蛋白质来源	每克蛋白质氨基酸含量（mg）				氨基酸评分（限制氨基酸）
	赖氨酸	含硫氨基酸	苏氨酸	色氨酸	
WHO/FAO 标准	55	35	40	10	100
稻谷	24	38	30	11	44（赖氨酸）
豆类	72	24	42	14	68（含硫氨基酸）
奶粉	80	29	37	13	83（含硫氨基酸）
混合蛋白	51	32	35	12	88（苏氨酸）

注：混合蛋白中含 77% 谷类、22% 豆类、11% 奶类；本数据来源于《公共营养学》，2006。

氨基酸模式（amino acid pattern）是蛋白质中各种必需氨基酸的构成比例。它反映食物蛋白质及人体蛋白质中，必需氨基酸在种类和数量上的差异。计算方法是将该种蛋白质中的色氨酸含量定为 1，分别计算其他必需氨基酸的相应比值，这一系列的比值就是该种蛋白质的氨基酸模式（表 2–3）。目前，营养学研究将蛋白质中含有的氨基酸模式进行划分，越接近人体蛋白质的氨基酸模式，这种蛋白质就被评定为越容易被人体吸收利用，称为优质蛋白质。鸡蛋蛋白质氨基酸与人体蛋白质氨基酸模式最接近，其营养价值是最高的。实验常将它作为参考蛋白，还有奶、肉、大豆蛋白的氨基酸模式也比较接近人体蛋白质氨基酸。植物性蛋白质往往相对缺少下列必需氨基酸：赖氨酸、甲硫氨酸、苏氨酸、色氨酸，所以植物性蛋白质的营养价值相对较低。

表 2–3　常见食物和人体蛋白质的氨基酸模式

氨基酸	全鸡蛋	牛奶	牛肉	大豆	面粉	大米	人体
异亮氨酸	3.2	3.4	4.4	4.3	3.8	4.0	4.0
亮氨酸	5.1	6.8	6.8	5.7	6.4	6.3	7.0

续表

氨基酸	全鸡蛋	牛奶	牛肉	大豆	面粉	大米	人体
赖氨酸	4.1	5.6	7.2	4.9	1.8	2.3	5.5
蛋氨酸＋半胱氨酸	3.4	2.4	3.2	1.2	2.8	2.8	2.3
苯丙氨酸＋酪氨酸	5.5	7.3	6.2	3.2	7.2	7.2	3.8
苏氨酸	2.8	3.1	3.6	2.8	2.5	2.5	2.9
缬氨酸	3.9	4.6	4.6	3.2	3.8	3.8	4.8
色氨酸	1.0	1.0	1.0	1.0	1.0	1.0	1.0

注：本数据来源于《公共营养学》，2018。

（3）蛋白质利用率

蛋白质消化率（digestibility）不仅反映蛋白质在消化道内被分解的程度，还反映消化后氨基酸和肽被吸收的程度。蛋白质的消化率受人体自身和食物两方面影响，包括机体的消化功能、精神状态、饮食习惯，食物属性及加工方式等。根据是否考虑内源粪代谢氮（指肠道内内源性氮，是实验对象完全不摄入蛋白质时，粪中的含氮量）因素，可分为真消化率（true digestibility）和表观消化率（apparent digestibility）两种方法。在实际应用中，往往不考虑粪内源氮，这样不仅实验方法简单，而且因所测得的结果比真消化率要低，具有一定的安全性。

$$\text{蛋白质真消化率}=\frac{\text{摄入氮}-(\text{粪氮}-\text{粪内源氮})}{\text{摄入氮}}\times 100\%$$

$$\text{蛋白质表观消化率}=\frac{\text{摄入氮}-\text{粪氮}}{\text{摄入氮}}\times 100\%$$

动物蛋白质的消化率一般高于植物蛋白质。因为植物性食品蛋白质被纤维所包围，不易与消化酶接触。若将食品加工烹调软化或去除纤维，亦可提高蛋白质的消化率。

蛋白质生物价（biological value，BV）是指蛋白质经消化吸收后，进入机体可以储留和利用的部分，可用氮储留法测得：

$$\text{蛋白质的生物学价值}=\frac{\text{储留氮}}{\text{吸收氮}}\times 100\%$$

$$\text{吸收氮}=\text{摄入氮}-(\text{粪氮}-\text{粪内源氮})$$

$$\text{储留氮}=\text{吸收氮}-(\text{尿氮}-\text{尿内源氮})$$

通常采用动物或人体实验，实验期内动物食用含被测蛋白质的合成饲料，收集实验期内动物饲料和粪、尿样品，测定氮含量；另在实验前给实验动物无氮饲料，收集无氮饲料粪、尿样品，测定氮含量，得粪代谢氮和尿内源氮数据。生物价对指导肝、肾患者的膳食具有重要意义，生物价高表明食物蛋白中的氨基酸主要用于合成人体蛋白，没有过多的氨基酸经肝肾代谢或由尿排出，从而大大减少了肝肾负担。一般动物性蛋白质的生物学价值比植物性蛋白质高，蛋白质生物学价值主要取决于必需氨基酸的含量和比值。常用食物蛋白质的生物学价值见表 2–4。

表 2–4 常见食物的蛋白质生物学价值

蛋白质	生物学价值	蛋白质	生物学价值	蛋白质	生物学价值
鸡蛋黄	96	大米	77	扁豆	72
鸡蛋蛋白质	94	红薯	72	豆腐	65
鸡蛋白	83	小麦	67	熟黄豆	64
牛奶	90	马铃薯	67	绿豆	58
脱脂牛奶	85	玉米	60	蚕豆	58
鱼	83	小米	57	生黄豆	57
牛肉	76	高粱	56	花生	59
猪肉	74	白面粉	52		

注：数据来源于《公共营养学》，2018。

蛋白质净利用率（net protein utilization，NPU）是反映被测食物蛋白质被机体利用程度的指标，包括食物被消化和利用两个方面，能更全面地反映被测食物蛋白质的实际利用程度。计算公式：

$$\text{蛋白质净利用率}(\%)=\text{消化率}\times\text{生物价}=\frac{\text{储留氮}}{\text{食物氮}}\times 100$$

蛋白质功效比值（protein efficiency ratio，PER）是指平均每摄入 1g 蛋白质所增加的动物体重，用处于生长阶段中的幼年动物（一般用刚断奶的雄性大白鼠），在实验期内其体重增加（g）和摄入蛋白质量（g）的比值，来反映蛋白质的营养价值。动物摄食持续时间、年龄、试验开始的体重和所用动物的种类，都是很重要的变量。实验时，饲料中被测蛋白质是唯一蛋白质来源，占饲料的 10%，实验期为 28 天。由于所测蛋白质主要被用来提供生长的需要，该指标被广泛用于评价婴幼儿食品中蛋白质。

2.1.1.5 人体蛋白质营养状况评价

（1）血液指标

白蛋白：参考范围为 35 ～ 55g/L，30 ～ 35g/L 为轻度缺乏，25 ～ 30g/L 为中度缺乏，≤ 25g/L 为重度缺乏。当白蛋白低于 28g/L 时，可出现水肿。但白蛋白生物半衰期约为 20 天，早期缺乏时不易检出。

前白蛋白：主要功能是运输甲状腺素，生物半衰期为 1.9 天；参考范围为 250 ～ 500mg/L，150 ～ 250mg/L 为轻度缺乏，100 ～ 150mg/L 为中度缺乏，≤ 100mg/L 为重度缺乏。

总蛋白：血清总蛋白具有维持血液正常胶体渗透压和 pH 值、转运、免疫以及营养等多种功能。总蛋白本身代谢库较大，而且受球蛋白水平的影响，灵敏性较低，参考范围为 60 ～ 80g/L。

转铁蛋白：是一种 β 球蛋白，主要在肝脏合成。转铁蛋白的半衰期较短，为 8 ～ 10 天，但在体内的代谢库非常小，< 0.1g/kg［身体重量（body · weight，BW）］。因此，血清中转铁蛋白能快速反映机体蛋白质的营养状况；但转铁蛋白易受一些因素的影响，如肝脏、胃肠道、肾脏疾病、铁营养状况、大剂量抗生素治疗及炎症反应等。参考范围为 2 ～ 4g/L，1.5 ～ 2.0g/L 为轻度缺乏，1.0 ～ 1.5g/L 为中度缺乏，≤ 1.0g/L 为重度缺乏。

视黄醇结合蛋白：结合并转运维生素 A 的一种血清蛋白。生物半衰期约为 12 小时，且机体代谢库非常小，仅为 0.2mg/kg（bw），是评价蛋白质营养不良急性变化的敏感指标。参考范围为 40 ～ 70μg/L，由于此指标高度敏感，即使在轻微的应急情况下，也可发生变化，因而临床上很少使用。

（2）尿液指标

尿肌酐：是肌肉肌酸的代谢产物。尿肌酐的数量反映肌肉的数量和活动，间接反映体内肌肉中蛋白质含量。参考范围为男性 20 ～ 26mg/［24h · kg（bw）］（7 ～ 18mmol/24h），女性 14 ～ 22mg/［24h · kg（bw）］（5.3 ～ 16mmol/24h）。当蛋白质缺乏时，尿肌酐含量降低。

肌酐身高指数（creatinine height index，CHI）：是24小时尿肌酐和同性别、同身高、同年龄 24 小时预期尿肌酐的比值。3 月龄至 7 岁人群的参考范围为 > 0.9，0.5 ～ 0.9 为不足，< 0.5 为缺乏。

羟脯氨酸：对儿童来说，尿羟脯氨酸反应体内胶原蛋白的合成及代谢情况。尿羟脯氨酸（单位：μmol/L）乘以体重（单位：kg）再除以尿肌酐（单位：μmol/L），可以计算尿羟脯氨酸指数，是用于评价儿童蛋白质营养状况的生化指标。1 ～ 6 岁儿童羟脯氨酸指数相对稳定，儿童营养不良时羟脯氨酸指数降低，3 月龄～ 10 岁儿童尿羟脯氨酸指数 > 2.0 为正常，1.0 ～ 2.0 为轻度缺乏，< 1.0 为严重缺乏。

2.1.1.6 蛋白质的参考摄入量

理论上，成人每日摄入约 30g 蛋白质，即可维持零氮平衡；但从安全性和消化吸收等方面考虑，成人按 0.8g/（kg · d）摄入蛋白质为宜。实际上，我国居民膳食中植物性食物较多，蛋白质质量不理想，消化率也稍差。所以，18 岁以上成人蛋白质推荐摄入量为男性每日 65g，女性 55g。成人摄入占膳食总能量的 10% ～ 12%，儿童青少年为 12% ～ 14%。如果膳食中动物性食物和大豆提供的蛋白质达到总蛋白质摄入量的 40% 以上，则蛋白质推荐量可以减少。婴儿、儿童、青少年及特殊人群蛋白质的摄入量，应相应增加。

2.1.2 脂类（lipids）

脂类是人体必需的宏量营养素之一，是由脂肪酸和醇生成的酯及其衍生物。脂类不溶于水而溶于乙醚、氯仿、苯等非极性有机溶剂。人体脂类总量占体重的 10% ～ 20%，包括脂肪（甘油三酯）和类脂（磷脂、固醇类）。

2.1.2.1 脂类的分类

（1）甘油三酯（triglyceride，TG）

甘油三酯又名脂肪（油脂），由三分子脂肪酸（fatty acid，FA）和一分子甘油（glycerol）结合而成。甘油三酯是人体内含量最多的脂类，约占体内总脂量的 95%。大部分组织可以利用甘油三酯分解产物，为人体提供能量。同时，肝脏、脂肪等组织还可以进行甘油三酯的合成，储存在脂肪组织中。

（2）类脂（lipid）

类脂包括磷脂（phospholipid）、糖脂（glycolipid）和胆固醇及胆固醇酯（cholesterol and cholesterol ester）三大类。①磷脂是含有磷酸的脂类。机体中主要含有两大类磷脂：由甘油构成的磷脂称为甘油磷脂，由神经鞘氨醇构成的磷脂称为鞘磷脂。人体含量最多的鞘磷脂是神经鞘磷脂，由鞘氨醇、脂肪酸及磷酸胆碱构成。神经鞘磷脂是构成生物膜的重要磷脂，它常与卵磷脂并存于细胞膜外侧。②糖脂是一类含糖类残基的复合脂质、化学结构各不相同的脂类化合物，且不断有糖脂的新成员被发现。糖脂亦分为两大类：糖基酰甘油和糖鞘脂。糖鞘脂又分为中性糖鞘脂和酸性糖鞘脂。③胆固醇及甾类化合物（类固醇）等物质是一类有多个环状结构的脂类化合物，主要包括胆固醇、胆酸、性激素及维生素 D 等。这些物质对于生物体维持正常的新陈代谢和生殖过程起着重要的调节作用。

2.1.2.2 脂肪的生理功能

（1）提供和贮存能量

脂肪是人体主要的能源物质，含氧很少，产热量高。1g 脂肪在体内氧化可产生 37.7kJ（9kcal）的能量，约为等量蛋白质或糖类的 2.2 倍。婴幼儿的胃容量较小，而需要的能量又比成人多，因此脂肪提供能量对婴幼儿来说更重要。例如，母乳中脂肪提供的能量占能量总需要量的 50%。当人体能量摄入过多而未被利用时，就会转化为脂肪储存起来。

（2）提供必需脂肪酸

有些脂肪酸（如亚油酸）是人体不能合成的，必须由食物脂肪提供，称为“必需脂肪酸”。必需脂肪酸在体内有许多重要的作用，例如它是细胞和组织的组成成分，能维持皮肤、黏膜和毛细血管的完整性，参与前列腺素的合成和促进胆固醇代谢等。

（3）促进脂溶性维生素的吸收

维生素 A、维生素 D、维生素 E、维生素 K 不溶于水，只能溶于脂肪，故称为脂溶性维生素。膳食中的脂肪可作为这些脂溶性维生素的溶剂，促进其吸收。此外，有些脂肪本身也含有这些维生素，如植物油中含维生素 E，奶油、鱼肝油中含维生素 A、维生素 D。膳食中的脂肪促进脂溶性维生素等营养素的吸收。

（4）促进细胞发育和信号传递

胆固醇与磷脂是脂蛋白与细胞膜的组成成分，胆固醇是增强生物膜坚韧性的有关成分，磷脂则是与膜流动性相关的成分，且与信息传递功能有关。胆固醇是体内类固醇素与内源性维生素 D 的原料。胆固醇的代谢产物胆酸能乳化脂类，促进膳食脂类的吸收。此外，神经组织还有脑苷脂、神经节苷脂（属糖脂）及神经鞘磷脂等，这些都与神经的功能密切相关。

（5）其他功能

脂肪组织存在于器官组织间，使机体免受损伤。同时，皮下的脂肪组织构成保护身体的隔离层，有助于维持体温和御寒。脂质不仅参与调节多种生命活动过程，包括能量转换、物质运输、信息识别与传递以及细胞凋亡等，而且脂质的异常代谢还与某些疾病相关，如动脉硬化症、糖尿病、肥胖症、阿尔茨海默病等。

2.1.2.3 脂类的缺乏与过量摄入

（1）脂类摄入不足对健康的危害

脂肪是人体能量的主要来源之一，脂肪摄入过少会造成机体能量摄入不足，从而使体内大量脂肪和蛋白质被超常消耗，以致体内雌激素的合成受到限制，影响月经来潮，甚至经量稀少或闭经，影响性发育；有的还可以造成不育症。雌激素的严重不足还将为中年以后的骨质疏松埋下隐患。脂肪可协助脂溶性维生素和胡萝卜素等的吸收。当限制人体膳食中脂肪食物的摄入时，机体会缺乏脂肪，从而影响脂溶性维生素的吸收，造成机体缺乏脂溶性维生素，从而引起生长迟缓、生殖障碍、皮肤受损（出现皮疹）等，还会引起肝脏、肾脏、神经与视觉等多种疾病。

（2）脂类摄入过多对健康的影响

脂肪在体内的含量是有一定限度的，过多的脂肪会影响机体的代谢活动，诸如行动不便、怕热、影响体形、产生疲劳等，导致肥胖的产生。动物性脂肪会加快肝脏合成胆固醇的速度，增高血液中胆固醇的含量，易引起动脉硬化或胆结石。脂肪在肝细胞中大量堆积会形成脂肪肝，影响肝脏正常功能，引发多种疾病。严重者肝脏纤维还会增生，形成肝硬化，进而导致肝癌。膳食中脂肪总摄入量与冠心病的发病率和病死率都有密切关系。饱和脂肪酸会使胆固醇附着在血管壁上，引起动脉粥样硬化和心肌脂肪的堆积等，最终引起心血管疾病。对膳食脂肪与癌症的研究显示，脂肪总量及饱和脂肪酸摄入量与结肠癌、乳腺癌、前列腺癌的发病率和病死率高密切相关；对人体研究显示，腹部脂肪堆积比臀部和大腿部脂肪积聚对 2 型糖尿病、冠心病、高血压、脑卒中的发病风险影响更大，并可增加这些疾病的病死率。

2.1.2.4 脂类的水平评价

（1）体格测量

体质指数（body mass index，BMI）是评价人体体格的常用指标，通过体重（kg）除以身高（m）的平方计算得出。根据 BMI 值，人体可以分为不同的营养状况类别，如低体重（$< 18.5kg/m^2$）、正常范围（$18.5 \sim 24.9kg/m^2$）、超重（$24.0 \sim 27.9kg/m^2$）、肥胖（$\geqslant 28kg/m^2$，或进一步细分为肥胖前状态、一级肥胖、二级肥胖、三级肥胖等）。

腰臀比（waist hip rate，WHR）是评价体脂分布，特别是中心性肥胖的重要指标。通常认为，男性 WHR < 0.9，女性 WHR < 0.85 为正常范围，超过此值则可能存在中心性肥胖。

皮褶厚度是衡量个体营养状况和肥胖程度较好的指标，反映人体皮下脂肪含量，它与全身脂肪含量具有一定的线性关系。测定部位有上臂肱二头肌、肱三头肌、肩胛下角皮褶厚度等，可分别代表肢体和躯干的皮下脂肪堆积情况，对判断肥胖和营养不良有重要意义。WHO 推荐选用肩胛下角、三头肌和脐旁三个测量点。瘦、中等和肥胖的界限，男性分别为 < 10mm、10 ～ 40mm 和 > 40mm，女性分别为 < 20mm、20 ～ 50mm 和 > 50mm。

（2）血脂测量

血脂测量是评估心血管健康和监测脂质代谢状态的重要手段。血脂测量通常包括对血液中几种主要脂质成分的检测，如总胆固醇（total cholesterol,

TC）、甘油三酯（TG）、高密度脂蛋白胆固醇（high density lipoprotein cholesterol，HDL-C）和低密度脂蛋白胆固醇（low density lipoprotein cholesterol，LDL-C）。血清 TC 水平受年龄、家族、性别、遗传、饮食和精神等多种因素影响，且男性高于女性，体力劳动者低于脑力劳动者。以下是常用的血脂测量方法。

1）空腹采血

血脂测量通常需要在禁食状态下进行，以确保结果的准确性。通常建议受试者在采血前禁食 8 ～ 12 小时，以避免食物对血脂水平的影响。

2）血液样本采集

静脉采血：通过静脉穿刺采集血液样本。

指尖采血：某些情况下，也可以通过指尖采血进行快速检测，但通常用于筛查目的，而非精确测量。

3）使用自动生化分析仪进行血脂成分检测

TC 参考范围：成人正常范围通常为 150 ～ 200mg/dL（3.9 ～ 5.2mmol/L）；TG 参考范围：成人正常范围通常为 50 ～ 150mg/dL（0.56 ～ 1.7mmol/L）；HDL-C 参考范围：成人正常范围通常为 40 ～ 60mg/dL（1.0 ～ 1.5mmol/L）；LDL 参考范围：成人正常范围通常为 100 ～ 130mg/dL（2.6 ～ 3.4mmol/L）。

2.1.2.5 参考摄入量

《中国居民膳食营养素参考摄入量（2023）》推荐，成年人膳食中脂肪提供的能量不应超过总能量的 30%，适宜摄入量为 20% ～ 30%，必需脂肪酸供能比不应低于总能量的 3%。其中，饱和脂肪酸、单不饱和脂肪酸、多不饱和脂肪酸的比例应为 1∶1∶1，并建议成人的宏量营养素可接受范围（acceptable macronutrient distribution range，AMDR）为 0.25 ～ 2.00g/d。

2.1.3 糖类

糖类是由碳、氢、氧三种元素组成的一类多羟基醛或多羟基酮及其衍生物，其中氢氧的比例与水一致（2∶1），可用通式 $C_x(H_2O)_y$ 表示。糖类是自然界最丰富的能量物质，是人类膳食能量的主要来源，占总能量摄入的

45% ～ 65%。

2.1.3.1 糖类的分类

FAO 和 WHO 根据聚合大小将糖类分为糖（saccharide，1 ～ 2 个单糖）、寡糖（oligosaccharide，3 ～ 9 个单糖）和多糖（polysaccharide ≥ 10 个单糖），见表 2–5；根据生理特性可分为可消化糖类（糖、淀粉等）和不可消化糖类（膳食纤维）。

表 2–5 糖类的分类

分类	亚组	组成
糖（1 ～ 2 个单糖）	单糖	葡萄糖，半乳糖，果糖，核糖，脱氧核糖
	双糖	蔗糖，乳糖，麦芽糖，海藻糖
	糖醇	山梨醇，木糖醇，甘露糖醇，赤藓糖醇，麦芽糖醇
寡糖（3 ～ 9 个单糖）	麦芽糖低聚糖	麦芽糖糊精（水解淀粉）
	不可消化低聚糖	棉子糖，水苏糖，低聚果糖，菊粉
多糖（≥ 10 个单糖）	淀粉	直链淀粉，支链淀粉，变性淀粉
	非淀粉多糖	纤维素，半纤维素，果胶，亲水胶质物

注：数据来源于 FAO/WHO（1997 年）和 Cummings 等（2007 年）。

（1）糖

单糖（monosaccharide）是不能被水解的、最简单的糖类，是构成多糖和其他复杂糖类的基础单元，能够完全被人体消化和吸收。单糖分子通常具有一个醛基（-CHO）或酮基（=O），其余部分由羟基（-OH）组成。自然界有大量的葡萄糖和果糖游离态存在，其他的一些单糖主要存在于双糖或多糖中。

双糖（disaccharide）是由两个单糖分子通过脱水缩合反应形成的糖类分子，可以通过水解反应重新分解为原来的两个单糖分子。双糖种类丰富，是日常饮食中重要的甜味来源，也是人体获取能量和合成其他生物分子的重要组成部分。

糖醇（sugar alcohol）是糖的衍生物，通过还原糖类分子中的醛基或酮基而得到的一类多元醇。由于其代谢不需要胰岛素，常被用于糖尿病患者膳食。糖醇具有甜味，但热量较低，通常在食品工业中作为糖的替代品，被广泛应用于糖果、口香糖、烘焙食品等低糖或无糖产品中。同时，糖醇可用于医药行业，作为药物的赋形剂或甜味剂。此外，糖醇也可用作保湿剂，用于护肤品和化妆品中。

（2）寡糖

寡糖又称低聚糖，是由 3 ～ 9 个单糖分子通过糖苷键构成的聚醇、木醇、乳糖醇等。寡糖的化学结构多样，取决于连接的单糖类型和糖苷键的类型。它们不能被人体直接消化吸收，但在肠道内可以被有益菌群利用。寡糖广泛存在于各种食物中，包括水果、根茎类蔬菜、豆类等。寡糖通常在食品工业中作为益生元（prebiotics）添加到功能性食品中，如酸奶、饮料、饼干等。寡糖也被用于制造各种保健产品，以支持肠道健康。另外，寡糖可以在某些药物中，作为辅料或活性成分应用于医药行业。

（3）多糖

多糖是由 10 个或更多个单糖单元，通过糖苷键连接而成的高分子量糖类。与单糖和低聚糖不同，多糖一般不溶于水、无甜味、不能形成结晶、无还原性。在酶或酸的作用下，多糖会水解成单糖残基不等的片段，最后成为单糖。多糖可以在食品体系中作为增稠剂、稳定剂或凝胶剂使用。某些多糖被开发为药物，如肝素作为抗凝剂，透明质酸用于治疗关节炎。另外，由于其具有保湿性能，一些多糖还常被用于护肤品中。

1）可以被机体利用的常见多糖

①淀粉（starch）是一种天然高分子化合物，存在于植物的根、茎或种子中，由葡萄糖聚合而成，因聚合方式不同分为直链淀粉和支链淀粉。直链淀粉又称可溶性淀粉，由不分枝的葡萄糖链构成，溶于热水后成胶体溶液，遇碘产生蓝色反应，且易“老化”，形成难消化的抗性淀粉，与支链淀粉相比，更容易被人体消化。支链淀粉是一种具有支链结构的多糖，在冷水中不溶，与热水作用则膨胀而成糊状，遇碘可产生棕色反应，易使食物糊化，从而提高消化率。自然界中，直链淀粉一般约占 20%，支链淀粉约占 80%，视植物种类、品种、生长时期的不同而异。普通谷类和薯类淀粉含 17% ～ 27% 的直链淀粉，其余均为支链淀粉，而糯米淀粉几乎全部是支链淀粉；有些豆类的淀粉则全是直链淀粉。

②糊精（dextrin）是淀粉在受到加热、酸或淀粉酶作用发生分解和水解时，由大分子的淀粉转化成的中间小分子物质。在化学结构上，糊精是由多个葡萄糖单元通过 α-（1→4）糖苷键和 α-（1→6）糖苷键连接而成的低聚糖或寡糖，一般是 5 个葡萄糖分子，易吸收利用、甜度不高。根据其来源和制备方法的不同，糊精可以分为多种类型，包括麦芽糊精、环糊精等。糊精被广泛应用于饮料、冷冻食品、糖果、麦片、乳制品、保健品等行业，还可应用于纺织、日化、医药生产中。

③糖原（glycogen）是动物体内糖类的储存形式，又称为动物淀粉，由 3000 ～ 60000 个葡萄糖分子构成，分为肝糖原和肌糖原两种。肝糖原的作用是调节血糖浓度，并维持一定的血液黏稠度；肌糖原与肌肉活动能量有关，肌肉爆发做功的时候，肌糖原通过无氧呼吸生成右旋乳酸，并释放能量供肌肉使用。体内糖原供能只能维持数小时，因此必须从膳食中不断得到补充。机体各器官都可以利用葡萄糖提供能量，但有些器官是完全依赖葡萄糖提供能量。

2）不易被机体利用的常见多糖

①抗性淀粉（resistant starch，RS）是一类在健康人的小肠中不能被消化酶完全分解的淀粉及其衍生物。它之所以被称为“抗性”，是因为它能够抵抗小肠中消化酶的作用，并到达大肠，在那里被肠道微生物群发酵。抗性淀粉具备许多有益的健康效应，包括改善肠道健康、调节血糖水平、降低慢性疾病的风险等。抗性淀粉广泛存在于多种食物中，主要包括：全谷物、豆类、块茎类蔬菜、某些水果（如生香蕉）、冷却后的熟食（如冷饭、冷面）等。

②膳食纤维（dietary fiber）指不能被人体消化吸收的植物性食物成分，包括纤维素、半纤维素、果胶、树胶和木质素等。膳食纤维广泛存在于植物性食物中，并且对人体健康具有多方面的好处。

2.1.3.2 糖类的功能特性

糖类是生命细胞结构的主要成分及主要供能物质，具有调节细胞活动的重要功能。机体中糖类的存在形式主要有 3 种：葡萄糖、糖原和含糖复合物。糖类的生理功能与其摄入食物的糖类种类和在机体内存在的形式有关。

（1）提供能量

膳食糖类是人类获取能量最主要的来源，在体内经消化变成葡萄糖或其他单糖参与机体代谢，每克葡萄糖在体内完全氧化分解产热 16.7kJ（4kcal）。多余的葡萄糖以糖原的形式储存在人体内部，并主要集中在肝脏和肌肉中，尤其是肝脏约储存机体内 1/3 的糖原。葡萄糖在体内释放能量较快，供能也快，是神经系统和心肌系统的主要能源，也是肌肉活动时的主要燃料，对维持神经系统和心脏的正常功能、增强耐力、提高工作效率都有重要意义。

（2）构成细胞和组织

糖类也是构成机体组织的重要物质，并参与细胞的组成和多种活动。每个细胞都有糖类，其含量为 2% ～ 10%，主要以糖脂、糖蛋白和蛋白多糖的形式存在，分布在细胞膜、细胞器膜、细胞质及细胞间质中。

（3）维持脑细胞的正常功能

葡萄糖是维持大脑正常功能的必需营养素。当血糖浓度下降时，脑组织可因缺乏能源而使脑细胞功能受损，造成功能障碍，并出现头晕、心悸、出冷汗，甚至昏迷。

（4）节约蛋白质

机体的一切生命活动都以能量为基础。当糖类供应不足时，机体不得不动用蛋白质来满足机体活动所需的能量，这将影响机体合成新的蛋白质和进行组织更新。当食物能提供足量的可利用糖类时，人体首先利用它作为能量来源，从而减少蛋白质作为能量的消耗，使更多的蛋白质参与组织构成等更重要的生理功能。

（5）抗生酮作用

脂肪在体内的正常代谢，需要葡萄糖参与。当膳食中糖类供应不足时，体内脂肪或食物脂肪被分解为脂肪酸来供应能量。这一代谢过程中，脂肪酸因不能彻底氧化而产生过多的酮体。酮体在体内蓄积，导致酮血症和酮尿症。膳食中含有充足的糖类，可以防止上述现象的发生，被称为糖类的抗生酮作用。

（6）增强肠道功能

膳食纤维如纤维素和果胶、抗性淀粉、功能性低聚糖等抗消化的糖类，虽不能在小肠消化吸收，但能刺激肠道蠕动，增加结肠发酵产生短链脂肪酸，促进肠道菌群的增殖，特别是刺激某些益生菌（如乳酸菌、双歧杆菌）的生长，有助于正常消化和增加排便量。

2.1.3.3 糖类的缺乏与过量摄入

糖类的摄入不足会导致能量供应不足，引发疲劳、虚弱和注意力不集中等问题。并且，当缺乏糖类时，身体会利用蛋白质作为能源，导致肌肉组织分解，影响肌肉功能和修复能力。低糖类饮食可能会导致短期内体重下降，但如果长期摄入不足，可能会对身体造成负面影响。如果糖类摄入严重不足，身体会开始分解脂肪作为替代能源，这一过程会产生酮体。过多的酮体会导致血液酸化，引发酮症酸中毒，表现为恶心、呕吐、脱水等症状，最后引发酮症酸中毒。

相反，过量摄入糖类，尤其是精制糖和高升糖指数食物，会导致血糖水平迅速上升，随后又急剧下降，引起饥饿感和情绪波动，可能导致能量摄入过剩，进而导致体重增加和肥胖，还可能增加非酒精性脂肪肝病、炎症反应等健康问题的风险。长期高糖类饮食，特别是高升糖指数食物和精制糖类，可能导致 2 型糖尿病和高血压、血脂异常等心血管疾病的风险增加。此外，过量摄入含糖食物会增加口腔细菌产酸的机会，导致牙釉质受损，增加龋齿的风险。

2.1.3.4 糖类的水平评价

（1）血糖

食物中可以被机体利用的糖类经消化形成葡萄糖进入血液，并以肝糖原的形式在肝脏中储存起来。在机体需要时，肝糖原又可以再分解成葡萄糖进入血液，补充血糖供能，维持血糖水平。血糖水平的正常维持，对于保证细胞功能和整体健康至关重要。空腹时，血糖来自肝脏储存的肝糖原。蛋白质、脂肪及从肌肉生成的乳酸，可通过糖异生过程变成葡萄糖。胰岛素和其他激素调节血糖水平，确保身体各部位能够获取所需的能量。

（2）正常血糖范围

血糖水平通常以毫摩尔 / 升（mmol/L）或毫克 / 分升（mg/dL）来衡量。成人正常血糖范围的参考值：空腹血糖（禁食至少 8 小时后）为 3.9mmol/

L（70mg/dL）～5.5mmol/L（100mg/dL）；餐后两小时血糖为小于7.8mmol/L（140mg/dL）。

（3）食物血糖生成指数（GI）

食物血糖生成指数简称生糖指数，为某种食物升高血糖效应与参照食物的葡萄糖升高血糖效应之比，是一种衡量食物对血糖影响的相对指标。它反映了进食某种食物后血糖上升的速度和程度，体现了人体摄入一定食物后的血糖反应。GI由戴维·J. 詹金斯（David J. Jenkins）于1981年提出，他在治疗糖尿病患者时，发现含等量糖类的不同食物对血糖的影响不同，从而对传统的“食品交换份法”理论提出了挑战。经过大量实验得出如下结论：①许多淀粉食物都能够被快速消化吸收，并非缓慢消化吸收；②大多数含糖类食物并不像人们普遍认为的那样可以迅速升高血糖，其所引起的血糖反应甚至低于普通食品；③同样的食物使用不同的加工方法，可有不同的血糖反应。

根据不同的GI值可将食物分为：高GI食物，即GI ≥ 70，食物进入胃肠后消化快、吸收率高，葡萄糖释放快，葡萄糖进入血液后峰值高，即血糖较高；中GI食物，即55 < GI < 70；低GI食物，即GI ≤ 55，食物在胃肠中停留时间长、吸收率低，葡萄糖释放缓慢，葡萄糖进入血液后的峰值低、下降速度慢，即血糖较低。常见食物的GI值见表2-6。

表2-6 常见食物的GI值

食物名称	GI值	食物名称	GI值	食物名称	GI值
葡萄糖	100.0	熟土豆	66.4	葡萄	43.0
馒头	88.1	大麦粉	66.0	可乐	40.3
面包	87.9	菠萝	66.0	扁豆	38.0
大米	83.2	蔗糖	65.0 ± 6.3	梨	36.0
面条	81.6	荞麦面条	59.3	苹果	36.0
烙饼	79.6	荞麦	54.0	苕粉	34.5
玉米片	78.5	甘薯（生）	54.0	藕粉	32.6
熟甘薯	76.7	香蕉	52.0	鲜桃	28.0
南瓜	75.0	猕猴桃	52.0	牛奶	27.6

续表

食物名称	GI 值	食物名称	GI 值	食物名称	GI 值
油条	74.9	山药	51.0	四季豆	27.0
西瓜	72.0	酸奶	48.0	果糖	23.0 ± 4.6
小米	71.0	乳糖	46.0 ± 3.2	大豆	18.0
胡萝卜	71.0	柑橘	43.0	花生	14.0
玉米粉	68.0	绿豆	27.2		

注：本数据来源于《公共营养学》，2018。

（4）GI 的计算步骤

①选择测试食物：选择一种含有 50g 可用糖类食物作为测试对象。

②对照食物：通常使用葡萄糖作为对照食物，因为它具有明确的血糖反应，并且其 GI 值被设定为 100。

③受试者招募：选择一组健康志愿者（通常为 10 ～ 12 人），他们应当没有糖尿病或其他影响血糖代谢的疾病。

④实验设计：

禁食——受试者需在实验前禁食 10 ～ 12 小时。

采样——在实验开始前，采集一次空腹血糖样本作为基线。

进食——受试者在实验开始时，摄入测试食物或对照食物（葡萄糖）。

后续采样——在随后的 2 小时内，每隔 15 ～ 30 分钟采集一次血糖样本，记录血糖水平的变化（表 2–7）。

⑤计算血糖响应曲线下面积（area under the curve，AUC）：对每个受试者的血糖水平进行绘图，并计算 AUC。

⑥平均 AUC：对所有受试者的 AUC 取平均值，得到测试食物和对照食物的平均 AUC。

⑦计算 GI 值：使用下述公式计算 GI 值。

$$\text{GI值} = \frac{\text{进食一种食物两小时内AUC}}{\text{进食相等分量的葡萄糖两小时内AUC}} \times 100$$

表 2-7 常用的血糖检测方法

常用的血糖检测方法	使用方式	适用性
指尖采血法	使用家用血糖仪，通过指尖采血测定血糖水平	方便快捷，适合日常监测
静脉血检测	通过抽血测定血糖水平，通常在医院或诊所进行	空腹血糖，餐后血糖，随机血糖等
糖化血红蛋白（HbA1c）检测	通过抽血检测糖化血红蛋白与总血红蛋白的比例，获得过去 2 ～ 3 个月内平均血糖水平	用于评估糖尿病控制情况

GI 值不仅受到食物的种类和品种影响，还与食物的成熟度和加工方式、食物的摄入量、食物的搭配、个体差异等因素有关。GI 值可以帮助人们选择更健康的糖类来源，特别是对于需要严格控制血糖水平的人群，如糖尿病患者和消化道疾病患者。

2.1.3.5 参考摄入量

膳食糖类的摄入比例过少，可造成蛋白质浪费，组织蛋白和脂肪分解增加及阳离子丢失等。而过高比例的糖类，可引起脂肪和蛋白质摄入减少，同样会对机体造成不良后果。《中国居民膳食营养素参考摄入量（2023）》推荐：除 1 岁以下婴儿外，膳食糖类供能比为 50% ～ 65%；同时建议膳食中应含有不同种类的糖类，限制纯能量食物（如糖）的摄入，添加糖的比例也应低于总能量的 10%；提倡摄入营养素 / 能量密度高的食物，以保障人体能量和营养素的需求及改善胃肠道环境和预防龋齿的需要。对于膳食糖类一般不推荐绝对摄入量，主要考虑糖类的适宜供能比。根据美国食品与营养委员会制定的 RDA，普通成年人每日至少应摄入 130 克可消化碳水化合物，以保证葡萄糖作为大脑细胞和中枢神经细胞的主要能量来源，防止以上细胞通过酮体进行供能。

2.1.4 膳食纤维

膳食纤维是糖类中的一类非淀粉多糖。它既不能被胃肠道消化吸收，也不能产生能量。因此，它曾一度被认为是一种“无营养物质”，长期得不到足够的重视。随着植物源食品尤其是粗粮的摄入量明显减少，高热能、高蛋白、高脂肪的动物性食品摄入量大大增加，使人体膳食营养失衡，导致一些“文明病”的发病率越来越普遍。例如，肥胖、高血压、糖尿病、癌症、心血管疾病等发病率不断上升。为此，以前一直被认为没有营养价值的膳食纤维，被现代医学界和营养学界公认为人体健康所必需的“第七大营养素”。

2.1.4.1 膳食纤维的分类

膳食纤维是指能抗人体胃、小肠消化吸收的、而在人体大肠能部分或全部发酵的、可食用的植物性成分——糖类及其相类似物质的总和，包括纤维素、半纤维素、果胶、树胶和木质素等。膳食纤维根据其水溶性不同，一般分为：可溶性纤维（soluble fiber）和不溶性纤维（insoluble fiber）。可溶性纤维是指不被人体消化道酶消化，但可溶于温、热水，和水结合会形成凝胶状物质，且其水溶液又能被其四倍体积的乙醇再沉淀的那部分膳食纤维，主要是细胞壁内贮存的物质和分泌物，另外还包括部分微生物多糖和合成多糖，包括：植物类果实和种子黏质物，果胶、胍胶、阿拉伯胶、角叉胶、瓜尔豆胶、琼脂，以及微生物发酵产生的胶（如黄原胶）和人工合成半合成纤维素，另外还有真菌多糖等。不溶性纤维是指不被人体消化道酶消化且不溶于热水的那部分膳食纤维，主要是植物细胞壁的组成成分，包括纤维素、半纤维素、木质素、原果胶、植物蜡和动物性的甲壳质及壳聚糖等。

2.1.4.2 膳食纤维的生理功能

（1）增加饱腹感

水溶性膳食纤维具有较高的吸水性，吸水后体积可膨胀增大几十倍，对肠道产生容积作用，增加胃的蠕动，延缓胃中内容物进入小肠的速度，易于产生饱腹感而抑制进食量，对糖尿病和肥胖症患者减少进食有利。

（2）降低血糖

可溶性膳食纤维在胃肠内可以影响葡萄糖的吸收和利用，降低餐后血糖升高幅度和血清胰岛素水平，或可提高机体对胰岛素的敏感性。膳食纤维中的果酸可延长食物在胃肠内的停留时间，延长胃排空时间，减慢人体对葡萄糖的吸收速度，具有稳定餐后血糖的作用。

（3）缓解便秘

由于膳食纤维吸水，可增加粪便体积和重量，减少粪便硬度。同时，膳食纤维作为肠内异物能刺激肠道的收缩和蠕动，加快大便排泄，起到治便秘的功效，并缩短粪便在肠道中停留的时间，降低有害物质与肠壁接触时间，降低结肠癌变的可能性。

（4）改变肠道菌群

进入大肠的膳食纤维能部分地、有选择性地被肠内细菌分解与发酵，所产生的短链脂肪酸可降低肠道 pH 值，从而改变肠内微生物菌群的构成与代谢，诱导有益菌群大量繁殖。部分的膳食纤维可作为益生元提供肠道益生菌生长所需的营养物质，间接抑制有害菌生长。

（5）降低血清胆固醇

血液中的胆固醇来源于食物的外援性摄取和体内合成，其主要代谢产物转化成胆固醇。水溶性纤维在小肠中能形成胶状物质，将胆酸包围并迅速排出体外，降低胆酸及其盐类的合成与吸收，从而降低血液中胆固醇的浓度。

（6）降低血压

膳食纤维尤其是酸性多糖类，具有较强的阳离子交换功能，能够与肠道中的 Na^+、K^+ 进行交换，促使大量的 Na^+、K^+ 随尿液和粪便排出，从而降低血液中的 Na/K，直接产生降低血压的作用。

2.1.4.3 膳食纤维的缺乏与过量摄入

膳食纤维缺乏时，可能导致便秘和肠道功能紊乱。膳食纤维有助于降低血液中的总胆固醇和低密度脂蛋白胆固醇水平，摄入不足可能导致患心血管疾病的风险增加。另外，膳食纤维有助于促进某些营养素的吸收，缺乏时可能会影响矿物质和维生素的吸收。

过多的膳食纤维可以增加肠道中的食物残渣，可能会占用胃部空间，导致其他能量密集食物的摄入减少，从而影响能量摄入。在短时间内大量摄入膳食纤维，可能导致胀气或腹泻，情况严重甚至可能导致胃酸反流、肠道梗阻、胃出血等情况。另外，高纤维食物可能会限制某些矿物质（如铁、钙、锌、镁）

的吸收，长期大量摄入纤维食物可能导致这些矿物质的缺乏。以下人群需要适量食用：①消化功能较弱的人群，包括老年人和儿童；②患有消化系统疾病的人群，如肝硬化、胃溃疡、肠梗阻等；③患有肾脏疾病者，因为粗粮中钾、磷的含量高，过多食用可能影响肾脏功能。

2.1.4.4 膳食纤维的水平评价

评价人体膳食纤维摄入量的方法主要是通过膳食调查，而不是通过直接的生物检测手段。这是因为膳食纤维的摄入量主要取决于食物的种类和摄入量，而非体内代谢产物或生物标志物。食物中膳食纤维的测定通常涉及生化指标和食品分析方法，以下是一些常用的检查方法。

（1）酶—重量法

这是一种常用的膳食纤维测定方法，通过使用特定的酶（如 α- 淀粉酶、蛋白酶、葡萄糖苷酶）处理样品，模拟人体小肠的消化过程，从而分离不可消化的糖类，即膳食纤维。这种方法可以测定总膳食纤维、可溶性膳食纤维和不溶性膳食纤维。

（2）高效液相色谱法

这种方法可以用来测定可溶性膳食纤维，特别是那些在酶—重量法中无法沉淀的低分子质量可溶性膳食纤维。从样品中提取膳食纤维，使用高效液相色谱柱将不同类型的膳食纤维分离，通过检测器对分离的组分进行定量，可以准确测定样品中可溶性膳食纤维的含量。

2.1.4.5 参考摄入量

基于膳食纤维可降低患肥胖、2 型糖尿病、心血管疾病的可能风险,《中国居民膳食营养素参考摄入量（2023）》推荐：我国成人（18 ～ 50 岁）膳食纤维的摄入量为 25 ～ 30g/d，并鼓励每人全天至少 1/3 为全谷物食物，蔬菜水果摄入量达到 500g 以上。从膳食的能量密度和营养需求考虑，儿童膳食纤维摄入量应适当减少。按照成人平均 25 ～ 30g/2000kcal 计算，即 12.5 ～ 15.0g/1000kcal。14 岁以下儿童适量下调，可按照 10g/1000kcal 能量计算。婴儿和幼儿目前还无法给出膳食纤维推荐值。总膳食纤维最高阈值虽尚未建立，但过多的膳食纤维可能影响其他营养物质的消化和吸收，还会增加肠道蠕动和产气量，从而导致腹胀不适。

2.2 微量营养素水平的评价

微量营养素是指人体需要量很少，但对健康至关重要的营养成分。它们包括维生素和矿物质两大类。虽然人体对这些营养素的需求量相对较少，但它们在维持生命活动中扮演着极其重要的角色，如参与新陈代谢、支持免疫系统、维持神经系统功能等。充足的微量营养素摄入是机体葡萄糖、脂肪和蛋白质等主要营养素有效代谢和能量供应的保障。

2.2.1 维生素

2.2.1.1 维生素 A（vitamin A）

（1）理化性质

维生素 A 是指含有视黄醇结构，并具有其生物活性的一类物质，包括已经形成的维生素 A 和维生素 A 原及其代谢产物。根据其侧链官能团不同，维生素 A 主要以视黄醇（图 2–1）、视黄醛（图 2–2）和视黄酸（图 2–3）3 种形式存在。维生素 A 和维生素 A 原（如类胡萝卜素）都易被氧化和异构化，特别是在暴

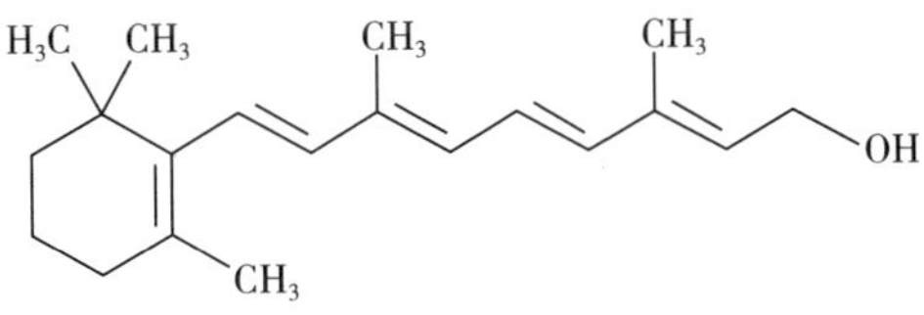

图 2–1 视黄醇的化学结构式

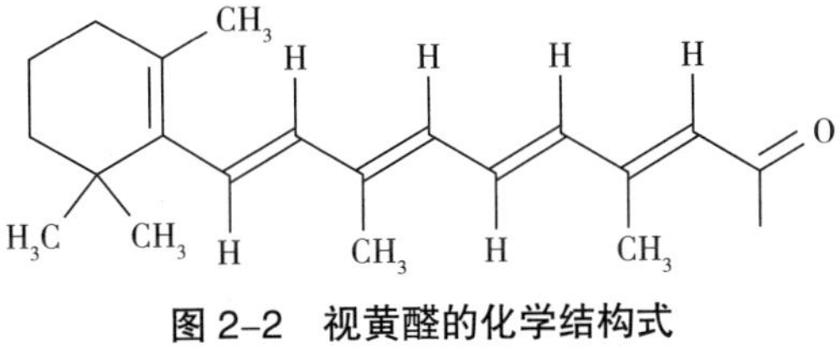

图 2–2 视黄醛的化学结构式

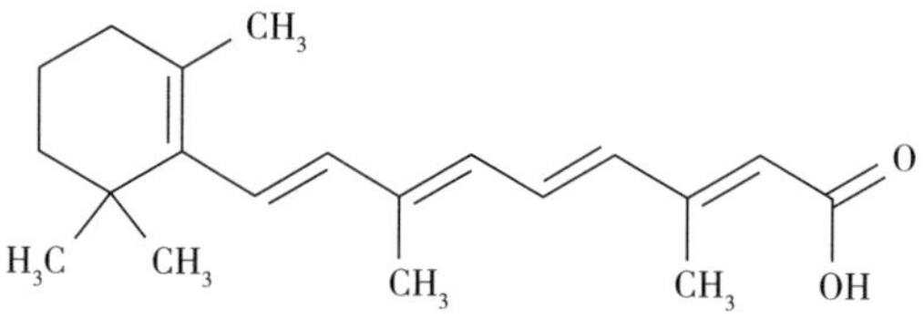

图 2-3　视黄酸的化学结构式

露于紫外线、氧气、性质活泼的金属以及高温环境时，可加快氧化破坏。

（2）生理功能

1）视觉功能

维生素 A 是构成视觉细胞内感光物质视紫红质的成分。视紫红质是视网膜视杆细胞中的感光物质，是由视黄醛与带有赖氨酸残基的视蛋白结合而成的复合物。视紫红质经光异构后变为前光视紫红质，结合的 Ca^{2+} 在视杆细胞外段释放出来，中止了 Na^{+} 流动及暗电流，产生电压的波动。这种电位差使神经刺激加强传入脑中产生光感，也可用视网膜电图测定。

2）上皮细胞的生长与更新

维生素 A 在糖蛋白合成中发挥了重要作用，可以稳定上皮细胞的细胞膜，维持上皮细胞的形态完整和功能健全，对维持皮肤、消化道、呼吸道及泌尿生殖道等上皮组织的形态和功能具有重要作用。

3）增强免疫力

维生素 A 在先天免疫系统和适应性免疫中，均具有促进和调节作用。它可以增强机体的免疫功能，增强对多种传染病的防御能力。

4）抑癌作用

维生素 A 缺乏的某些组织的形态变化，与某些上皮组织早期癌变相近，都是上皮组织鳞状变形。因此，维生素 A 在这一阶段中，对癌细胞起回转修复作用。

5）清除自由基

维生素 A 作为一种强效的抗氧化剂，能够中和自由基，减少氧化应激对细胞的损伤。它通过捕捉自由基中不稳定的电子，稳定自由基，阻止其进一步反应。此外，维生素 A 还能够促进细胞内抗氧化酶的活性，增强细胞的抗氧化能力。

（3）缺乏与过量

维生素 A 缺乏最早出现的症状是眼部症状，表现为暗视野视力的减退，也就是夜盲症。维生素 A 的缺乏还会引起机体不同上皮细胞的干燥和皮肤的改变，如毛囊角化、皮肤干燥和毛囊丘疹等。严重的维生素 A 缺乏会影响儿童的骨骼系统生长发育，表现为长骨增长迟滞；同时，齿龈发生增生和角化，影响成釉质细胞发育。颅骨、脊椎骨发育受阻而神经系统发育正常，使两者不相称，引起脑和脊髓组织受压，导致颅内压增高和脊神经萎缩。

人体摄入过量的维生素 A 可能会引起维生素中毒，出现急性中毒时常会有头痛、呕吐、嗜睡等颅内压增高症状。发生慢性中毒常表现为烦躁、纳呆，四肢骨痛、软组织肿胀和压痛，枕后部肿胀，同时出现头痛、呕吐、前囟增宽而隆起、头围增大等颅压增高症状。

（4）水平评价

维生素 A 营养状况应根据生化指标、临床表现，结合生理情况、膳食摄入情况，综合予以判定。常用检查方法如下。

1）血清维生素 A 水平

成人血清维生素 A 水平正常范围为 1.5 ～ 3.0μmol/L。由于维生素 A 储存降低者其血清水平可能正常，所以血清维生素 A 水平不能作为维生素 A 营养充足的标准。

2）改进的相对剂量反应试验（modified relativedose response test，MRDR）

受试者按每 kg 体重 0.35μmol（或 100μg）剂量口服 3，4- 二脱氢醋酸视黄酯油剂，服用后 5 小时取血一次。脱氢视黄醇和血清视黄醇的摩尔比例大于 0.06 指示维生素 A 缺乏，低于 0.03 指示维生素 A 充足。

3）暗适应功能测定

暗适应功能测定需要事先让 10 名健康人连续 7 天摄入 10000IU 维生素 A，然后测定暗适应时间，以 95% 上限值作为正常值。但是，有眼部疾患、血糖过低和睡眠不足者的暗适应功能也降低，此法不能真实反映他们的维生素 A 营养水平。

4）眼部症状检查

WHO 将维生素 A 缺乏的眼部症状予以分类，其中角膜干燥、溃疡、角化定为诊断维生素 A 缺乏的有效体征，毕脱氏斑用于少儿。

5）其他

其他方法如血浆视黄醇结合蛋白可较好地反映维生素 A 营养水平。而近年来发展起来的稳定同位素稀释实验，可了解机体维生素 A 的储存状态及动态平衡，可全面评价机体维生素 A 营养状况。

（5）参考摄入量

人体维生素 A 来源于动物性食物的维生素 A 和植物性食物中的胡萝卜素（维生素 A 原），而维生素 A 的常用计量单位为国际单位（IU），胡萝卜素的常用计量单位为 μg 或者 mg。为了统一计量膳食中的维生素 A，FAO/WHO（1967）提出了视黄醇当量（retinol equivalent，RE）概念。其含义是包括视黄醇和 β-胡萝卜素在内的具有维生素 A 活性物质所相当的视黄醇量，换算关系如下：

1μg β-胡萝卜素 = 0.167μg 视黄醇当量

1 IU 维生素A = 0.3μg视黄醇当量

膳食或食物中总视黄醇当量（μg）= 视黄醇（μg）+ 0.167类胡萝卜素（μg）+ 0.084其他维生素A原（μg）

2.2.1.2 维生素 D

（1）理化性质

维生素 D 类是指含环戊氢烯菲环结构，并具有钙化醇生物活性的一类物质，最常见的两种形式分别为维生素 D_2（麦角钙化醇，图 2–4）及维生素 D_3（胆钙化醇，图 2–5）。维生素 D 的最大吸收峰为 265nm，比较稳定，溶解于有机溶剂，光与酸会促进其发生异构作用，因此应储存在氮气、无光与无酸

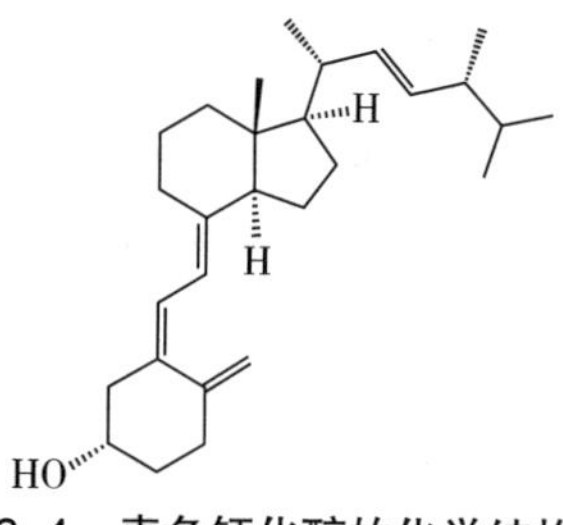

图 2–4　麦角钙化醇的化学结构式

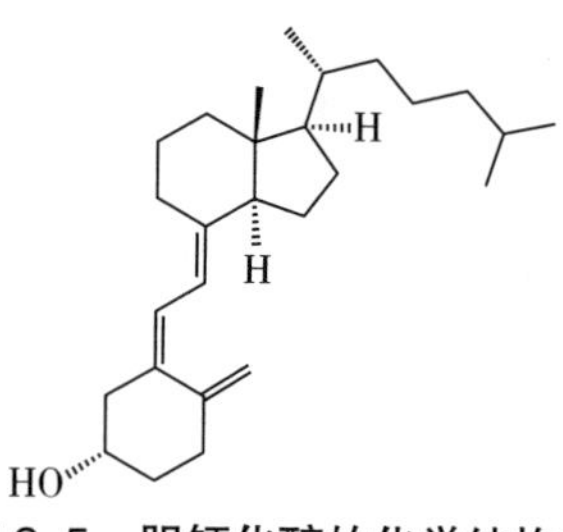

图 2–5　胆钙化醇的化学结构式

的冷环境中。

（2）生理功能

1）促进小肠黏膜对钙的吸收

被人体吸收的维生素D_2和D_3都无生物活性，经肝脏、肾脏羟化酶的作用，转变为活性的1，25-二羟维生素D_3。1，25-二羟维生素D_3诱导特异的钙结合蛋白质（calcium binding protein，CBP）合成。钙结合蛋白在肠道钙的吸收过程中，发挥重要作用。

2）促进骨骼肌及骨骼健康

维生素D直接或间接地参与骨内进行的骨细胞增生、分化等，骨基质形成、成熟与钙化的所有过程。补充活性维生素D可以改善肌肉功能，使快肌内纤维数目与直径显著增加，从而使肌肉力量及功能显著增强。

3）调节细胞分化

在肿瘤细胞、白血病细胞、皮肤细胞的生长分化中，维生素D均具有调节作用，可抑制白细胞增殖，出现诱导分化现象。

4）调节免疫功能

维生素D是一种选择性免疫调节剂，当免疫功能处于抑制状态时，维生素D可增强免疫功能，尤其提高单核细胞、巨噬细胞的功能；当免疫功能异常增加时，维生素D可抑制T淋巴细胞和B淋巴细胞的活性，从而维持免疫平衡。

（3）缺乏与过量

维生素D的主要作用是促进钙、磷吸收，使牙齿和骨骼正常发育。维生素D缺乏时，小儿可出现佝偻病。儿童仅靠食物获得足够的维生素D并不容易，阳光可使皮肤中的类固醇转变为维生素D。因此，儿童要多做户外活动，以减少食物中维生素D的需求量，有利于预防维生素D缺乏症。

维生素D服用过多可能会导致血钙过多，肾功能不全。因此，服用维生素D治疗时，常需要检查血钙水平。血钙水平不正常会导致中毒，轻度中毒有呕吐，食欲不振等现象，重者可致死亡。

（4）水平评价

1）用高效液相色谱法测定血浆中的25-OH-D_3

通常认为，血浆中25-OH-$D_3 < 10$ng/mL（25nmol/L）为严重缺乏，< 20ng/

mL（50nmol/L）为缺乏，21 ～ 29ng/mL（52 ～ 72nmol/L）为不足，≥ 30ng/mL（75nmol/L）为充足；其正常值上限为 100ng/mL（250nmol/L），当 > 150ng/mL（375nmol/L）时，可发生中毒。

2）血清

血清中的 1, 25-（OH）$_2$-D_3 也可用竞争受体结合试验（competitive receptor binding assay）进行测定。

3）血清钙磷乘积、血清碱性磷酸酶活性

该方法也被用于判定佝偻病，但由于其结果受众多因素影响，并不被看作判定维生素 D 营养状况的良好指标。

（5）参考摄入量

根据我国制定的膳食营养素参考摄入量，在钙磷供给量充足的条件下，儿童、青少年、成人、孕妇、乳母的维生素 D 推荐摄入量及 0 ～ 1 岁婴儿的适宜摄入量均为每天 10μg，65 岁以上老人推荐摄入量为每天 15μg；11 岁及以上人群（包括孕妇、乳母）的 UL 为每天 50μg，0～4 岁、4～7 岁、7～11 岁人群的 UL 则分别为每天 20μg、30μg 和 45μg。

2.2.1.3 维生素 E

（1）理化性质

维生素 E 类是指含苯丙二吡喃结构、具有 α-生育酚生物活性的一类物质。自然界共有 8 种异构体，根据侧链上双键数目的不同，可以分为生育酚和生育三烯酚两大种类，再按照色满环上甲基数量和位置的差异分为 4 种生育酚（α、β、γ 和 δ，图 2-6 ～图 2-9）。维生素 E 作为脂溶性维生素的一种，溶于脂肪和乙醇等有机溶剂，不溶于水，对热、酸稳定，对碱不稳定，对氧敏感。

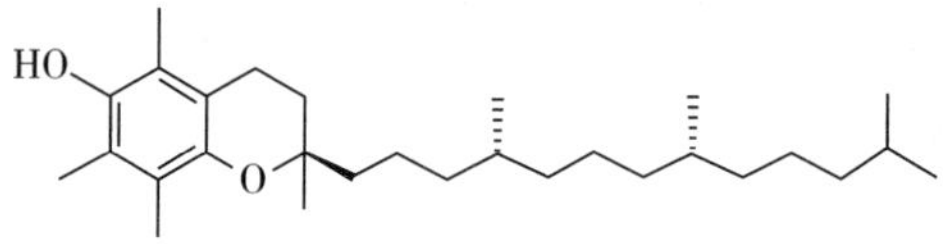

图 2-6　α-生育酚的化学结构式

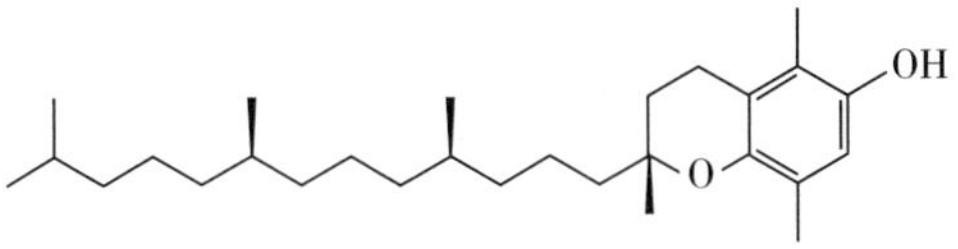

图 2–7 β- 生育酚的化学结构式

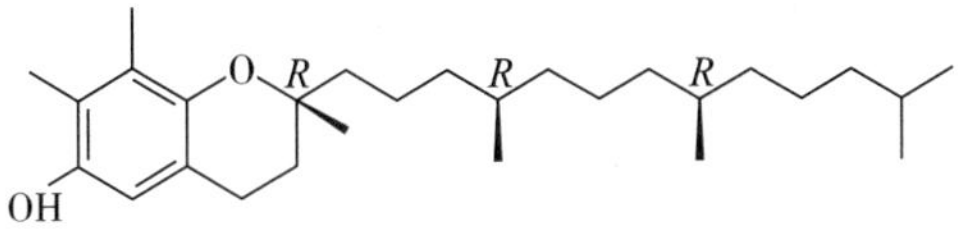

图 2–8 γ- 生育酚的化学结构式

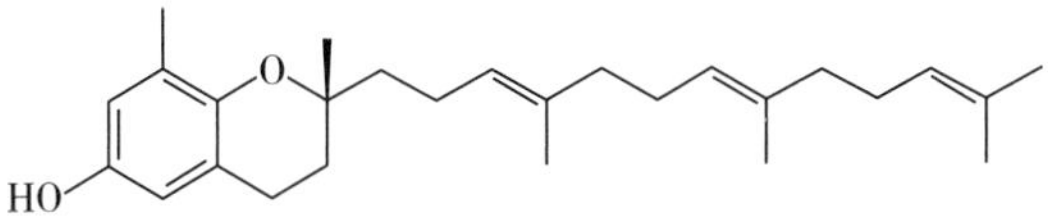

图 2–9 δ- 生育酚的化学结构式

（2）生理功能

1）改善生育功能

维生素 E 可使垂体前叶促性腺分泌细胞亢进，促进性激素分泌，使男子精子活力和数量增加，使女子雌性激素浓度增高，提高生育能力，预防流产。

2）抗氧化功能

维生素 E 是一种较强的抗氧化剂，能减少抗原的产生，加强抗体的清除，保护细胞和细胞器的稳定性。

3）改善脂类代谢

维生素 E 缺乏会导致动物体内抗氧化功能衰退，肝脏及血浆中脂类过氧化作用加强，尤以肝脏为甚，脂类代谢也有改变。充足的维生素 E 可抑制细胞膜脂质的过氧化反应。

4）皮肤保护功能

维生素 E 是脂溶性维生素，较易进入皮肤细胞，阻断细胞内的自由基链式反应，保护皮肤免受紫外线照射产生的自由基损伤，避免皮肤提早老化。

5）提高免疫力

维生素 E 能够增加人体 T 淋巴细胞和 B 淋巴细胞的活性，降低人体感染性疾病的发生率，提高人体的抗病能力。

（3）缺乏与过量摄入

维生素 E 缺乏症可引起反射障碍、共济失调、行走困难和肌肉无力，红细胞被破坏、肌肉的变性、贫血症、生殖机能障碍。

大剂量服用维生素 E 可能增加出血风险，尤其是同时服用使血液不易凝固的抗凝药。服用过大剂量维生素 E 偶尔可发生肌肉无力、疲乏、恶心和腹泻，补充维生素 E 每天应不超过 400mg。

（4）水平评价

1）血清维生素 E 水平

血清（浆）α- 生育酚浓度可直接反映人体维生素 E 的储存情况。血浆生育酚浓度与血浆总脂浓度密切相关，故有人建议使用每克总血脂中的 α- 生育酚水平。

2）红细胞溶血试验（red blood cell hemolytic test）

红细胞与 2.0% ～ 2.4% H_2O_2 溶液保温后出现溶血测得的血红蛋白量（H_1），与红细胞与蒸馏水保温后测得的血红蛋白量（H_2）的百分比，可反映维生素 E 的营养状况（表 2–8）。

表 2–8 维生素 E 营养状况的评价

状况	血清维生素 E（μmol/L）	红细胞 H_2O_2 溶血试验（%）
缺乏	< 12	> 20
偏低	12 ～ 17	10 ～ 20
正常	> 17	< 10

注：本表来源于《临床营养学》。

维生素 E 的活性可用 α - 生育酚当量（α -tocopherol equivalent，α -TE）来表示，规定 1mg α -TE 相当于 1mg RRR- α - 生育酚的活性。维生素 E 的活性也可以用国际单位 IU 表示，1IU 的维生素 E 等于 1mg dl- α - 生育酚乙酸酯的活性，或等于 0.67mg d- α - 生育酚的活性。各种维生素 E 的换算关系如下：

1 IU维生素E = 1mg dl - α - 生育酚乙酸酯 = 0.91mg dl - α - 生育酚
= 0.67mg d - α - 生育酚 = 0.74mg d - α - 生育酚乙酸酯

1 mg d - α - 生育酚 = 1.1 mg d - α - 生育酚乙酸酯

1 mg dl - α - 生育酚 = 1.1 mg dl - α - 生育酚乙酸酯

（5）参考摄入量

我国成人（包括孕妇）维生素 E 的适宜摄入量是 14mg α - TE/d，乳母维生素 E 的适宜摄入量为 17mg α - TE/d。成人（包括孕妇、乳母）维生素 E 的 UL 为 700mg α - TE/d。

2.2.1.4 维生素 K

（1）理化性质

维生素 K 又称为凝血维生素，是一种脂溶性维生素。天然维生素有两种类型（图 2–10 和图 2–11）：植物来源的维生素 K 为维生素 K_1，又称叶绿醌；维生素 K_2 由细菌在肠道合成，又称甲萘醌。维生素 K 对热稳定，但易遭受酸碱、氧化剂和光的破坏。

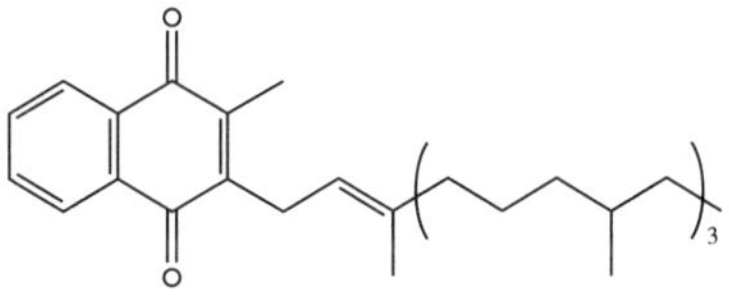

图 2–10 维生素 K_1 的化学结构式

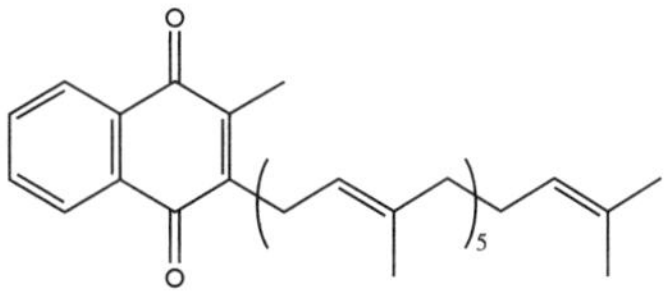

图 2–11 维生素 K_2 的化学结构式

（2）生理功能

1）调节凝血蛋白质

合成维生素 K 是 4 种凝血因子（Ⅱ、Ⅶ、Ⅸ、Ⅹ）以及蛋白 C、S、Z 在肝内合成必不可少的物质，参与凝血过程。

2）调节骨组织钙化和形成

成骨细胞合成的一种蛋白质——骨钙素（osteocalcin，OCN），是依赖维生素 K 的 y - 羧基谷氨酸蛋白，可调节骨骼的钙化过程。

3）其他

钙化的动脉粥样硬化组织有一种 γ - 羧基谷氨酸蛋白，称为动脉粥样化钙蛋白（atherocalcin），与动脉粥样硬化有关。维生素 K 参与蛋白质中谷氨酸 γ 位置的羧化作用，这些 γ - 羧基谷氨酸参与钙离子结合，具 γ - 羧基谷氨酸残基且对活性是必需的蛋白质统称 γ - 羧基谷氨酸—蛋白质。科学家在钙化的动脉粥样硬化组织中发现了一种 γ - 羧基谷氨酸，称为动脉粥样化钙蛋白，与动脉粥样硬化有关。

（3）缺乏与过量摄入

维生素 K 广泛存在于各种食物中，并且可以在肠道中合成。成人缺乏维生素 K 仅见于慢性胃肠疾病、控制饮食和长期服用抗生素的部分人群。但是，由于维生素 K 不能通过胎盘转运、新生儿肠道未建立正常菌群不能合成以及母乳中含量低等原因，新生儿是维生素 K 缺乏的敏感人群。维生素 K 缺乏影响凝血酶原合成，表现为凝血缺陷和出血。如果凝血酶原值低于 10%，就可表现为新生儿溶血症（hemolytic disease of the newborn，HDN）。HDN 一般见于产后 1 ～ 7 天，表现为皮肤、胃肠道、胸腔内出血，严重时有颅内出血。迟发性出血见于产后 1 ～ 3 个月，除了上述表现，通常伴有吸收不良和肝脏疾病。

（4）水平评价

维生素 K 水平评价主要有 3 种方式。

1）机体的凝血功能

实验室通过测定依赖维生素 K 的凝血因子或凝血酶原时间、部分凝血活酶时间、凝血试验，等评价机体凝血功能。凝血因子浓度或活性下降、凝血酶原时间延长、部分凝血活酶时间延长、凝血试验异常等，能通过服用维生素 K 得以纠正时，提示机体凝血功能异常。

2）维生素 K 的含量

高效液相色谱可以直接测定维生素 K 的含量，正常值为 0.3 ～ 2.6nmol。

3）血浆和尿液未羧化骨钙素和未羧化凝血酶原

骨钙蛋白 / 未羧化骨钙素的比值可以反映人体内维生素 K 的缺乏状态。但骨钙蛋白的表达受维生素 D 的影响，提示非羧化骨钙素可能并不适用于所有人群。

（5）参考摄入量

维生素 K 广泛分布于各种动物性和植物性食品中。母乳含量低，约 2μg/L。在中国营养学会制定的《中国居民膳食营养参考摄入量（2023）》中，成人维生素 K 的适宜摄入量为 80μg/d。

2.2.1.5 维生素 B_1

（1）理化性质

维生素 B_1 又称为抗脚气病因子和抗神经炎因子，是一种水溶性维生素。

它由含氨基的啶环和含硫的噻唑环通过亚甲基桥相连而成，因分子中含有“硫”和“氨”，故又称硫胺素（thiamine，图 2-12）。硫胺素略带酵母气味，易溶于水，微溶于乙醇。盐酸硫胺素为白色结晶，有特殊香味，在水中溶解度较大，在碱性溶液中加热极易被分解破坏，而在酸性溶液中加热到 120℃也不会被破坏。

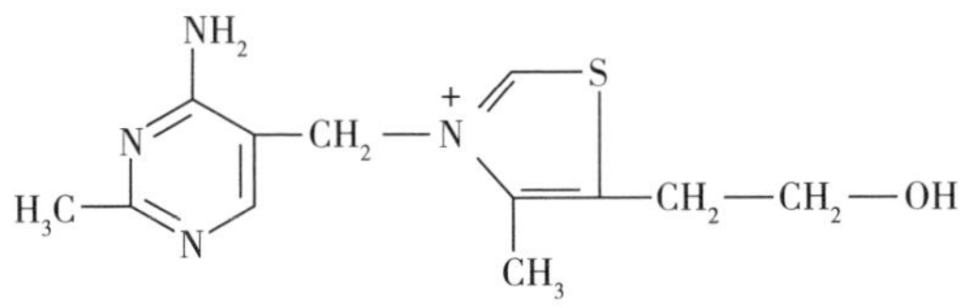

图 2-12 维生素 B_1 的化学结构式

（2）生理功能

维生素 B_1 以焦磷酸硫胺素（thiamine pyrophosphate，TPP）的形式作为体内 α-酮酸氧化脱羧反应和磷酸戊糖循环中转酮醇酶的辅酶，参与糖类和能量代谢。

维生素 B_1 可直接激活神经细胞的氯离子通道、控制神经传导的启动以及抑制胆碱酯酶等非辅酶功能。

维生素 B_1 在维持神经、肌肉特别是心肌的正常功能，以及维持正常食欲、胃肠蠕动和消化液分泌方面有重要作用。

（3）缺乏与过量摄入

维生素 B_1 缺乏主要损害神经系统和心血管系统，成人和婴幼儿均可发生。

1）成人脚气病

成人脚气病的早期症状较轻，主要表现有疲乏、淡漠、食欲差、恶心、忧郁、急躁、沮丧、腿沉重麻木和心电图异常。症状特点和严重程度与维生素 B_1 缺乏程度、发病急缓等有关，一般将其分成 3 种类型：①干脚气病（dry beriberi），以多发性周围神经炎症为主，出现上行性周围神经炎，表现为指（趾）端麻木、肌肉酸痛、压痛，尤以腓肠肌为甚，跟腱及膝反射异常。②湿脚气病（wet beriberi），多以水肿和心脏症状为主。由于心血管系统功能障碍，出现水肿，右心室可扩大，出现心悸、气短、心动过速。如果处理不及时，常致心力衰竭。③混合型脚气病，其特征是既有神经炎，又有心力衰竭和水肿。此外，长期酗酒的人群还极易因酒精中毒而引起维生素 B_1 缺乏，导致韦尼克—科尔萨科夫综合征（Wenicke-Korsakoff syndrome），发病呈急性或亚急性，临床表现包括精神错乱、共济失调、眼肌麻痹、假记忆和逆行性健忘甚至昏迷，是一种神经脑病综合征，也称为脑型脚气病。

2）婴儿脚气病

该病多发生于 2 ～ 5 月龄的婴儿，多由乳母维生素 B_1 缺乏所致。其发病突然，病情急，初期食欲缺乏、呕吐、兴奋和心跳加快，呼吸急促和困难；晚期有发绀、水肿、心脏扩大、心力衰竭和强制性痉挛，常在症状出现 1 ～ 2 天后，突然死亡。婴儿先天性脚气病的发病原因通常是母亲孕期缺乏维生素 B_1，主要症状有紫绀、吮吸无力、嗜睡。

维生素 B_1 一般不会引起过量中毒，只有短时间服用超过推荐摄入量（recommended nutrient intake，RNI）100 倍以上的剂量时，有可能出现头痛、惊厥和心律失常等。

（4）水平评价

1）尿负荷

清晨先给被测者口服 5mg 维生素 B_1，然后收集 4 小时内排出的尿液，测定其中维生素 B_1 含量。指标参考范围：维生素 $B_1 < 100\mu g$（相当于摄入量的 2%）为缺乏，$100\mu g <$ 维生素 $B_1 < 199\mu g$ 为不足，维生素 $B_1 > 200\mu g$ 为正常，维生素 $B_1 > 400\mu g$ 为充裕。

2）尿中维生素 B_1 和肌酐含量比值

清晨，取被测者空腹尿样，测定其中维生素 B_1 和肌酐含量，计算维生素 B_1（μg）与肌酐（g）比值，用它来评定维生素 B_1 的营养状况。指标参考范围：维生素 B_1/ 肌酐 < 27 为缺乏，27 < 维生素 B_1/ 肌酐 < 65 为不足，66 < 维生素 B_1/ 肌酐 < 129 为正常，维生素 B_1/ 肌酐 > 130 为充足。

3）红细胞转酮醇酶活性系数或红细胞转酮醇酶 TPP 效应

血液中维生素 B_1 绝大多数以 TPP 形式存在于红细胞中，并作为转酮醇酶的辅酶发挥作用。该酶的活力与血液中维生素 B_1 的浓度密切相关。故可通过体外试验测定加入 TPP 前后红细胞中转酮醇酶活性的变化，来反映机体的营养状态。通常用两者活性之差占基础活性的百分率来表示，值愈高，说明维

生素 B_1 缺乏愈严重。指标参考范围：活性差≤ 15% 为正常，16% ≤活性差≤ 24% 为不足，活性差 > 25% 为缺乏。

（5）参考摄入量

硫胺素的供给应与每日的能量供给量平衡，应该达到 0.5mg/4.2kJ（1000 kcal）。根据 2013 年 DRI，我国居民的硫胺素 RNI 为成年男性 1.4mg/d，女性 1.2mg/d，未制定 UL 值。

2.2.1.6 维生素 B_2

（1）理化性质

维生素 B_2 又称核黄素（riboflavin），其结构见图 2–13，是具有一个核糖醇侧链的异咯嗪类衍生物，且具有可逆的氧化还原性。核黄素为黄色粉末状晶体，味苦、熔点高、水溶解度低。核黄素水溶液呈现黄绿色，在酸性及中性环境中对热稳定，在碱性环境中易被热和紫外线破坏。核黄素有游离及结合两种形式，游离状态容易发生光裂解，结合状态比较稳定。

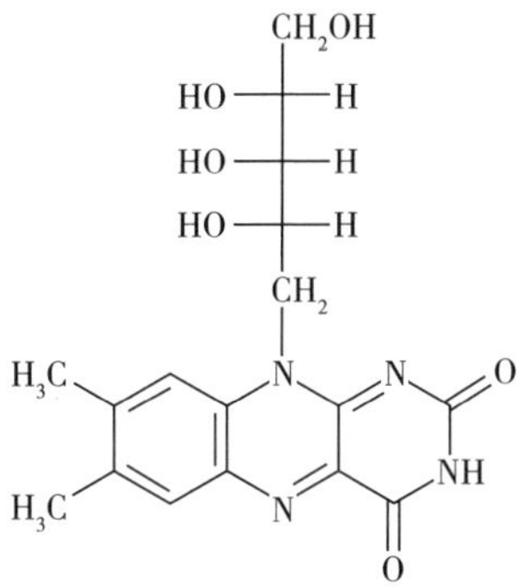

图 2–13 维生素 B_2 的化学结构式

（2）生理功能

1）参与体内生物氧化与能量代谢

维生素 B_2 在体内以黄素单核苷酸（flavin mononucleotide，FMN）和黄素腺嘌呤二核苷酸（flavin adenine dinucleotide，FAD）的形式，与特定蛋白结合形成黄素蛋白（flavoprotein）。黄素蛋白是机体许多酶系统中重要辅基的组成成分，通过呼吸链参与体内氧化还原反应，在能量代谢中发挥重要作用。维生素 B_2 与糖类、蛋白质、核酸和脂肪的代谢有关，可提高肌体对蛋白质的利用率，促进生长发育，维护皮肤和细胞膜的完整性，具有保护皮肤毛囊黏膜及皮脂腺的功能。

2）参与细胞的生长代谢

维生素 B_2 是肌体组织代谢和修复的必须营养素，可以强化肝功能、调节肾上腺素的分泌。

3）参与烟酸和维生素 B_6 的代谢

维生素 B_2 是B族维生素发挥协调作用的一个典范。FAD和FMN作为辅基，参与色氨酸转化为烟酸、维生素 B_6 转化为磷酸吡哆醛的过程。

4）其他

此外，维生素 B_2 还与肾上腺皮质激素的产生、骨髓红细胞生成以及铁的吸收、储存和动员有关。

（3）缺乏与过量摄入

维生素 B_2 缺乏的症状主要表现在唇、舌、口腔黏膜和会阴皮肤处，故有“眼－口－生殖器综合征”（oculo-oral-genital syndrome）之称。眼：球结膜充血，角膜周围血管增生，角膜溃疡，老年性白内障，暗适应能力下降；口腔：口角炎、炎、舌炎、口腔黏膜溃疡；皮肤：脂溢性皮炎，湿性阴道炎；怀孕期间，尤其是胎儿形成的关键时期，如缺乏维生素 B_2，也会出现唇裂、白内障等先天畸形。

由于机体对维生素 B_2 的吸收能力有限，因此过量摄入维生素 B_2 一般不产生明显毒性作用。

（4）水平评价

1）负荷试验

口服维生素 B_2 5mg，测定服后4小时尿中含量，小于400g为缺乏，400～799μg为不足，800～1300μg为正常，大于1300μg为营养状况良好。

2）任意一次尿核黄素/肌酐（μg/g）

比值 $<$ 27μg/g为缺乏，27～79μg/g为不足，80～269μg/g为正常，$>$ 269μg/g为充足。

3）全血谷胱甘肽还原酶活力系数（glutathione reductase activity coefficient，GR-AC）

在辅酶A（coenzyme A，CoA）饱和的溶血试样中加入一定量的底物谷胱甘肽，测定加与不加FAD时还原型谷胱甘肽的生成量，以二者的比值（即GR-AC）作为评价维生素 B_2 营养状况的指标。GR-AC $<$ 1.2为正常，1.2～1.4为不足，$>$ 1.4为缺乏。

（5）参考摄入量

在《中国居民膳食营养素参考摄入量（2013）》中，成年人维生素 B_2 的

RNI男性为1.4mg/d，女性为1.2mg/d。

2.2.1.7 烟酸（niacin）

（1）理化性质

烟酸也称作维生素B_3、尼克酸、抗癞皮病因子或维生素PP等，是人体必需的13种维生素之一，由二甲基羧丁基和β-丙氨酸组成，其化学结构见图2–14。烟酸为稳定的白色针状结晶，易溶于沸水和沸乙醇，不溶于乙醚，在酸、碱、光、氧或加热条件下不易被破坏，是维生素中最稳定的一种，一般烹调加工损失极小，但会随水分流失。

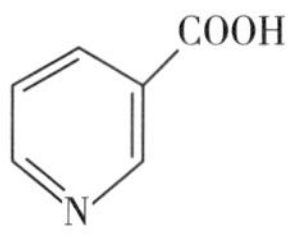

图2–14 烟酸的化学结构式

（2）生理功能

1）构成辅酶Ⅰ和辅酶Ⅱ

烟酸以尼克酰胺的形式在体内构成辅酶Ⅰ和辅酶Ⅱ，后者是组织中极其重要的递氢体。烟酸在糖、脂类、氨基酸、类固醇以及核酸等物质的代谢过程中，起着重要的作用。

2）构成葡萄糖耐量因子

非辅酶形式的烟酸还是葡萄糖耐量因子（glucose tolerance factor，GTF）的组成成分，具有增强胰岛素效能的作用。

3）与核酸的合成有关

葡萄糖通过磷酸戊糖代谢途径可产生5-磷酸核糖，这是体内产生核糖的主要途径，核糖是合成核酸的重要原料。而烟酸构成的辅酶Ⅰ和辅酶Ⅱ是葡萄糖磷酸戊糖代谢途径第一步生化反应中氢的传递者。

4）降低血胆固醇水平

每天摄入1～2g烟酸，可降低血胆固醇水平。

（3）缺乏与过量摄入

烟酸缺乏时，体内辅酶Ⅰ和辅酶Ⅱ合成受阻，导致某些生理氧化过程发生障碍，可引起“癞皮病”，主要表现为皮肤、消化系统和神经系统的病变。早期缺乏主要表现为食欲减退、消化不良、体重减轻、记忆力下降、失眠等，严重时出现典型症状皮炎（dermatitis）、腹泻（diarrhea）和痴呆（dementia），也称“3D”症状。其中，皮肤损伤为最具特征的表现，即肢体暴露部位的对称性皮炎，包括皮肤急性红斑、水泡、溃疡、慢性变厚、萎缩及色素沉着等；消化系统表现为呕吐、便秘、腹泻以及鲜红舌；神经系统症状有抑郁、冷漠、头痛、疲劳、记忆丧失等。

过量摄入烟酸的副作用主要表现为皮肤发红、眼部不适、恶心、呕吐、高尿酸血症和糖耐量异常等；长期大量摄入，日服用量超过 3 ～ 9g/d，可对肝脏造成损伤。

（4）水平评价

1）负荷试验口服

口服 50mg 尼克酰胺，测定 4h 尿中 N′-MN 排出量。以小于 2.0mg 为缺乏，2.0 ～ 2.9mg 为不足，3.0 ～ 3.9mg 为正常。

2）测定 2- 吡啶酮 /N′-MN

一般认为 2- 吡啶酮 /N′-MN 在 1.3 ～ 4.0 之间为正常，小于 1.3 表明有潜在危险。这个指标受蛋白质营养状况的影响较大，故应用时应该慎重。

3）测定尿中 N′-MN 的含量

使用任意一次尿中 N′-MN/ 肌酐（mg/g）作为评价指标，以小于 0.5mg/g 为缺乏，0.50～1.59mg/g 为不足，1.6～4.2mg/g 为正常，大于 4.3mg/g 为充裕。

（5）参考摄入量

膳食中烟酸的摄入量以烟酸当量（mg）来表示。色氨酸在体内可以转化为烟酸，其转化效率平均每 60mg 色氨酸可转化成 1mg 烟酸。因此，膳食中烟酸的摄入量计算公式为：

$$\text{烟酸当量(mg)} = \text{烟酸(mg)} + 1/60\,\text{色氨酸(mg)}$$

《中国居民膳食营养素参考摄入量（2013）》建议，18 ～ 50 岁成年男、女，烟酸的 RNI 分别为 15mg/d、12mg/d，UL 均为 35mg/d。

2.2.1.8 泛酸（pantothenic acid）

（1）理化性质

维生素 B_5 为泛酸，又称遍多酸，其化学结构式见图 2-15。维生素 B_5 由

二甲基羟丁酸和 β-丙氨酸组成，因广泛存在于动植物组织中而得名。纯品为淡黄色油状物，具酸性，易溶于水及乙醇，不溶于脂溶剂；在酸性溶液中易分解，在中性溶液中较为稳定。

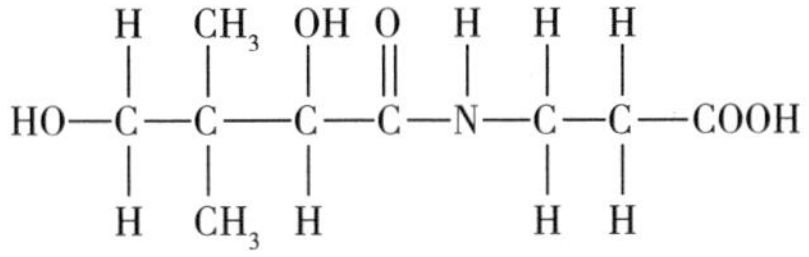

图 2-15 泛酸的化学结构式

（2）生理功能

在人体内，维生素 B5 转变为辅酶 A（CoA）。CoA 通过自身的巯基接受和释放酰基，起着转移酰基作用，广泛参与糖类、脂类、蛋白质代谢及肝的生物转化。

1）促进蛋白质、脂肪和糖类的代谢

泛酸是 CoA 的组成部分，CoA 是多种代谢反应的催化剂，包括蛋白质、脂肪和糖类的代谢。泛酸能够将这些营养物质转化为能量，供给人体各个器官和组织，保证其正常运转。此外，泛酸还能够促进胆固醇的代谢，降低血液中的胆固醇水平，预防心血管疾病的发生。

2）维持皮肤、神经系统和消化系统的健康

泛酸能够促进皮肤细胞的生长和修复，保持皮肤的健康和弹性。泛酸还能够促进神经系统的正常运转，维持神经系统的健康和稳定。泛酸还能够促进消化系统的正常运转，维持肠道的健康和正常的肠道菌群。此外，泛酸还能够促进胃酸的分泌，帮助消化食物，预防胃肠道疾病的发生。

3）增强免疫力

泛酸能够促进白细胞的生成和功能，增强人体的免疫力，预防感染和疾病的发生。泛酸还能够促进抗体的生成，增强人体对病原体的抵抗力，预防疾病的传播和流行。

（3）缺乏与过量摄入

泛酸是 CoA 的前体，CoA 是其发挥功能的形式，CoA 促进机体内脂肪酸的 β-氧化。泛酸缺乏时，CoA 水平下降，脂肪酸的 β-氧化受到抑制，主要是过氧化物酶体脂肪酸 β-氧化受到抑制，并可能产生疾病，如瑞氏综合征（Reye syndrome）。泛酸缺乏的早期易疲劳，引发各种胃肠功能障碍，如食欲减退、恶心、腹痛、溃疡、便秘等。严重时出现肢神经痛综合征，主要表现为脚趾麻木、步行时摇晃、周身酸痛等。若病情继续恶化，则会产生易怒、脾气暴躁、失眠等症状。

泛酸普遍存在于我们日常食用的多种食物之中，并在体内有 70 多种酶需要 CoA。因此，人体缺乏泛酸的情况并不多见。同时，人体对泛酸有很好的耐受性，摄入过量对人体并未显示出明显的不良反应。

（4）水平评价

1）尿中泛酸排出量

尿中泛酸排出量与摄入水平呈现正相关。正常膳食的成年人，尿中泛酸排出量为 2 ～ 7mg/d。若排出量 < 1mg/d，一般认为泛酸缺乏或不足。

2）血中泛酸含量

正常全血泛酸浓度为 2mg/L 左右，如果浓度 < 1mg/L，为泛酸摄入不足或缺乏。

（5）参考摄入量

根据《中国居民膳食营养素参考摄入量（2013）》，成年人（18 岁以上）的适宜摄入量（AI）为 5.0mg/d。而对于孕期或哺乳期女性，由于需要满足母婴双方的营养需求，建议将泛酸的摄入量增加到 6mg/d。

2.2.1.9 维生素 B_6

（1）理化性质

维生素 B_6 又称吡哆素，包括吡哆醇（pyridoxine，PN）、吡哆醛（pyridoxal，PL）及吡哆胺（pyridoxamine，PM），其化学结构式如图 2-16 所示。维生素 B_6 为白色结晶性粉末，无臭，味酸苦，加热升华。干燥品对空气和光稳定，水溶液遇空气渐被氧化变色，并随 pH 值升高氧化加速。维生素 B_6 在高温下

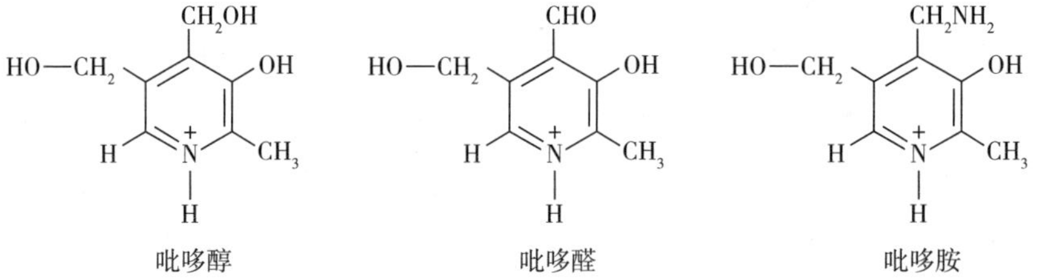

图 2-16　维生素 B_6 的化学结构式

易被分解，在（290±1）nm 波长处有最大吸收（0.1mol/L HCl），易溶于水（1∶4.5），溶液显酸性，微溶于乙醇（1∶90）和丙酮，不溶于乙醚和氯仿。

（2）生理功能

磷酸吡哆醛是人体内多种酶的辅酶，参与氨基酸脱氨和转氨作用、鸟氨酸循环、血红素的合成和糖原分解等过程，在代谢过程中发挥着重要作用。磷酸吡哆醛是谷氨酸脱羧酶的辅酶，增加大脑抑制性神经递质 γ-氨基丁酸的生成。磷酸吡哆醛还是血红素合成中限速酶 δ-氨基-γ-酮戊酸（δ-aminolevulinic acid，ALA）合酶的辅酶。

（3）缺乏与过量摄入

维生素 B_6 广泛存在于食物中，严重缺乏维生素 B_6 的情况极少见，但轻度缺乏较多见，通常与其他 B 族维生素缺乏同时存在。维生素 B_6 缺乏会导致皮肤、神经系统、造血功能以及免疫功能的损伤。膳食摄入维生素 B_6 无过量中毒的情况发生，若长期大剂量补充可致神经毒性及光敏感性反应。

（4）水平评价

1）直接测定血浆及尿液中维生素 B_6 代谢产物的浓度（表 2-9）

表 2-9　维生素 B_6 及其代谢产物生化指标评价

测定项目	正常参考值（nmol/L）
血浆磷酸吡哆醛	＞30.0
血浆维生素 B_6 总量	＞40.0
尿中 4- 吡哆酸	＞3.0
尿中维生素 B_6 总量	＞0.4

注：本表来源于《临床营养学》。

2）色氨酸负荷实验

按 0.1g/kg 口服色氨酸，测定 24 小时尿中黄尿酸排出量，计算黄尿酸指数（xantharenic acid index，XI），即 XI=24 小时尿中黄尿酸排出量（mg）/ 色氨酸给予量（mg）。维生素 B_6 营养正常者 XI 为 0.0 ～ 1.5，不足者可大于 12。

（5）参考摄入量

根据《中国居民膳食营养素参考摄入量（2013）》的建议，对于健康成年人（18 岁以上）每日维生素 B_6 的 RNI 为 1.2mg/d，50 岁以上人群为 1.5mg/d，孕妇及哺乳期女性为 1.9mg/d，UL 均不超过 60mg/d。

2.2.1.10 生物素（biotin）

（1）理化性质

生物素又称维生素 H、维生素 B_7、辅酶 R 等，其化学结构式如图 2–17 所示，属于水溶性维生素，能溶于热水和乙醇，但不溶于有机溶剂。生物素为无色针状结晶体，耐酸但不耐碱，对热稳定，一般烹调损失不大，强碱和氧化剂可使其失活。

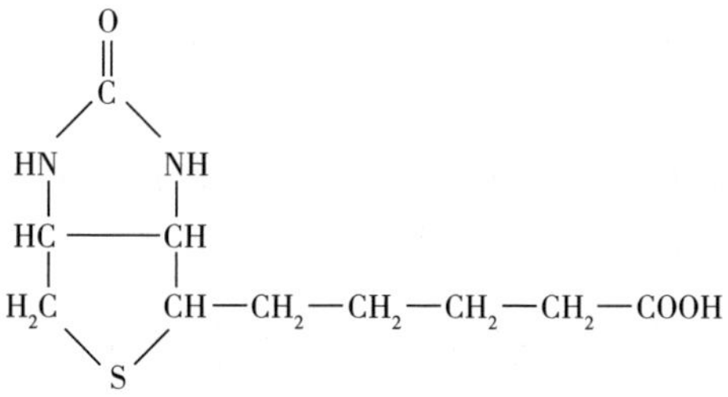

图 2–17 生物素的化学结构式

（2）生理功能

生物素是体内多种羧化酶（如丙酮酸羧化酶、乙酰 CoA 羧化酶）等的辅基，参与 CO_2 的固定过程。除作为羧化酶的辅基外，生物素还有其他重要的生理功能。例如，人基因组中含有 2000 多个依赖生物素的基因，生物素可参与基因表达以及细胞信号传导，还可影响细胞周期、转录和 DNA 损伤的修复。此外，生物素还参与胰淀粉酶和其他消化酶的合成，与食物的消化过程密切相关。

（3）缺乏与过量摄入

生物素来源广泛，肝、肾、大豆粉、奶类、鸡蛋等食物含量丰富，人体肠道细菌亦可合成，因此成人一般不会缺乏生物素。但以下原因可能引起生物素的缺乏：生吃鸡蛋，新鲜鸡蛋中含有抗生物素蛋白，与生物素结合使其不被吸收；长期使用抗生素会抑制肠道细菌合成生物素，导致生物素缺乏。生物素缺乏的主要症状为皮炎、疲劳、恶心呕吐、脱屑性红皮病、贫血等，补充生物素后疗效显著。

（4）水平评价

生物素水平可通过测定血、尿生物素含量，血浆奇数碳脂肪酸浓度及尿液中有关代谢产物排出量来评价。

1）血生物素含量

正常成人全血生物素含量为 260ng/L，婴儿为 320ng/L。全血生物素含量 < 100ng/L 为生物素缺乏。

2）尿生物素含量

一般，正常成人尿液中生物素排出量为 6 ～ 111μg/24h，尿液中生物素排出量 <1μg/24h 为缺乏。

3）尿中有关代谢产物排出量

当生物素缺乏时，尿中 3- 羟异戊酸排出量增加，正常成人的排出量为 77 ～ 195μmol/24h，缺乏者其尿排出量 > 195μmol/24h。

（5）参考摄入量

根据《中国居民膳食营养素参考摄入量（2013）》，成人的生物素 AI 为 40μg/d。

2.2.1.11 叶酸（folic acid）

（1）理化性质

叶酸又名维生素 B_{11}、蝶酰谷氨酸，其化学结构式见图 2-18，在绿叶中含量十分丰富。叶酸为淡黄色结晶状粉末，微溶于水，其钠盐易溶于水，不溶于乙醇和其他有机溶剂，易被光、热破坏，对酸性溶液不稳定，在碱性溶液中对热稳定。

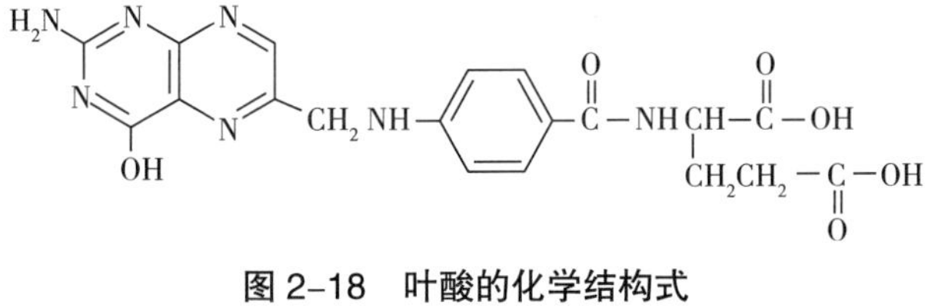

图 2-18 叶酸的化学结构式

（2）生理功能

叶酸的生物活性形式是四氢叶酸。四氢叶酸是一碳单位的载体，是体内一碳单位转移酶的辅酶，参与体内嘌呤、胸腺嘧啶核苷酸等多种物质的合成，在细胞分裂和增殖中发挥作用；参与血红蛋白以及重要甲基化合物合成，如肾上腺素、胆碱、肌酸等。因此，叶酸为许多生物生长所必需。

（3）缺乏与过量摄入

膳食摄入不足、机体吸收不良、代谢障碍、生理需要量增加以及药物干扰吸收等会导致叶酸缺乏。叶酸缺乏时，DNA 合成会受到抑制，骨髓幼红细胞合成减少，造成巨幼红细胞贫血。此外，膳食中缺乏叶酸会导致同型半胱氨酸向胱氨酸转化受阻，造成高同型半胱氨酸血症，进而成为诱发心血管疾病的一种潜在危险因素。叶酸摄入过量可影响锌的吸收，造成胎儿发育迟缓，还可干扰抗惊厥药物的效果。

（4）水平评价

1）血清和红细胞叶酸含量

近期膳食叶酸摄入情况可通过血清叶酸含量反映，色谱—质谱联用法检测血清总叶酸含量 < 3ng/mL 为缺乏，3 ～ 6ng/mL 为不足，> 6ng/mL 为正常；红细胞叶酸含量可反映机体组织细胞内叶酸的储存情况，微生物法检测红细胞叶酸含量 < 140ng/mL 为缺乏，140 ～ 160ng/mL 为不足，> 160ng/mL 为正常。

2）血浆同型半胱氨酸含量

当受试者维生素 B_6 及 B_{12} 营养状况适宜时，血浆同型半胱氨酸水平可作为反映叶酸营养状况的敏感和特异指标。血浆中同型半胱氨酸含量 >16μmol/L 为叶酸缺乏。

3）组氨酸负荷试验

受试者口服组氨酸 2 ～ 5g，测定 6 小时尿液中亚胺甲基谷氨酸（组氨酸转化为谷氨酸过程中的中间产物）排出量。排出量在 5 ～ 20mg 为正常。叶酸缺乏时，亚胺甲基谷氨酸不能转化为谷氨酸，从而使尿中排出量增加，但该指标特异性较差。

（5）参考摄入量

叶酸摄入量应以膳食叶酸当量（dietary folate equivalent，DFE）表示，食物叶酸的生物利用率为 50%，而叶酸补充剂与膳食混合时的生物利用率为 85%，比单纯来源于食物的叶酸生物利用率高 1.7 倍，所以 DFE 的计算公式为：

$$DFE(\mu g)=膳食叶酸(\mu g)+1.7\times叶酸补充剂(\mu g)$$

《中国居民膳食营养素参考摄入量（2013）》推荐，成人叶酸的 RNI 为 400μg DFE/d，孕妇为 600μg DFE/d，乳母为 550μg DFE/d；叶酸的 UL 为 1000μg DFE/d。

2.2.1.12 维生素 B_{12}

（1）理化性质

维生素 B_{12} 又称钴胺素，其化学结构式如图 2–19 所示，是唯一含金属元素的维生素，人体内活性形式为甲基钴胺素和 5′- 脱氧腺苷钴胺素，也是血液中存在的主要形式。维生素 B_{12} 可溶于水和乙醇，不溶于氯仿和乙醚，在强酸强碱环境中不稳定，遇强光和紫外线易分解。

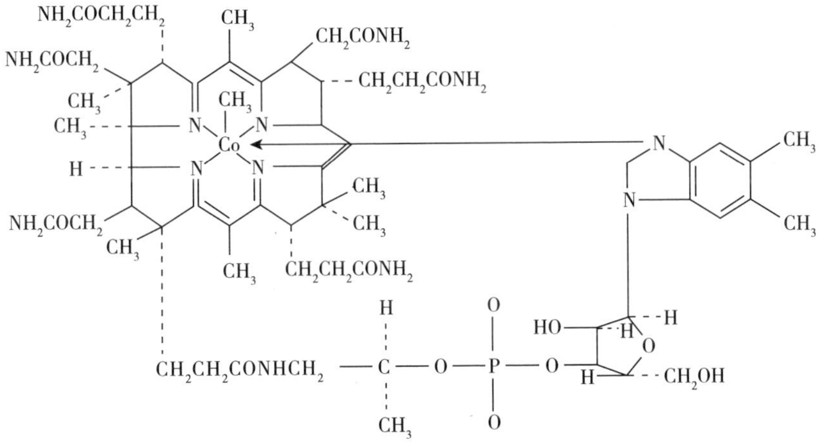

图 2–19 维生素 B_{12} 的化学结构式

（2）生理功能

维生素 B_{12} 在体内以两种辅酶的形式（甲基钴胺素和 5′- 脱氧腺苷钴胺素）参与生化反应，影响一碳单位的代谢和脂肪酸的合成。维生素 B_{12} 作为甲硫氨酸合成酶的辅酶，参与同型半胱氨酸甲基化生成甲硫氨酸的反应。此外，作为甲基丙二酰 CoA 异构酶的辅酶，参与甲基丙二酸—琥珀酸的异构化反应，此反应过程与脂肪和糖代谢密切相关。

（3）缺乏与过量摄入

膳食摄入不足、吸收不良、胰蛋白酶分泌不足、胃酸过少等都可导致维生素 B_{12} 缺乏，常见于素食者、母亲为素食者的婴幼儿和老年人。B_{12} 缺乏会导致一碳单位代谢受阻，造成核酸合成障碍，产生巨幼红细胞贫血；同型半胱氨酸的堆积可造成高同型半胱氨酸血症，增加患动脉硬化、血栓生成和高血压的风险。维生素 B_{12} 广泛存在于动物食品中，正常膳食摄入不会发生机体维生素 B_{12} 缺乏或过量的情况。

（4）水平评价

1）血清维生素 B_{12} 浓度

该指标可反映体内储存情况，一般以血清维生素 B_{12} 浓度 120 ～ 180pmol/L 为正常。

2）血清全钴胺传递蛋白Ⅱ（holotranscobalamin Ⅱ，holo TC Ⅱ）

该指标反应维生素 B_{12} 负平衡，一般以 holo TC Ⅱ水平≤ 29.6pmol/L（40pg/mL）定为维生素 B_{12} 负平衡。

3）血清全结合咕啉（维生素 B_{12} 结合咕啉）

结合咕啉约含血清维生素 B_{12} 的 80%，血清全结合咕啉与肝脏维生素 B_{12} 的储存相平衡。当血清全结合咕啉≤ 110pmol/L（150 pg/mL）时，肝脏储存缺乏。

4）血清同型半胱氨酸及甲基丙二酸

二者含量增高表明维生素 B_{12} 缺乏。

5）脱氧尿嘧啶抑制试验

该指标用于维生素 B_{12} 缺乏的第三期诊断，即生化改变的评价。

（5）参考摄入量与膳食来源

《中国居民膳食营养素参考摄入量（2013）》推荐，维生素 B_{12} 的 RNI 成人为 2.4 μg/d，孕妇 2.9μg/d，乳母 3.2μg/d。

2.2.1.13 维生素 C

（1）理化性质

维生素 C 又称 L- 抗坏血酸（ascorbic acid），其化学结构式见图 2–20，是一种含有6个C的酸性多羟基化合物，分为D-型和L-型两种形式，只有L-型具有生理功能。维生素C易溶于水，水溶液呈酸性，不溶于脂溶性溶剂。维生素C是一种强还原剂，具有较强的抗氧化活性，但遇光、热、氧及碱性条件下易被破坏，氧化酶、微量铜离子、铁离子可促进其氧化。

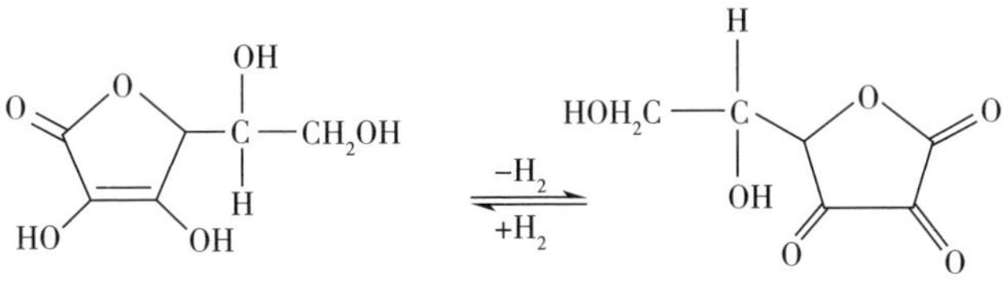

图2-20　维生素C的化学结构式

（2）生理功能

1）作为抗氧化剂参与体内的氧化还原反应

维生素C可直接与氧化剂作用，在谷胱甘肽还原酶作用下，将氧化型谷胱甘肽还原成还原型。维生素C还可促进抗体形成，促进铁的吸收，促进四氢叶酸的形成，维持巯基酶活性以及清除氧化还原反应产生的自由基等。

2）维生素C是一些羟化酶的辅酶

维生素C是维持体内含铜羟化酶和酮戊二酸铁羟化酶活性的辅酶；参与胶原蛋白的合成过程，维生素C缺乏会使胶原蛋白不能正常合成，导致细胞连接发生障碍，影响皮肤弹性、创伤愈合。

3）参与合成神经递质

维生素C充足可促进大脑中去甲肾上腺素和5-羟色胺的产生，缺乏会导致神经递质形成受阻。

（3）缺乏与过量摄入

当机体维生素C储存量 $< 300mg$ 时，出现缺乏症。维生素C缺乏主要导致坏血病，表现为全身乏力、食欲减退、牙龈出血、伤口不易愈合，进而牙齿松动、毛细血管易破裂，严重者导致皮下出血，胃、肠道、鼻、肾等出血。维生素C缺乏还会引起胶原蛋白合成障碍，影响骨有机质合成，从而导致骨质疏松。

维生素C毒性很低，但摄入过量可能会出现腹泻、腹胀。结石病患者长期摄入过量维生素C，会增加患尿结石的风险。

（4）水平评价

1）尿负荷试验

晨起空腹时，被检者口服500mg维生素C（成人量），然后收集4小时或24小时的尿液，测定尿中维生素C含量。若4小时尿中维生素C排出量>13mg为充足，5～13mg为正常，<5mg为不足；24小时尿中维生素C排出量为口服量的10%以上为正常。

2）血浆中维生素C含量

血浆中维生素C水平反映的是近期维生素C摄入情况。若每日摄入维生素C 90～150mg，血浆中浓度可达12～15mg/L。血浆维生素C浓度≥4mg/L为正常，2.0～3.9mg/L为不足，<2mg/L为缺乏。

3）白细胞中维生素C浓度

白细胞中维生素C浓度可以反映组织中的储存水平，但不能反映近期的摄入量，一般认为<2μg/ 10^8 个白细胞为缺乏。

（5）参考摄入量

《中国居民膳食营养素参考摄入量（2013）》推荐维生素C的RNI值为100 mg/d，预防非传染性慢性病摄入量（prevention intake of non-communicable chronic diseases，PI–NCD）为200mg/d，UL为2000mg/d。

2.2.2 矿物质

2.2.2.1 钙（calcium）

钙是人体含量最多的矿物质元素，成年人体内的钙含量达1000～1200g，占体重的1.5%～2.0%。其中，约99%的钙集中在骨骼和牙齿中，其余1%的钙以游离或结合形式分布于软组织、细胞外液和血液中，统称为混溶钙池。钙不仅是构成机体完整性不可缺少的组成部分，而且在机体的生长发育和生理生化过程中，发挥非常重要的作用。

（1）生理功能

1）构成骨骼和牙齿的成分

人体骨骼和牙齿中无机物的主要成分是钙的磷酸盐。人体内骨骼中的钙与混溶钙池保持着相对的动态平衡，骨骼中的钙不断地从破骨细胞中释放进入混溶钙池，混溶钙池中的钙又不断地沉积于成骨细胞中，由此使骨骼不断更新。

2）维持神经和肌肉的活动

Ca^{2+} 可与细胞膜的蛋白和各种阴离子基团结合，调节细胞受体结合和离子通透性及参与神经信号传递物质释放，维持神经肌肉的正常生理功能。

3）调节机体酶的活性

Ca^{2+} 对腺苷酸环化酶、鸟苷酸环化酶、磷酸二酯酶、酪氨酸羟化酶等许多参与细胞代谢的酶，具有重要的调节作用。

4）其他

钙还可以促进细胞信息传递、血液凝固，参与激素的分泌，维持体液酸碱平衡及调节细胞的正常生理功能。

（2）缺乏与过量摄入

婴幼儿及儿童长期钙缺乏和维生素 D 不足，可导致生长发育迟缓、骨软化、骨骼变形，严重缺乏者可导致佝偻病，出现“O”形或“X”形腿、肋骨串珠、鸡胸等症状。钙摄入不足易患龋齿，影响牙齿质量。中老年人随着年龄增加，骨骼逐渐脱钙，钙流失加快，易引起骨质疏松症。

过量摄入钙也可能产生不良作用，如高钙血症、高钙尿、血管和软组织钙化，肾结石相对危险性增加等。

（3）水平评价

由于钙在体内有一个巨大的骨骼储备库，且循环中钙水平受体内钙稳态调控机制的影响，因此目前尚缺乏一种准确评估人体钙营养状况的方法。一般通过膳食调查，结合生化指标、临床体征、骨密度和骨强度等了解机体钙的水平及其满足程度，来判定钙的营养状况。

1）膳食调查

通过膳食调查可以掌握调查对象在一定时段内摄入膳食钙的水平。虽然膳食调查中存在记忆偏倚或选择偏倚等因素，会导致研究结果的偏差，但是该方法仍被比较广泛地应用于钙与健康及疾病之间的相关性研究。

2）生化指标

机体具有保持血清钙稳态的精密调控机制，总钙和离子钙浓度不能够反映机体钙营养状况。血清碱性磷酸酶虽能反映缺钙状态，但缺乏特异性。生化指标正常值参考范围：①血清总钙浓度为 2.25 ～ 2.75mmol/L（90 ～ 110mg/L）；②血清离子钙浓度为 1.10 ～ 1.37mmol/L（45 ～ 55mg/L）；③血清［Ca］×［P］> 30，低于此限为不足；④血清碱性磷酸酶为 40 ～ 150U/L；⑤ 24 小时尿羟脯氨酸 / 肌酐正常值为 10 ～ 33。

3）钙平衡

钙平衡试验常常用于评价人体的钙营养状况，并据此制定人体钙的需求量。当钙的摄入量与排出量（粪钙 + 尿钙 + 汗液）的差值为零时为钙平衡，负值则为负平衡，正值为正平衡。该方法存在试验操作烦琐，不易实施，难以得到精确数据等缺点，因此需要与稳定性同位素技术相结合，获取精确的钙吸收率，进而计算人体对钙的需求量。稳定同位素技术的不足之处在于稳定性核素成本昂贵，而且对检测设备也有很高的要求。

4）骨质的测量

测量骨质可直观地反映机体钙长期的营养状况，但其存在滞后性，对于近期钙缺乏反应不灵敏。钙缺乏超过 6 个月，才能通过骨矿物质或骨密度的变化表现出来。①骨矿物质含量（bone mineral content，BMC）：指在某一特定骨骼部位中矿物质的含量，如股骨颈、腰椎或全身，单位为每单位长度骨矿物质的含量（g/cm）。②骨矿物质密度（bone mineral density，BMD）：常简称为骨密度，是 BMC 除以被扫描的骨面积（g/cm）。BMC 是评价生长发育期儿童钙水平的常用指标，比 BMD 更适用。成人因骨骼已稳定，BMC 和 BMD 同样适用。采用单光子吸收法和双光子吸收法，单能 X 线吸收法和双能 X 线吸收法，以及定量计算机层面扫描法等方法测量 BMC 和 BMD。

（4）参考摄入量

《中国居民膳食营养素参考摄入量（2013）》建议，我国居民钙的 RNI：18 ～ 50 岁成年人为 800mg/d，50 岁以上人群为 1000mg/d；成年人 UL 均为 2000mg/d。

2.2.2.2 磷（phosphorus）

磷是人体含量较多的矿物质元素之一，成人体内磷含量为 600 ～ 900g，仅次于钙，占体重的0.8%～1.2%。人体内的磷有85%～90%以羟磷灰石的形式存在于骨骼和牙齿中，其余10%～15%与蛋白质、脂肪、糖及其他有机物结合，分布在细胞膜、骨骼肌、皮肤、神经组织及体液中。

（1）生理功能

1）构成骨骼和牙齿的重要成分

在骨的形成过程中，每2g钙需要1g磷，形成无机磷酸盐，主要成分为羟磷灰石。

2）参与能量代谢

葡萄糖是以磷酰化合物的形式被小肠黏膜吸收；葡萄糖-6-磷酸酯和丙糖磷酸酯是葡萄糖能量代谢的重要中间产物；磷酸化合物如腺苷三磷酸（adenosine triphosphate，ATP）等，是代谢过程中储存、转移、释放能量的物质。

3）构成组织细胞的重要成分

磷酸基团是RNA、DNA、细胞内的第二信使及体内许多辅酶或辅基的组成成分，磷脂是脂蛋白的成分。

4）调节细胞因子活性

磷参与细胞的磷酸化和去磷酸化过程，发挥信号传导作用，具有激活蛋白激酶，调控细胞膜离子通道、活化核内转录因子、调节基因表达等作用。

5）调节体内酸碱平衡

磷参与组成体内磷酸盐缓冲体系，磷酸盐可与氢离子结合为Na_2HPO_4和NaH_2PO_4，维持体内的酸碱平衡。

（2）缺乏与过量

几乎所有的食物均含有磷，所以磷缺乏较少见，只有在一些特殊情况下才会出现。例如，早产儿仅喂以母乳，乳汁含磷量较低，不能满足早产儿骨磷沉积的需求，可发生磷缺乏，出现佝偻病样骨骼异常。

细胞外液中磷浓度过高主要是由于肾脏对磷排泄的不足。过量的磷在体内可能会对骨产生不良影响，还会引起非骨组织的钙化。过量的磷也可引起低血钙症，导致神经兴奋性增强、手足抽搐和惊厥。

（3）水平评价

膳食磷的摄入量直接影响血清无机磷的水平，血清无机磷水平是评价磷营养状况的合理指标。若血清中无机磷浓度在该年龄的正常范围之内，则可认为符合适宜的磷摄入量，能满足健康个体细胞及骨构成的需求。正常成人血清磷浓度参考范围为 0.87 ～ 1.45mmol/L。

（4）参考摄入量及食物来源

动物性食物和植物性食物中均含丰富的磷。当膳食中能量与蛋白质供给充足时，不会引起磷的缺乏。理论上，膳食中的钙磷比例维持在 2∶1 之间比较好，不宜低于 0.5。中国营养学会推荐成人膳食磷的 RNI 为 720mg/d，UL 为 3500mg/d。

2.2.2.3 镁（magnesium）

正常成人体内含镁 20 ～ 38g。其中，60% ～ 65% 存在于骨骼、牙齿，27% 存在于肌肉、肝脏、心脏、胰腺等组织。

（1）生理功能

1）多种酶的激活剂，参与体内 300 多种酶促反应

镁可激活磷酸转移酶及水解肽酶系的活性，对葡萄糖酵解、脂肪、蛋白质、核酸的生物合成等，起重要调节作用。

2）参与钾、钙离子的转运

镁可封闭不同钾通道的外向性电流，阻止钾的外流。另外，镁作为钙阻断剂，抑制钙通过膜通道内流。

3）维护骨骼生长，参与骨形成和骨骼再建

镁是骨细胞结构和功能所必需的元素，对维持骨骼和牙齿的强度和密度以及正常的呼吸功能有着重要作用。

4）与钙离子、钾离子、钠离子一起维持肌肉神经的兴奋性

镁与钙使神经肌肉兴奋和抑制作用相同，血液中镁和钙过低，神经肌肉兴奋性均增高；反之则有镇静作用。但镁和钙有拮抗作用，两者可与某些酶竞争结合，由镁引起的中枢神经和肌肉接点处的传导阻滞可被钙拮抗。

5）影响胃肠道功能

硫酸镁溶液可使奥狄（Oddi）括约肌松弛，促使胆囊排空，具有利胆作用。碱性镁盐可中和胃酸。镁离子在肠道中吸收缓慢，促使水分滞留，具有导

泻作用，维持肠道功能。低浓度镁可减少肠壁张力和蠕动，有解痉挛作用，并有对抗毒扁豆碱的作用。

6）调节激素作用

血浆镁的变化可直接影响甲状旁腺激素的分泌，当血浆镁增加时可抑制甲状旁腺激素分泌；反之，则可促进甲状旁腺激素分泌。

7）其他

镁具有降低血清胆固醇浓度、TG浓度，升高HDL-C，降低LDL-C，扩张血管，抑制血小板聚集，预防动脉粥样硬化的作用。

（2）缺乏与过量摄入

镁缺乏的原因有饥饿、营养不良、胃肠道感染、肾病及慢性酒精中毒。镁缺乏可引起神经肌肉兴奋性亢进，常见肌肉震颤、手足搐搦、反射亢进、共济失调等临床症状，严重时出现谵妄、精神错乱甚至惊厥、昏迷。由机体镁缺乏引起的镁代谢异常还会对其他电解质及体内酶活性产生影响，如出现低钾血症、低钙血症及心脑血管疾病等。

过量的镁可引起腹泻、恶心、胃肠痉挛等胃肠道反应，重者可出现嗜睡、肌无力、膝腱反射弱、肌麻痹等临床症状。糖尿病酮症者早期因脱水引起血清镁升高，导致镁中毒。

（3）水平评价

1）血清镁浓度

血清镁低于0.7mmol/L时，即诊断为低镁血症。

2）尿镁采用半定量尿负荷实验

该实验即注射一定量镁盐后测定尿镁，评价镁的营养状况。24小时尿镁排出量低于1.5mmol/L，可诊断为镁缺乏症。

3）血液单核细胞中镁浓度

单核细胞中的镁浓度可反映体内镁的营养状况，但不宜作为评价充血性心力衰竭患者的心肌镁营养状况指标。

4）静脉内镁负荷试验

在12小时内滴注含500mL葡萄糖液（其中有30mmol/L硫酸镁），收集24小时尿液，测定尿镁排出量。若输入的镁 > 50% 保留在体内为缺镁，< 30%

保留可排除缺镁。此试验不能应用于肾功能不全、心脏传导障碍或呼吸功能不全的患者。对有诱发因素而又出现低镁血症的患者，其症状很难与低钾血症区别，如在补钾后情况仍无改善时，应考虑有低镁血症。此外，遇到发生搐搦并怀疑与缺钙有关的患者，注射钙剂后，不能解除搐搦时，也应疑有镁缺乏。

（4）参考摄入量

中国营养学会修订的《中国居民膳食营养素参考摄入量（2023）》推荐，18 岁以上成人膳食镁的 RNI 为 330mg/d。

2.2.2.4 铁（iron）

铁是人体重要的必需微量元素，是活体组织的组成成分。人体内含铁总量为 30 ～ 40mg/kg，体内的铁可分为功能性和储存性两种。其中，65% ～ 70% 的铁存在于血红蛋白，3% 存在于肌红蛋白，1% 存在于含铁酶类（如细胞色素、细胞色素氧化酶等）、辅助因子及运铁载体，此类铁称为功能性铁，主要参与体内氧的运送和组织呼吸过程。剩余 25% ～ 30% 为储存铁，主要以铁蛋白（ferritin）和含铁血黄素（hemosiderin）形式，存在于肝、脾和骨髓的网状内皮系统。

（1）生理功能

1）参与体内氧的运送和组织呼吸过程

铁是血红蛋白、肌红蛋白、细胞色素、细胞色素氧化酶及触媒（铁的氧化物，起催化作用）的组成成分，还可激活琥珀脱氢酸、黄嘌呤氧化酶等酶的活性。血红蛋白由一个珠蛋白和四个铁卟啉组成，可与氧发生可逆性的结合，使血红蛋白具有携氧功能，参与机体内氧的交换及组织呼吸；肌红蛋白由一个血红素和一个珠蛋白组成，主要在肌肉组织中起转运和储存氧的作用；细胞色素酶类，参与体内氧化还原过程中的电子传递，并在三羧酸循环过程中生成水，释放能量，供给机体需要。在氧化过程中产生的有害物质，可被含铁的触媒和过氧化物所破坏而解毒。

2）与红细胞的形成和成熟有关，能够维持机体正常的造血功能

铁在骨髓造血组织中与卟啉结合形成高铁血红素，再与珠蛋白合成血红蛋

白。缺铁可影响血红蛋白的合成，甚至影响DNA的合成及幼红细胞的增殖，使红细胞的复制能力降低、寿命缩短、自身溶血增加。

3）其他

铁参与维持正常的免疫功能，可增加中性白细胞和巨噬细胞的吞噬功能，同时也可使机体的抗感染能力增强。另外，铁可催化β-胡萝卜素转化为维生素A、嘌呤与胶原蛋白的合成、脂类在血液中转运以及药物在肝脏中的解毒等。

（2）缺乏与过量摄入

铁缺乏是一种很常见的营养素缺乏病，特别是在婴幼儿、孕妇和乳母中更易发生。婴幼儿因生长发育快，需要量相对增加，且平日膳食含铁量少，故易造成铁缺乏。青春期少女因发育快及月经失血，易处于铁缺乏状态。缺铁可分三个阶段：第一阶段为铁减少期，该阶段体内储存铁减少，血清铁蛋白（serum ferritin，SF）浓度下降，无临床症状；第二阶段为红细胞生成缺铁期，此时除血清铁蛋白下降外，血清铁降低，铁结合力升高，游离原卟啉浓度升高；第三阶段为缺铁性贫血期，血红蛋白和红细胞容积比下降。体内铁缺乏使细胞呼吸障碍，从而影响组织器官功能，出现食欲降低。铁缺乏儿童易烦躁，对周围不感兴趣，成人冷漠呆板。若血红蛋白继续降低，则出现面色苍白，口唇黏膜和眼结膜苍白，有疲劳乏力、头晕、心悸、指甲脆薄、反甲等。儿童、青少年身体发育受阻，体力下降、注意力与记忆力调节过程障碍，学习能力降低。孕早期贫血可导致早产、低出生体重儿及胎儿死亡。

铁过量会导致急性、慢性铁中毒。急性毒性：当服用大剂量铁剂治疗疾病时，吸收的铁量超过与血浆中运铁蛋白结合的量时，毒性才明显。症状主要为胃肠出血性坏死，引起呕吐、便血以及凝血不良、代谢性酸中毒和休克。致死剂量为200～250mg/kg。慢性毒性：铁在体内长期过量蓄积而且不能适当纳入储存部位，就可损害器官、组织，引起纤维化等。

（3）水平评价

1）血清铁蛋白

血清铁蛋白反映人体内铁储存的水平，对血清铁蛋白的测定是诊断隐性缺铁性贫血最好、最可靠的方法。

2）血清转铁蛋白受体（serum transferrin receptor，sTfR）

血清转铁蛋白受体反映了未成熟红细胞中受体的数量和红细胞生成水平。由于不受感染或炎症的影响，血清转铁蛋白受体浓度成为精确反映铁营养状态的指标。该指标灵敏度高，早期缺铁即可诊断，缺铁性贫血时比正常值高3～4倍，正常值为0.9～2.3mg/L。

3）红细胞游离原卟啉（free erythrocyte protoporphyrin，FEP）

原卟啉与铁结合形成血红素。在铁缺乏的情况下，因红细胞不能与铁结合，会导致FEP浓度增加。FEP > 0.9μmol/L（全血）或原卟啉 > 0.96μmol/L（全血）或FEP/Hb > 4.5μg/gHb即诊断为贫血，WHO推荐其浓度用于评估人群铁缺乏的患病率。

4）血红蛋白

血红蛋白低于正常参考值可诊断为贫血，但在正常参考范围内，也不可排除缺铁的可能性，血红蛋白是缺铁的晚期指标。正常范围为男性：120～160g/L，女性：110～150g/L。

5）平均红细胞体积（meaned corpuscular volume，MCV）和红细胞体积分布宽度（red cell volume distribution width，RDW）

MCV反映了整体红细胞体积的大小，RDW反映周围红细胞大小异质性的参数。缺铁性贫血的特征性改变为低MCV和高RDW，一般MCV < 80fL、RDW > 15%时，提示铁缺乏。这两项指标在缺铁性贫血的筛查及鉴别诊断上，具有实用价值。

6）血清铁

血清中游离的铁，不能全面反映体内铁储存与代谢情况，且易受进食状况、生理情况、溶血及环境中铁的影响，难以准确测量，临床价值有限。

7）转铁蛋白饱和度（transferrin saturation，TS）

转铁蛋白饱和度是指结合了两个铁离子的转铁蛋白，所占全部运铁蛋白的比例。转铁蛋白饱和度容易随着血清铁的变化而变化。一般，成年人转铁蛋白饱和度小于16%认为是铁缺乏，婴儿和儿童判断铁缺乏的界值分别为12%和14%。

（4）参考摄入量

中国营养学会修订的《中国居民膳食营养素参考摄入量（2023）》推荐，

成年男子铁的RNI为12mg/d，成年女性为18 mg/d，UL值为42mg/d。

2.2.2.5 锌（zinc）

成人体内锌的含量男性约2.5g，女性约1.5g，主要存在于骨骼中，其次在皮肤、肌肉、牙齿等器官中。按单位重量计，人体的肝、肾、心、胰、睾丸、肺、脑、肾上腺等也含有相当量的锌，尤其以视网膜、脉络膜和前列腺为最多。锌对生长发育、免疫功能、物质代谢和生殖功能等，均具有重要的作用。

（1）生理功能

1）金属酶的组成成分或酶的激活剂

人体内有多种含锌酶。锌在酶中的功能包括催化、结构和调节作用等，其中主要的含锌酶有超氧化物歧化酶（superoxide dismutase，SOD）、苹果酸脱氢酶、碱性磷酸酶、乳酸脱氢酶等。这些酶在组织呼吸、能量代谢及抗氧化过程中，发挥重要作用。

2）促进生长发育和组织再生

锌参与蛋白质合成，细胞生长、分裂和分化等过程以及促黄体激素、促卵泡激素、促性腺激素等有关内分泌激素的代谢，对胎儿生长发育、促进性器官和性机能发育，均具有重要调节作用。

3）维持机体免疫功能

锌可促进淋巴细胞有丝分裂，增加T细胞的数量和活力。

4）增加食欲

锌与唾液蛋白结合成味觉素可增进食欲；缺锌会导致味觉迟钝，甚至发生异食癖。

5）对皮肤和视力具有保护作用

锌在维生素A的代谢中，既参与视黄醛的合成和变构，也能促进肝脏中维生素A的动员，以维持血浆中维生素A的正常浓度。适当的补锌可以防止皮肤出现粗糙、干燥等现象。

（2）缺乏与过量摄入

锌不同程度的存在于各种自然食物中，一般情况下完全可以满足人体对锌的基本需求，而不会引起缺乏。锌缺乏可影响细胞核酸蛋白的合成、味蕾细胞更新，引起黏膜增生、角化不全、唾液中磷酸酶减少，从而导致食欲减退、异食癖、生长发育停滞等症状。儿童长期缺乏锌可导致侏儒症（dwarfism），成人长期缺锌可导致性功能减退、皮肤粗糙、免疫力降低等症状。

锌过量会引起发热、腹泻、恶心、呕吐和嗜睡等临床症状，盲目过量补锌或食用因镀锌罐头污染的食物和饮料，可引起锌过量或锌中毒。

（3）水平评价

轻度锌缺乏没有明显的临床症状，而且在流行病学调查和临床诊断中，缺乏敏感、特异的锌营养状况评价指标。因此，目前锌的营养学评价主要通过生化指标和功能指标结合膳食状况调查进行判定。

1）临床症状

人体锌缺乏的常见临床症状为生长缓慢、皮肤伤口愈合不良、味觉障碍、胃肠道疾患发病率增加、免疫功能减退等。

2）生化指标

①血浆锌：机体血浆含量相对稳定，且可受多种生理病理状态影响。只有严重锌缺乏时，才具有诊断意义。对于边缘性或轻、中度锌缺乏，不建议作为个体的诊断指标。而血浆锌可作为锌缺乏的生物标志物，来评价群体锌营养状况。

②尿锌：尿锌含量与人体锌营养状况相关性好，且灵敏度高于血浆锌。但受尿量和近期饮食的影响，尚无测定的标准方法，因此尿锌只能作为参考指标。

③唾液锌：味觉敏感度降低是锌缺乏的早期症状。唾液锌和味觉敏感度的相关性很好，且唾液采样方便，可作为判断个体锌营养状况的参考指标。

3）功能指标

功能指标通过含锌酶活性、味觉、暗适应能力等的变化，对锌功能进行评价。例如，血浆碱性磷酸酶是评价锌营养状况的常用指标，但由于其缺乏特异性而使应用受到限制。目前，国内外越来越多的实验证明单核细胞金属硫蛋白 mRNA 可靠性较好，是反映边缘性锌缺乏的良好指标，被认为是评价锌营养状况的“相对金标准”。

4）膳食调查

科学、合理的膳食营养状况调查可以了解饮食习惯及食物锌摄入量，有助于锌营养状况的评价，但要考虑食物锌受地域水土影响很大，食物成分表的应用要谨慎。

（4）参考摄入量

根据中国营养学会修订的《中国居民膳食营养素参考摄入量（2023）》，锌的DRI男性RI为12.5mg/d、女性为8.5mg/d，UL为40mg/d。

2.2.2.6 硒（selenium）

硒是人体必需的微量元素，人体硒总量为14～21mg。硒存在于所有细胞与组织器官中，在肝脏、肾脏、胰腺、心脏、脾脏、牙釉质和指甲中浓度较高，肌肉、骨骼和血液中次之，脂肪组织最低。

（1）生理功能

1）抗氧化功能

硒是谷胱甘肽过氧化物酶（GSH-Px）的组成成分。GSH-Px具有抗氧化功能，可清除体内脂质过氧化物，阻断活性氧和其他自由基对机体的损伤作用。1mol GSH-Px含4g原子的硒，GSH-Px能特异性地催化还原型谷胱甘肽转化为氧化型谷胱甘肽，促进有毒的过氧化物（如过氧化氢、超氧阴离子、脂酰游离基等）还原为无毒的羟化物，从而保护细胞膜及组织免受过氧化物损伤，以维持细胞的正常功能。

2）保护心血管和心肌的健康

调查发现机体缺硒可引起以心肌损害为特征的克山病，硒缺乏还可引起脂质过氧化反应增强，导致心肌纤维坏死、心肌小动脉和毛细血管损伤，同时高硒地区人群中的心血管疾病发病率较低。

3）增强免疫功能

硒可通过上调白细胞介素-2（interleukin-2，IL-2）受体表达，使淋巴细胞、NK细胞、淋巴因子激活，杀伤细胞的活性增加，从而改善免疫功能。

4）有毒重金属的解毒作用

硒与金属有较强的亲和力，能与体内重金属如汞、镉、铅等结合成金属－

硒－蛋白质复合物而起到解毒作用，并促进有毒金属排出体外。

5）其他

硒还具有促进生长、抗肿瘤的作用。人群流行病学调查发现，硒缺乏地区的肿瘤发病率明显增高。研究发现，硒缺乏可引起生长迟缓及神经性视觉损害，补硒可改善视觉功能障碍。

（2）缺乏与过量摄入

我国科学家首先证实缺硒是发生克山病的重要原因，认为人群中缺硒现象与其生存的地理环境土壤中硒元素含量偏低及膳食中硒摄入量不足有关。克山病是一种以多发性灶状坏死为主要病变的心肌病，临床特征为心肌凝固性坏死伴有明显心脏扩大，心功能不全和心律失常，重者发生心源性休克或心力衰竭。硒对心脏有保护作用，用亚硒酸钠在低硒地区进行干预能取得较好的预防效果。硒的缺乏还可引起 CSH-Px 的活力下降，直接影响机体抗氧化系统的功能。调查发现病区人群血中 CSH-Px 的活力明显低于非病区人群。另外，缺硒被认为是发生大骨节病（Kashin–Beck disease）的重要原因，该病主要是发生在青少年时期。缺硒还可影响机体的免疫功能，包括细胞免疫和体液免疫。

过量的硒可引起中毒，20 世纪 50—60 年代，中国湖北省恩施土家族苗族自治州部分地区水土中含硒量高，主要食物富含无机硒，造成慢性硒中毒。其中毒症状为头发和指甲脱落，皮肤损伤及神经系统异常等。

（3）水平评价

1）生化检测

通过测定全血、血浆、红细胞、发、尿、指（趾）甲等组织的硒含量，评价硒的营养状况。杨光圻等通过对中国不同硒水平地区膳食硒摄入量、血浆硒和发硒等的测定，提出适用于中国以谷类为主食的膳食硒摄入量对数回归方程式：

$$\ln \text{膳食硒摄入量}(\mu g/d) = 1.304 \ln \text{全血硒}(mg/L) + 2.931$$
$$\ln \text{膳食硒摄入量}(\mu g/d) = 1.624 \ln \text{血浆硒}(mg/L) + 3.389$$
$$\ln \text{膳食硒摄入量}(\mu g/d) = 1.141 \ln \text{发硒}(mg/L) + 1.968$$

根据以上公式，可用全血或血浆或发硒测定值，来推算膳食硒摄入量。由于不同地区土壤中硒含量不同，使不同地区同一种食物中硒含量也不同，因而膳食硒摄入量不宜使用食物成分表中的数值来计算，只能用当地各种食物硒含量实际测定值来计算。

2）GSH-Px 活性测定

GSH-Px 是含硒酶，代表硒在体内的活性形式。因此，通过测定红细胞中 GSH-Px 的活力，可直接反映硒营养状况。随着硒含量的增加，GSH-Px 活性也增高，但当血硒达到 1.27μmol/L（0.1mg/L）时，GSH-Px 活性达饱和而不再升高。因此，GSH-Px 活性作为评价指标，仅适用于低于正常硒水平人群。

3）其他

血浆硒蛋白酶 -P、某些组织中的抗氧化酶活性和硒蛋白酶 -W 可作为硒的营养评价指标。

（4）参考摄入量

中国营养学会推荐膳食硒的 RNI 为 60μg/d，孕妇和乳母分别增加 5μg/d 和 18μg/d；UL 为 400μg/d。

2.2.2.7 铬（chromium）

铬在人体内分布广泛，主要以三价铬（Cr^{3+}）的形式存在。人体含铬总量为 5 ～ 10mg，骨骼、大脑、肌肉、皮肤和肾上腺中的铬浓度相对较高。

（1）生理功能

1）增强胰岛素作用

铬是体内葡萄糖耐量因子（glucose tolerance factor，CTF）的重要组成成分，在糖代谢中铬作为一个辅助因子，可以增强胰岛素作用。

2）参与脂代谢

铬与脂肪代谢密切相关，铬可提高 HDL 和载脂蛋白 A 水平及降低血清胆固醇水平，具有预防动脉粥样硬化的作用。

3）参与核酸代谢

三价铬与 DNA 结合，可增加转录起始位点的数目，增强 RNA 和 DNA 的合成，提示铬在核酸代谢或结构中发挥作用。

4）其他

铬可以促进脂肪和蛋白质的合成，进而促进生长发育。

（2）缺乏与过量摄入

铬缺乏多见于老年人、糖尿病患者、蛋白质—能量营养不良的婴儿及完全肠外营养的患者。长期铬摄入不足可出现生长停滞、血脂增高、葡萄糖耐量异常，并伴有高血糖及尿糖等症状。

铬的毒性与其价态有关，三价铬主要存在于天然食品和生物体中，属于低毒物质，尚未见膳食摄入过量铬而引起中毒的报道。六价铬的毒性大，主要来源于工业生产，职业性接触六价铬能够导致急性中毒、慢性中毒和癌症的发生。

（3）水平评价

对于铬的营养状况评价尚缺乏可靠的指标。血铬浓度太低，极难检测。尿铬浓度一般波动较大，常收集 24 小时尿液测定其含铬总量。当人体摄入铬增加时，尿铬随之增加，但其变化不与葡萄糖、胰岛素水平密切相关。因此，尿铬仅适宜对接受补铬者的营养评价。人的发铬含量比血、尿都高，易于测定且样品容易获得，但用发铬水平作为机体铬状况的评价指标尚需研究。目前，对铬的食品评价较为困难，主要是参考铬的摄入量调查、病史及临床表现。

（4）参考摄入量

中国营养学会推荐成人膳食铬的 AI 为 30μg/d，乳母和孕妇分别为 37μg/d 和 31 ～ 36μg/d。

2.2.2.8 碘（iodine）

碘是人体所必需的微量元素，它被甲状腺摄取后，合成甲状腺激素，包括四碘甲状腺原氨酸（T_4）和三碘甲状腺原氨酸（T_3）。正常成人体内含碘 20 ～ 50mg，其中 70% ～ 80% 存在于甲状腺组织内，其余分布在骨骼肌、肺、卵巢、肾脏、淋巴结、肝脏、睾丸和脑组织中。

（1）生理功能

碘在体内主要参与甲状腺素的合成，其生理功能主要通过甲状腺素的作用表现出来，迄今尚未发现碘有除参与甲状腺素合成以外的其他独立生理作用。该激素的生理功能主要有以下5个方面。

1）参与能量代谢

在蛋白质、脂肪与糖类的代谢中，碘促进氧化和氧化磷酸化过程；促进分解代谢、能量转换，增加氧耗量，加强产热作用，这些均在心、肝、肾及骨骼肌中进行，而对脑的作用不明显；碘参与维持与调节体温，保持正常的新陈代谢和生命活动。

2）促进代谢和体格的生长发育

所有的哺乳类动物都必须有甲状腺素，即需要碘维持其细胞的分化与生长。发育期儿童的身高、体重、肌肉、骨骼的增长和性发育，都必须有甲状腺激素的参与。此时期碘缺乏可致儿童生长发育受阻，侏儒症的一个最主要病因就是缺碘。

3）促进神经系统发育

在脑发育阶段，神经元的迁移及分化，神经突起的分化和发育，尤其是树突、树突棘、触突、神经微管以及神经元联系的建立，髓鞘的形成和发育，都需要甲状腺激素的参与。

4）调节组织中的水盐代谢

缺乏甲状腺素可引起组织水盐潴留并发黏液性水肿。

5）促进维生素的吸收和利用

甲状腺素能促进烟酸的吸收和利用，促进胡萝卜素转变为维生素A，促进核黄素合成黄素腺嘌呤二核苷酸（FAD）。

（2）缺乏与过量摄入

碘缺乏症是世界性的疾病。据WHO资料报告，全球有4亿多人缺碘，儿童痴呆中80%由缺碘所致。碘缺乏不仅会引起甲状腺肿和克汀病，还可引起更多的亚临床克汀病和儿童智力低下的发生，故1983年提出了用“碘缺乏病”代替过去的“地方性甲状腺肿”。

碘摄入过量可造成高碘甲状腺肿，常见于摄入含碘高的饮水食物，以及在治疗甲状腺肿等疾病中使用过量的碘制剂等情况。碘过量摄入还可引起碘性甲状腺功能亢进、甲状腺功能减退、桥本甲状腺炎等。

（3）水平评价

1）垂体－甲状腺轴系

当垂体－甲状腺轴中的激素 T_3 及 T_4 或游离四碘甲腺原氨酸（FT_4）降低，而促甲状腺激素（thyroid-stimulating hormone，TSH）升高时，可能表明个体存在甲状腺功能异常，这可能由碘缺乏或碘摄入过量所致。特别是在评估婴幼儿的碘营养状况时，TSH 是一项敏感的筛查指标。

2）尿碘

尿碘是评估个体碘摄入量的重要指标，因为摄入越多，尿中碘的排泄量就越高。因此，通过收集 24 小时尿液来评估个体的碘营养状况，是较为理想的方法。对于一次性采集的随机尿样，通常使用尿碘与尿肌酐比值，来更准确地评估个体的碘摄入情况，提高评估的可靠性。

3）甲状腺肿大率

甲状腺肿大是长期碘营养不良的主要表现之一，无论是碘缺乏还是碘摄入过量，都可能导致甲状腺肿大的患病率上升。如果某人群中有超过 5% 的人出现甲状腺肿大，可能提示该人群的碘营养状况不良。

4）其他儿童的生长发育指标

其他指标如身高、体重、性发育及骨龄等，可以反映过去和当前的甲状腺功能状况。通过评估智商及其他神经系统功能，可以了解碘缺乏对大脑发育的潜在影响。

（4）参考摄入量

WHO/ 联合国儿童基金会（United Nations International Children’s Emergency Fund，UNICEF）/ 国际控制碘缺乏病理事会（International Council for the Control of Iodine Deficiency Disorders，ICCIDD）建议，正常人每日碘摄入量在 1000μg/d 以下是安全的。根据我国高碘性甲状腺肿的发病情况，当儿童尿碘达 800μg/L 时，则可造成高碘性甲状腺肿流行。补碘后，其尿碘水平应低于 300μg/L。居民碘的 UL 分别定为：7 ～ 17 岁为 800μg/d，18 岁以上各人群（含孕妇和乳母）为 1000μg/d。

2.2.2.9 铜（copper）

正常成人体内铜的总量为50～120mg，广泛分布于各种组织，以肝、脑、心、肾较多，脾、肺、肌肉、骨次之，腺体如脑垂体、甲状腺和胸腺含量最低。

（1）生理功能

1）维持正常的造血功能

铜蓝蛋白在肝脏合成，可催化二价铁氧化成三价铁，对生成运铁蛋白、促进铁的吸收和转运具有重要作用；铜蓝蛋白还能促进血红素和血红蛋白的合成，缺铜可引起缺铁性贫血。

2）维护中枢神经系统的完整性

神经髓鞘的形成和神经递质（如儿茶酚胺）的生物合成，需要含铜的细胞色素氧化酶、多巴胺、β-羟化酶、酪氨酸酶的参与。

3）促进骨骼、血管和皮肤的健康

含铜的赖氨酰氧化酶能促进骨髓、皮肤和血管中胶原蛋白和弹性蛋白的交联。

4）抗氧化作用

铜是超氧化物歧化酶（SOD）的重要组成成分，为该酶的活性中心结构。该酶可保护细胞免受超氧离子的损伤。

5）其他

铜还与胆固醇代谢、心脏功能，机体免疫功能及激素分泌等有关。

（2）缺乏与过量摄入

人体一般不易缺乏铜。铜缺乏一般由一些疾病引起，如长期腹泻，长期完全肠外营养、铜代谢障碍等。机体缺铜可引起贫血、白细胞减少、血浆铜蓝蛋白和红细胞含铜SOD含量下降、心律不齐、神经变性、胆固醇升高、皮肤及毛发脱色和骨质疏松等症状。

铜过量可引起急、慢性中毒，多为饮用与铜容器或铜管道长时间接触的酸性饮料或误服大量铜盐引起的急性中毒。表现为恶心呕吐、上腹部疼痛、腹泻、头痛、眩晕及口中有金属味等临床症状，铜中毒最常见的受损器官是肝脏，严重者可出现黄疸、溶血性贫血、血尿、尿毒症甚至死亡。

（3）水平评价

1）血清铜浓度

血清铜浓度可作为评价铜缺乏的指标，正常人血清铜为10.0～24.6 μmol/L（640～1560μg/L），女性妊娠期的血清铜可比正常值高约1倍。

2）血清铜蓝蛋白

正常人的血清铜蓝蛋白浓度为180～400mg/L。新生儿血浆中铜蓝蛋白的含量较低，随年龄的增长而逐渐增高，12岁可达成年人水平。当血清铜蓝蛋白浓度＜150mg/L时，认为可能缺铜。值得注意的是，发生肝病、恶性肿瘤、炎症及传染病等疾病时，铜蓝蛋白浓度可以明显增高。此时的血清铜蓝蛋白水平，不能作为评价铜营养状况的指标。

3）红细胞SOD和细胞色素C氧化酶

这两种酶均是近年来作为评价铜营养状况的重要指标。研究表明，低铜膳食可导致红细胞中SOD和细胞色素C氧化酶的活性下降。这可能与两种酶对低铜膳食反应敏感有关。

（4）参考摄入量

WHO建议铜的摄入量上限成人男性为12mg/d，女性为10mg/d。结合我国居民膳食铜摄入量，中国营养学会推荐成人铜的RNI为0.8mg/d，UL为8mg/kg。

思考题

1. 氨基酸评分（AAS）是如何计算的，它在评价蛋白质营养价值中有何意义？
2. 描述体格测量在脂类水平评价中的作用，并解释BMI和WHR如何帮助评估个体的肥胖程度。
3. 膳食纤维分为哪两大类，它们各自的特点是什么？

参考文献

[1] 曾果. 公共营养学：第1版［M］. 北京：科学出版社，2018.

［2］孙长颢，凌文华，黄国伟．营养与食品卫生学：第8版［M］．北京：人民卫生出版社，2017.

［3］高秀兰．食品营养与卫生：第3版［M］．重庆：重庆大学出版社，2015.

［4］孙秀发，凌文华．临床营养学：第8版［M］．北京：科学出版社，2016.

［5］于国萍，邵美丽．食品生物化学：第1版［M］．北京：科学出版社，2015.

［6］田颖，张宝春，李华．食品营养与卫生：第8版［M］．武汉：华中科技大学出版社，2014.

［7］雷铭，冉小峰．食品营养与卫生安全管理：第8版［M］．北京：旅游教育出版社，2017.

［8］中国营养学会．中国居民膳食营养素参考摄入量：2023版［M］．北京：人民卫生出版社，2023.

［9］蔡美琴．公共营养学：第8版［M］．北京：中国中医药出版社，2006.

［10］李云捷，黄升谋．食品营养学：第8版［M］．成都：西南交通大学出版社，2018.

［11］翟凤英，张兵．公共营养：第8版［M］．北京：中国轻工业出版社，2009.

［12］FAO/WHO. Protein quality evaluation: Report of the joint FAO/WHO expert consultation［J］. FAO Food and Nutrition Paper, 1991（51）：1–66.

［13］FAO/WHO. Dietary protein quality evaluation in human nutrition: Report of an FAO expert consultation［J］. FAO Food and Nutrition Paper, 2013（92）：1–66.

［14］FAO/WHO. Carbohydrates in human nutrition: Report of the joint FAO/WHO expert consultation［J］. FAO Food and Nutrition Paper, 1998（66）：1–140.

［15］Cummings J H，Stephen A M. Carbohydrate terminology and classification［J］. European Journal of Clinical Nutrition，2007，61（S1）：S5–S18.

第3章 食物消化与吸收研究方法

王曙光

学习目标

1. 掌握食物消化与吸收的研究方法。
2. 了解肠道菌群对营养素消化和吸收的影响。
3. 明确膳食营养素与能量平衡之间的关系。

胃肠道消化和吸收过程对人体生长发育、新陈代谢以及从事各项生命活动的营养供给，具有非常重要的意义。除水、维生素和无机盐可直接被人体利用外，其他营养素如蛋白质、糖类和脂肪一般不能直接被人体利用，需经过消化道运动（机械消化）和消化液降解（化学消化）后，将食物分解为简单的小分子物质，才能被肠上皮黏膜吸收，进而为人体所利用。通常我们将食物在消化道内的降解过程称为消化，消化后的物质透过肠上皮屏障，进入血液和淋巴组织的过程称为吸收。胃是人体内食物消化的主要器官，含有丰富的酶，如一系列蛋白酶、脂肪酶和淀粉酶等，可充分降解食物；随后，食物进入小肠被进一步消化降解，各种营养成分逐步被降解为可吸收的小分子物质，并在小肠上皮吸收。因此，食物通过胃和小肠后，消化吸收过程已基本完成，只留下难于降解的食物残渣，进入大肠进一步发挥其他生理作用。

3.1 体外模拟消化

消化道包括咽、食管、胃、小肠（十二指肠、空肠和回肠）和大肠（结肠、盲肠和直肠）以及肛门，其中胃和小肠是主要的消化吸收场所。胃部（胃黏膜上的胃腺）可分泌大量强酸性的胃液，主要成分是盐酸、蛋白酶及黏液等物质。盐酸提供的强酸性环境可促进食物组分变性，有利于消化酶降解作用，如食物中蛋白质经胃蛋白酶等消化降解为分子量较小的肽类和蛋白胨。但绝大部分还达不到可被直接吸收的程度，需要进入小肠进一步消化降解。食物在小肠内受到胰液、胆汁和小肠液的化学消化以及小肠的机械消化，各种营养成分逐渐被分解为简单的、可被吸收的小分子物质，并在小肠内吸收。胰液和小肠液中含有大量消化酶，包括胰蛋白酶、糜蛋白酶、弹性蛋白酶、淀粉酶、胰脂肪酶和麦芽糖酶等。食物经过胰液消化后，大分子营养素绝大部分被分解成可以被吸收的小分子物质，如氨基酸、甘油、脂肪酸和葡萄糖等。胃肠道消化吸收是食物营养物质经口摄入后的必经之路，也是探究营养素体内健康功效的先决条件。因此，体外模拟消化作为衡量营养素消化性、稳定性和吸收性的重要指标，被广泛使用。用于食物的体外消化方法通常有两步式静态胃肠消化、INFOGEST 模拟胃肠消化和仿生胃肠模拟消化。这些方法可分为静态方法和动态方法，旨在模拟消化道（胃和小肠阶段）的生理状况。

3.1.1 两步式静态胃肠消化

目前，两步式静态胃肠消化因操作步骤简单、方便，且不引入大量盐离子，依然是使用最为广泛的模拟消化方法。文献中可以找到各种各样的静态体外消化模型，但它们都表现出不同的条件（例如，pH 值、每一步的持续时间、酶与底物的比例等），使研究之间无法进行比较。韦尔桑福尔特（Versantvoort）等、奥门（Omen）等和加勒特（Garrett）等人发表的静态方法是被引用最多的方法。

体外模拟胃肠道消化法被广泛运用，主要模拟胃和小肠两个阶段的消化过程，涉及的酶为胃蛋白酶和胰酶（或胰蛋白酶和胰凝乳蛋白酶）。用 1mol/L HCl 将样品溶液的 pH 值调整至 2.0，加入胃蛋白酶（2% w/w），将混合物在摇床中振荡 2h（37℃）模拟胃部消化；然后用 0.9mol/L $NaHCO_3$ 将 pH 值调节至 5.3，再用 1mol/L NaOH 将 pH 值调节至 7.5，加入胰酶（2% w/w）并将混合物在 37℃下水浴振荡 2h 模拟肠消化，最后沸水浴 10min 灭酶。尽管不同的研究关于体外模拟消化所采用的参数有所差异，然而都是尽可能模拟消化道 pH 值以及不同消化部位产生的消化酶和消化温度等相关条件。

3.1.2 INFOGEST 模拟胃肠消化

静态体外消化方法大多模拟空腹状态，与食物在胃肠道消化时的生理状态相差甚远。最近，INFOGEST 组内专家们总结了静态体外消化模型的优点和局限性。虽然静态方法可以用于了解趋势或进行样品筛选，但它们在评估胃肠道消化过程中发生的一些重要动态过程方面的能力不足，即 pH 值梯度、酶和胃液的逐渐添加，以及连续的胃排空。为了改进静态体外消化方法，科学家又开发了一种低成本的 INFOGEST 方法并进行了详细描述。按照操作指南配备模拟胃液和模拟肠液，将样品溶液与模拟胃液和 $CaCl_2$（0.3mol/L）混合均匀，并将 pH 值调至 3.0，胃阶段的消化过程以加入胃蛋白酶的时刻计时，确保胃蛋白酶的终浓度为 2000U/mL，37℃恒温水浴振荡 2h，将混合物的 pH 值调至 7.0 以终止胃蛋白酶消化，随后在沸水浴加热 10min 灭酶。在肠消化阶段，向上一步的消化产物中加入模拟肠液和 $CaCl_2$，重新校正 pH=7.0，将胰酶（终浓度为 100U/mL）和胆汁（10mmol/L）添加到混合物中，继续 37℃振荡 2h，随后灭酶。

这里提出的标准化操作是基于 COST INFOGEST 网络制定的国际共识。该方法设计用于标准化的实验室设备，是一种静态消化方法，每一步消化都使用恒定食物 / 消化液比例和 pH 值，使该方法操作简单，但不适合模拟消化动力学。食物样品依次经历口腔、胃和肠道消化，电解质、酶、胆汁、稀释度、pH 值和消化时间等参数是基于现有的生理数据设置的。经改进的 INFOGEST 消化方法避免了与原始两步式静态胃肠消化方法相关的挑战，该方法可通过分析消化产物（如肽 / 氨基酸、脂肪酸、单糖）和食物基质中微量营养素的释放，来评估食物消化终点，整个方案可以在 7 天内完成。

3.1.3 仿生胃肠模拟消化

在探究食物结构和成分对人类健康影响的机制中，越来越多的研究涉及模拟胃肠道消化。这些模拟使用了不同条件，但很少有生理相关性。生理胃肠道变量，如体内 pH 值、胃排空、肠道转运时间和蠕动压力等，在食物存在时表现出相当大的变化，从而影响口服消化吸收。因此，食品营养与健康领域密切关注可动态模拟胃肠道环境体外模型的更新与发展，从仿生学角度预测食物功能因子的体内消化吸收行为，例如对功能因子分解、释放与吸收动力学的影响，并基于此突破功能性食品和营养健康成分的相关瓶颈。

最近的研究表明，当人类数据可用来建立系统时，这些模型在生理学上是相关的。为了改进体外消化方法，杨（Yang）等开发了一种成本可控的动态胃肠道系统，并进行了详细描述。动态胃肠道系统是一种基于计算机控制的动态模型，由食管、胃和小肠的硅胶模型以及相应产生蠕动收缩的机电驱动装置组成。其独特之处在于它不仅精确模拟了人体胃肠道的生化环境（如 pH 值、温度、酶、胆盐等）和蠕动收缩，而且很好地考虑了实际形态和解剖结构。硅胶软弹性胃模型被固定在不锈钢支架组成的定位辊之间，用以驱动定位辊按照预先确定的轨道和速度来回蠕动（挤压和放松）。当辊子移动到胃窦时，辊子之间的间隙减小，复制了体内胃窦区的蠕动波和剪切应力的增强幅度。滚挤机制产生的最大内力与实际人体胃中观察到的范围一致。硅胶肠模型与胃相连，在滚轮装置作用下进行运动和收缩，以模拟生理运动行为。该系统的模拟幽门括约肌能够与胃窦收缩协调开闭，允许胃内容物进入十二指肠，且幽门开口大小可调，可以满足不同产品的胃排空需求。此外，体外系统还配备辅助排空装置，通过改变胃倾斜角度来调节胃排空，这种设置对应不同姿势或胃膨胀引发的生理现象。模拟消化液的分泌由不同注射泵控制，预先加热至 37℃后，通过独立的硅胶管以适宜速率分泌到相应的腔体中，与人类的胃肠液分泌相一致。内部温度保持在（37 ± 1）℃，并由智能温控器控制的热电偶实时监控。

在消化过程中，胃部 pH 值由内置探针实时监测，并由计算机自动记录。

绝大部分动态胃肠道系统是基于密切模仿人类胃肠道解剖结构的想法开发的，尽可能还原所涉及的“器官”真实场景和结构。该方法已初步在体内数据中得到验证，并被广泛用于研究食物的实际胃排空和胃肠道消化，如熟制米饭、牛肉、牛奶和姜黄素强化酸奶等研究中。与生理学相关的动态消化方法将体内生理因素考虑在内，然而这些模型非常复杂，需要大量的硬件和软件设施，并且维护成本很高。因此，目前大面积推广使用仍然有待进一步发展。

3.2 肠道微生物对营养素消化和吸收的影响

肠道是人体最大的微生态系统，栖息着总数超过 10^{14} 个且质量为 1 ～ 2kg 的微生物。这些数量巨大又复杂多样的微生物形成了肠道内微生态，也称为肠道菌群。研究表明，肠道微生物编码基因总数超过 300 万，约为人类编码基因总数的 100 倍。因此，肠道微生物又被认为是人体“第二基因组”。肠道微生物与人体一起，通过与环境相互作用，以不同的方式影响人体健康。肠道菌群能够进一步利用来自上消化道未被人体消化吸收的食物残渣、消化道分泌物以及死亡脱落的上皮细胞和细菌残骸等，进行生物合成与代谢。这是由于肠道菌群能产生多种人体不具备的酶类，进而参与糖类、蛋白质和脂质等营养素的代谢，为人体提供能量和营养。肠道菌群代谢一方面可使体内食物残渣被进一步分解排泄，另一方面也可合成一些人体必需的营养素。肠道微生物代谢物在调节宿主免疫和神经系统等生理功能方面，也发挥着重要作用。

3.2.1 肠道菌群

肠道内的微生物包括细菌、真菌、病毒和噬菌体，但主要是细菌，占肠道微生物总量 99% 以上。微生物的存在会进一步通过自身酶系，消化降解食物残渣。按照对宿主的影响，肠道菌群可以分为有益菌、中性菌和有害菌三大类。其中，有益菌也称益生菌，主要是双歧杆菌和乳酸杆菌等对人体健康不可缺少的菌株。这些益生菌可参与食物的消化、促进肠道蠕动、合成各种维生素、抑制致病菌群的生长和分解有害有毒物质等。中性菌是指具有双重作用的细菌，主要是大肠杆菌和肠球菌等。此类微生物在正常情况下对健康有益，一旦恶性增殖或从肠道转移到不适宜部位，便会引发许多问题。有害菌是指那些一旦大量不可控增殖，就会产生致癌物等有害物质，影响免疫系统功能的细菌。按照来源分类，肠道菌群可分为正常菌群和过路菌群。正常菌群是指由固定的细菌组成且规律定植于身体特定部位，成为身体固定组成部分的一类菌。在长期的进化过程中，通过个体自适应，正常菌群中不同种类之间、菌群、宿主与环境之间，始终处于动态平衡，形成一个互相依存且相互制约的系统。过路菌群由非致病性或潜在致病性细菌组成，主要来源于环境，可在宿主身体内长期存留。一旦肠道正常菌群紊乱，它便会在短期内大量增殖引发疾病。

饮食结构、营养成分比例和生活习惯等因素，对肠道菌群的变化有重要影响。例如，大量糖类饮食摄入会使肠道总菌数增加，肠杆菌和拟杆菌减少；大量脂肪类饮食摄入会导致链球菌和双歧杆菌减少，拟杆菌明显增加；而高蛋白饮食摄入会引发乳杆菌减少，肠杆菌和肠球菌增加。无论是原籍菌与过路菌的定位转移，还是正常菌群结构比例的变化，均会导致优势菌与非优势菌结构组成变化，进而影响体内微生态环境的平衡。特别是当有害菌成为优势菌群时，将产生大量的有毒物质，破坏人体胃肠道功能、损害肝脏甚至引起癌变。肠道菌群可生物合成多种营养素物质，尤其是对那些无法从食物中直接获取的营养素的合成，对生命活动具有重要意义。例如，双歧杆菌和乳酸杆菌等能合成多种人体生长发育必需的维生素，如B族维生素（B_1、B_2、B_6、B_{12}）、维生素K、烟酸、泛酸等；还能利用食物残渣中的蛋白质合成必需氨基酸，如苯丙氨酸和苏氨酸等；肠道菌群还能促进人体对铁、镁和锌等矿物元素的吸收。

3.2.2 肠—脑轴

近来研究表明肠道菌群沿着“肠－脑”轴进行动态双向通信，进而对神经系统产生调控作用。尽管肠道菌群与大脑之间通信的确切机制尚未被完全弄清楚，但肠道菌群介导免疫系统、神经系统、内分泌系统和代谢系统的作用有目共睹。肠道菌群可直接影响中枢神经系统免疫，是调节外周免疫系统发育和功能的关键因素。研究表明，无菌小鼠几乎没有免疫活性，但给予某些微生物群时可产生免疫反应，如肠道丝状细菌可恢复肠道 B 淋巴细胞和 T 淋巴细胞功能。肠道菌群是神经胶质细胞（大脑免疫细胞）发育、成熟和激活的必要因素，对无菌小鼠神经胶质细胞形态和成熟转录标志物的分析表明，未成熟胶质细胞的数量增加；而用肠道微生物代谢物短链脂肪酸（short-chain fatty acid，SCFA）干预后，神经胶质细胞的形态和功能显著恢复。由此推测，神经胶质细胞介导免疫程序似乎依赖于微生物代谢信号，特定的微生物群可能是神经胶质细胞正常发育和功能所必需的。而神经胶质细胞功能的改变与压力、行为和神经退行性疾病密切相关，证明肠道菌群通过调控神经胶质细胞进一步影响人类神经系统疾病。另外，神经通路是连接肠道与大脑的桥梁，肠神经系统和脊髓自主 / 迷走神经系统，在肠道与大脑之间的信息交流中发挥了重要作用，特别是在迷走神经介导的肠道菌群—大脑交流调节宿主行为方面。研究表明，鼠李糖乳杆菌可通过迷走神经调节与恐惧 / 情绪相关脑组织杏仁体和海马体的 γ-氨基丁酸受体表达，调控小鼠的类似焦虑样行为。此外，罗伊氏乳酸杆菌也可通过迷走神经调控小鼠的社交行为。因此，肠道菌群可通过迷走神经直接调控中枢神经系统相关神经反应，进而影响机体行为活动。

肠道菌群对于下丘脑—垂体—肾上腺（hypothalamic-pituitary-adrenal，HPA）轴的发育与成熟至关重要，可通过 HPA 轴改善认知功能与情绪障碍等疾病。有证据表明轻度约束应激可导致的无菌小鼠皮质酮和促肾上腺皮质激素升高，而这种应激反应可通过粪便微生物移植逆转，说明肠道菌群对于适当应激反应后的发育至关重要。此外，有研究表明低聚甘露糖可以通过重塑肠道菌群结构以及提高肠道菌群代谢物短链脂肪酸水平，进而抑制中枢神经系统神经炎症和氧化应激水平、平衡 HPA 轴，最终改善 5xFAD① 小鼠的学习认知及焦虑样行为。除此之外，肠道菌群还可通过调节化学信号（神经递质和激素）等肠道细胞分泌信号和肠道微生物代谢产物（胆汁酸和短链脂肪酸等），来影响脑部相关功能。肠道微生物可通过调节肠道上皮细胞内分泌信号（激素胰高血

① 5xFAD 指同时表达 5 个家族性 *AD* 突变基因的 *APP*/*PS1* 双转基因小鼠模型。

糖素样肽1）的产生，来影响宿主食欲和摄食行为。肠道微生物能够自行合成神经递质，并能诱导宿主进一步产生神经递质。例如，拟杆菌、双歧杆菌、副杆菌等能产生神经递质γ-氨基丁酸。短链脂肪酸由肠道微生物酵解膳食纤维产生，对神经可塑性、表观遗传基因表达以及临床前模型中的免疫系统，具有调节作用。最重要的是，微生物色氨酸代谢产物如吲哚-3-丙酸、吲哚-3-乳酸、吲哚-3-乙酸和吲哚醛等，具有潜在的抑制炎症作用。认知障碍患者的血液中吲哚-3-丙酸含量，显著低于正常人群。因此，肠道菌群丰度通过影响化学信号和代谢产物，介导大脑功能与机体的行为活动。肠道菌群与哺乳动物神经系统之间的相互作用，调控了机体适应性和功能失调的神经过程。肠道菌群可以通过肠道微生物代谢产物、激素、神经肽和神经递质等，调节免疫反应和神经元信号传导。因此，“微生物—肠道—大脑”轴相关研究为神经退行性疾病的研究，提供了方向和思路。

3.2.3 肠—肝轴

肝脏因其与肠道相同的胚胎起源，在一定程度上保持着许多“天然”的解剖和功能联系。肝脏中的血液主要来源于体循环（20%～30%）和门静脉（70%～80%）。体循环的血液经过肝动脉进入肝脏，而门静脉的血液供应大多来自肠系膜上/下静脉，通常包含来自消化道的代谢产物和肠道微生物产物。正常情况下，肠道屏障（机械、生物、免疫和化学屏障）作为人体与外源性物质接触的第一道防线；而对于逃逸胃肠黏膜免疫防御的抗原和炎性因子，肝脏则作为第二道防线。肠道屏障功能和肝脏解毒功能，对于机体内环境的稳态非常重要。当肠道屏障功能被破坏时，肠道内大量的细菌和内毒素进入门静脉系统，随即激活肝脏内巨噬细胞，释放系列炎性因子，而各种炎症因子进一步反向加重肠道黏膜和器官损伤。基于此，肝脏和肠道在代谢和免疫活动方面密切相关，而这种相互作用，即“肠—肝”轴系统。

“肠—肝”轴概念自提出起，便引发了大量对于肠道与肝脏疾病关系的研究。随着研究的深入，“肠—肝”轴系统为理解肝病发病机制和发展新的干预手段，提供了新的思路和视角。大量研究表明高脂饮食会改变肠道微生物群，增加肠道渗漏，促进肥胖和肥胖相关脂肪肝疾病（如非酒精性脂肪性肝炎）的发展。在研究含有抗消化成分食物对胆固醇的调节作用时，胆固醇的肝、肠道代谢是重要的表征指标。科研人员通过研究大麦膳食对高脂饮食小鼠糖脂代谢，发现大麦主要通过降低膳食胆固醇摄取和胆汁酸吸收，来实现降胆固醇作用。刘（Liu）等人探究了果糖和高直链玉米淀粉，对切除卵巢大鼠的血液、肝脏和肠道脂质水平的影响。结果表明，高直链玉米淀粉具有降血脂作用，且该作用受果糖摄入调控。

3.3 膳食营养素与能量平衡

能量是人类赖以生存的基础，为了维持生长、发育和从事各项生命活动，人体每天必须从外界获取一定的供能物质。这些物质通常由饮食摄入，源源不断的食物供给方能保障人体内的各种机械和化学反应，如维持基础代谢、心脏起搏、肌肉收缩和各种微量高效物质（如酶）的生物合成等。自然界植物通过光合作用将二氧化碳和水等无机物转化为碳水化合物、脂肪和蛋白质等有机物，这些有机物在体内通过特定的生化反应过程，转变为可被人体利用的三磷酸腺苷（ATP），以维持和满足机体的生命活动。

碳水化合物、脂肪和蛋白质是人体内的三大产能营养素，它们的供给对维持人体正常的生命活动，具有重要意义。同时，它们之间又可互相转化和影响。例如，碳水化合物、脂肪和蛋白质可通过共同代谢的途径——三羧酸循环，在各种酶的辅助下实现相互转化。三大产能营养素在总能的供给中应当有适宜的占比，高脂肪、高蛋白和高碳水膳食均会给身体带来不利的影响。每人每日推荐膳食总能量摄入中碳水化合物占 50% ～ 65%、脂肪占比为 15% ～ 40%、蛋白占比为 15% ～ 20%。近年来，为了满足不同消费人群，出现了“低热能食品”“高能食品”“低血糖生成指数（GI）食品”以及“生酮饮食”等方式。低热能食品和低 GI 食品主要由人类不能直接消化吸收的膳食纤维或 GI 值较低的原料加工而成，用以满足糖尿病和肥胖人群的需求；高能食品通常由脂肪含量高而含水量少的原料加工而成，包括奶油、干酪和巧克力制品等，高能食品能量密度高，可满足能量消耗大、持续时间长的活动。

但是，不管膳食结构如何，人体所需能量应当与各种营养素摄入保持动态平衡，能量的供给应依据能量的消耗而定，不同人群的需要和供给量各不相同。近年来，由于能量（营养）过剩，引发了一系列“富贵病”，如糖尿病、心血管疾病和三高等。因此，膳食营养素与能量平衡日益受到关注，而了解碳水化合物、脂肪和蛋白质三大产能营养素在体内的消化、吸收、代谢与人体耗能之间的平衡关系，进行精准控制，对预防相关代谢性疾病具有重要意义。

3.3.1 蛋白质

蛋白质是生命活动的主要承担者，机体所有的组成部分和重要生理活动都需要蛋白质参与。因此，蛋白质除了具有生理功能，还具有重要生理作用。我国的蛋白质饮食摄入和结构组成，是以植物性蛋白为主的动植物混合膳食。因此在考虑蛋白质供给时，还应当考虑不同来源蛋白质的消化率和吸收特性。1985年，WHO提出了基于膳食蛋白质消化率的氨基酸评分（AAS），用以校正蛋白质摄入。动物性蛋白摄食的主要来源是肉、蛋和奶，肉类蛋白质含量一般为10%～20%、乳类蛋白质含量一般为1.5%～3.8%、蛋类蛋白质含量一般为11%～14%。作为优质蛋白质，它们均是人类膳食蛋白质的良好来源，其必需氨基酸的含量类似人体必需氨基酸需要量模式。植物性食物中的蛋白质通常劣于动物性蛋白质，蛋仍是膳食蛋白的主要来源之一。植物性蛋白的摄食主要来源是谷物类（6%～10%）、薯类（2%～3%）、坚果类（15%～30%）和组织化植物蛋白制品（10%～20%）。近年来，除了传统动植物蛋白摄入，人们积极开发非传统的新兴食物蛋白资源。例如，许多食用菌（如蘑菇和木耳等）蛋白质含量高，味道鲜美，受到广泛好评。而昆虫蛋白质的食用，则由来已久，如很早前古希腊人和罗马人食用蝉、蚕蛹、白蚁、竹虫等。昆虫蛋白含量丰富，远高于传统动植物。

关于蛋白质的需要量和摄入量问题，依照人群和代谢强度不同有所差异。中国营养学会提出并制定了中国居民膳食蛋白质推荐摄入量。其中，成年人蛋白质的推荐摄入量为1.16 g/（kg • d）。新近氮平衡研究表明，老年人的变异系数比成人高12.5%。这主要由年龄增加引发的身体机能下降所导致，因而老年人群的蛋白质供给量也需要上调15%左右。通常来讲，健康人群单次摄入超过推荐量2～3倍的蛋白质量也不会出现问题，但长期高蛋白摄入可能会导致肾脏负荷加重，对身体造成不利影响。蛋白质补充不足或量少时，蛋白质不足以支撑组织更新、修补和生长，尤其对儿童和青少年生长发育不利。

3.3.2 碳水化合物

碳水化合物是最易获得且经济实惠的供能物质，也是体内最主要、最直接的能量来源。通常情况下，膳食碳水化合物补充不足的情况较少出现。在某些特定生理情况下，短暂的碳水化合物不足可通过糖异生等生化反应，将蛋白质/脂肪转变为糖原，以维持机体的正常运作。但大量脂肪进行转化时，可能会因脂肪氧化不全而造成酮体中毒，于身体不利；而长期过量或单一使用蛋白质提供能量，会导致组织蛋白分解加速，肾脏负荷加重，从而引发生理病变。人类每天需至少摄入50 g碳水化合物，以防上述不利现象的发生。膳食碳水化合物摄入供能占总能量比例一般应为40%～80%，目前，大多数国家居民膳食碳水化合物的供能比例为50%～65%。中国营养学会通过调查发现，我国健康人群的碳水化合物供能占膳食总能量比例在50%～65%的基础上，呈现逐年下降趋势，有利于慢性疾病的控制及多种膳食营养素的均衡摄入。碳水化合物的主要来源是粮谷类和根茎类食物，它们含有大量淀粉以及少量的单/双糖（如葡萄糖、果糖、蔗糖和麦芽糖等）；蔬菜和水果中含有一定量的单/双糖，同时富含膳食纤维。

碳水化合物摄食过多会妨碍机体对其他营养素（蛋白质和脂肪）的吸收，对机体造成不良影响。同时，机体会将多余摄入的碳水化合物转化为脂肪存于体内，导致肥胖相关的高血脂和高血糖等代谢综合征。研究发现，长期大量甜食摄入会使胰岛素分泌紊乱，引起人体内环境失调，进而引发多种慢性代谢疾病，如糖尿病、肥胖症、心脑血管疾病等。因此，低碳水化合物摄入的营养膳食逐步受到关注，即通过限制碳水化合物饮食来控制能量摄入。近年来的研究显示，低碳水化合物饮食可有效控制体重及血糖和血脂水平。对糖尿病人群来讲，低碳水化合物饮食能够显著降低胰岛素抵抗，改善体内糖脂代谢水平，可作为一种有效的干预策略。现代营养学认为，血糖生成指数（GI）是一个比碳水化合物化学分类更科学的营养学概念，特别是对糖尿病患者膳食的指导具有重要意义。GI是指食物升高血糖效应与标准食品（葡萄糖）升高血糖效应的比值，可反映食物能够引起血糖升高的能力，即GI值越小，升高血糖的程度越低。通常豆类、乳类和蔬菜类为传统的低GI食物，而谷类、薯类和水果因品种的不同引起血糖的反应也不同。因此，关注食物的GI值对指导合理健康饮食，具有重要意义。

3.3.3 脂类

脂类是人体的重要组成部分，以多种形式存在于组织和细胞中。一个体重为65 kg的成年人体内，约含有9 kg脂肪。膳食补充是脂肪的重要来源，主要包括动物性食物及其制品和植物性食物及其制品。动物性食物（如猪、牛、羊以及各种肉类加工罐头等）都含有大量脂肪，即使是去除可见油脂的瘦肉中也包含较高比例的油脂。此外，由一些动物组织炼制的动物脂肪，是中国居民传统烹调油脂的主要来源。禽蛋类和鱼类的脂肪含量稍低，乳及乳制品也可提供一定的脂肪。尽管乳本身的含脂量不高，但全脂乳粉的脂肪含量可达30%，而黄油的脂肪含量更是高达80%。动物性脂肪，特别是畜类和禽类，以饱和脂肪较多，常温下表现为固态，而鱼类含不饱和脂肪较多，尤其是深海鱼油因其不饱和脂肪酸［二十碳五烯酸（EPA）和二十三碳六烯酸（DFA）］含量较高，常作为功能性油脂使用。油料作物（如大豆、花生、油菜、橄榄和芝麻等）含油量丰富，它们本身既可被直接加工成各种食品，又可被提炼制成不同的植物油，供烹调使用。植物性脂肪以不饱和脂肪酸为主，是人体必需脂肪酸的良好来源。另外，一些坚果（如核桃、松子和葵花子等）含油量可高达60%，可作为膳食油脂补充，但它们在日常饮食中所占比例不大，谷类食物、水果和蔬菜的脂肪含量则更少。

脂肪的摄入受地区、民族、饮食习惯和季节等因素的影响，波动范围较大。脂肪的摄入量大多以脂肪供能占总能量的百分比计算，一般限制在30%以内。西方国家由于动物性食物摄入较多，因此脂肪摄入量很高，膳食脂肪供能占比高达 40% 以上。随着人们对由脂肪摄入（尤其是饱和脂肪摄入），引发的心血管疾病的认识加深，降低日常膳食中脂肪含量已被广泛认可。中国营养学会推荐每日膳食中脂肪供能比成年人为 20% ～ 25%，儿童和青少年为 25% ～ 30%。近年来，关于脂肪摄入中饱和脂肪酸、单不饱和脂肪酸和多不饱和脂肪酸的构成比例受到广泛关注，目前达成的共识是以 1∶1∶1 为好。

3.3.4 维生素

维生素是维持人体正常生命活动所必需的一类微量高效的低分子化合物，种类繁多，性质各异。维生素并不是体内的供能物质，也不作为机体的组成成分，虽然在人体中的需求量极少，但却不可或缺。维生素不可由机体自身合成或合成量很小，不能满足机体需求，必须由食物补给。维生素或其前体物质通常存在于多种天然食物中。根据溶解性不同，维生素可分为水溶性维生素和脂溶性维生素两大类。水溶性维生素包括 B 族维生素（B_1、B_2、B_6、B_{12}、烟酸、叶酸、泛酸和生物素等）和维生素 C，主要存在于蛋类、动物内脏、谷物类和部分果蔬中。除 VB_{12} 外，其他水溶性维生素在体内存储很少，因此需通过食物摄入日常补充。水溶性维生素不足会导致一系列缺乏症，如脚气、口角炎和坏血症等。水溶性维生素一般并无毒性，但长期大剂量摄入也会引发毒性反应。脂溶性维生素包括维生素 A、维生素 D、维生素 E 和维生素 K，主要存在于乳制品、果蔬和蛋类食物中。它们通常与脂类共存，且其吸收主要与脂类在肠道中的活动密切相关，主要储存于肝脏内。脂溶性维生素不易排出，因而过量使用会快速引发毒性反应。但是，脂溶性维生素摄入不足，也会影响人体视觉、发育和生殖等功能。食品加工在一些情况下会造成维生素的损失，如为了满足感官需求，将鱼的内脏等去除，选取水果蔬菜的适口部分进行加工以及过度烹饪造成的维生素失活等状况。但在特定情况下，适度工业处理可较好地保护食物中的维生素。

3.3.5 矿物质

人体是一个有机生命体，几乎含有自然界所有的元素。人体内除了主要以有机化合物形式存在的碳、氢、氧、氮，其他所有元素统称为矿物质。矿物质是主要来自土壤的无机化学元素，植物从土壤中获取矿物质元素并储存于根、茎和叶中。动物可通过植物性饮食摄取矿物质，而人类则通过动物性饮食及饮用水、食盐和食品添加剂获取矿物质元素。与有机营养素不同，矿物质既不能在人体内合成，也不能代谢。矿物质也是典型的微量高效营养素，对人体生命过程和新陈代谢具有重要作用。按照在人体内含量/需求量的不同，矿物质分为常量元素、微量元素和痕量元素。常量元素主要是钙、磷、钾、钠、镁、氯与硫，含量在体重的0.01%以上。微量元素中，铁、锌、铜、碘、锰、钼、钴、硒、铬、镍、锡、硅、氟和钒，作为14种必需微量元素，是人体内生理活性物质和有机结构的必需组分，摄入不足会导致某些生理功能损伤。必需微量元素的生理剂量与中毒剂量差距很小，因此在摄入时需格外注意。特定情况下，食物受到“三废”污染或加工中设备与添加剂使用不当，会导致某些元素进入人体，引起中毒反应。

人体矿物质总量不超过体重的4%～5%，各种元素在体内呈现不均匀分布。例如，钙和磷大部分在骨和牙齿等组织中，90%碘集中于甲状腺，85%铁集中于红细胞，锌集中于肌肉组织。人体每天通过粪、尿、胆汁和脱屑等途径会排出一定量矿物质，因此必须通过膳食/饮水予以补充。矿物质在体内具有重要的生理功能，如存在于骨骼等组织中，作为机体的重要组成成分发挥作用；钾、钠、氯和钙等元素作为细胞内外液的重要成分，在维持细胞内外渗透压和调节门控通道等方面发挥作用；矿物质元素对机体维持酸碱平衡、保持神经和肌肉兴奋性，具有重要作用；矿物质元素还可作为催化剂、辅酶、核酸和蛋白质成分，广泛参与机体内的生化反应。另外，在食品加工工业中，矿物质也具有一定作用，如磷酸盐可增加肉制品的持水性和结着性，对改善感官性状有利；氯化钙既可作为豆腐的凝固剂，也可用于果蔬制品中，以防止软化。

思考题

1. 请简述两步式静态胃肠消化、INFOGEST模拟胃肠消化及仿生胃肠模拟消化之间的差异和区别。
2. 请简述肠道微生物在营养素消化吸收中的作用。

3. 请简述常见营养素及其供给对人体健康的影响。

参考文献

[1] 丁龙．蛋清肽结构鉴定与完整吸收的构效关系研究［D］．长春：吉林大学，2018.

[2] Versantvoort C H M，Oomen A G，Van de Kamp E，et al. Applicability of an *in vitro* digestion model in assessing the bioaccessibility of mycotoxins from food［J］. Food and Chemical Toxicology，2005，43（1）：31–40.

[3] Oomen A G，Rompelberg C J M，Bruil M A，et al. Development of an *in vitro* digestion model for estimating the bioaccessibility of soil contaminants［J］. Archives of Environmental Contamination and Toxicology，2003，44（3）：281–287.

[4] Garrett D A，Failla M L，Sarama R J. Development of an *in vitro* digestion method to assess carotenoid bioavailability from meals［J］. Journal of Agricultural and Food Chemistry，1999，47（10）：4301–4309.

[5] Brodkorb A，Egger L，Alminger M，et al. INFOGEST static *in vitro* simulation of gastrointestinal food digestion［J］. Nature Protocols，2019，14（4）：991–1014.

[6] Abuhelwa A Y，Williams D B，Upton R N，et al. Food，gastrointestinal pH，and models of oral drug absorption［J］. European Journal of Pharmaceutics and Biopharmaceutics，2017，112（3）：234–248.

[7] Lennernas H，Lindahl A，Van Peer A，et al. *In vivo* predictive dissolution（IPD）and biopharmaceutical modeling and simulation：future use of modern approaches and methodologies in a regulatory context［J］. Molecular Pharmaceutics，2017，14（4）：1307–1314.

[8] Yang S L，Hu Z J，Wu P，et al. *In vitro* release and bioaccessibility of oral solid preparations in a dynamic gastrointestinal system simulating fasted and fed states：A case study of metformin hydrochloride tablets［J］. International Journal of Pharmaceutics，2024，652（3）：123869.

[9] Zhang Y，Wu P，Jeantet R，et al. How motility can enhance mass transfer and absorption in the duodenum：Taking the structure of the villi into account［J］. Chemical Engineering Science，2020（213）：115406.

[10] Ye Q，Ge F，Wang Y，et al. Digestion of curcumin-fortified yogurt in short/long gastric residence times using a near-real dynamic *in vitro* human stomach［J］. Food Chemistry，2022，3（372）：131327.

[11] Peng Z, Wu P, Wang J, et al. Achieving realistic gastric emptying curve in an advanced dynamic *in vitro* human digestion system: experiences with cheese–a difficult to empty material [J]. Food & Function, 2021, 12 (9): 3965–3977.

[12] Wang J, Wu P, Wang J, et al. *In vitro* gastric digestion and emptying of cooked white and brown rice using a dynamic human stomach system [J]. Food Structure, 2022 (31): 100245.

[13] Zhang P, Iqbal S, Deng R, et al. Impact of elderly gastrointestinal alterations on gastric emptying and enzymatic hydrolysis of skim milk: An *in vitro* study using a dynamic stomach system [J]. Food Chemistry, 2023 (402): 134365.

[14] Tierney B T, Yang Z, Luber J M, et al. The landscape of genetic content in the gut and oral human microbiome [J]. Cell Host Microbe, 2019, 26 (2): 283–295.

[15] 贾梦真. 基于肠—脑轴调控机制的间歇性禁食对AD模式小鼠认知功能障碍的改善作用研究 [D]. 西安：西北农林科技大学，2022.

[16] Forsythe P, Sudo N, Dinan T, et al. Mood and gut feelings [J]. Brain Behavior and Immunity, 2010, 24 (1): 9–16.

[17] Abdel-Haq R, Schlachetzki J C M, Glass C K, et al. Microbiome-microglia connections via the gut-brain axis [J]. Journal of Experimental Medicine, 2019, 216 (1): 41–59.

[18] Sampson T R, Debelius J W, Thron T, et al. Gut microbiota regulate motor deficits and neuroinflammation in a model of Parkinson's disease [J]. Cell, 2016, 167 (6): 1469–1480.

[19] Wang H X, Wang Y P. Gut microbiota-brain axis [J]. Chinese Medical Journal, 2016, 129 (19): 2373–2380.

[20] Bravo J A, Forsythe P, Chew M V, et al. Ingestion of Lactobacillus strain regulates emotional behavior and central GABA receptor expression in a mouse via the vagus nerve [J]. Proceedings of the National Academy of Sciences of the United States of America, 2011, 108 (38): 16050–16055.

[21] Liu Q, Xi Y, Wang Q, et al. Mannan oligosaccharide attenuates cognitive and behavioral disorders in the 5xFAD Alzheimer's disease mouse model via regulating the gut microbiota-brain axis [J]. Brain Behavior and Immunity, 2021, 95 (7): 330–343.

[22] Wichmann A, Allahyar A, Greiner T U, et al. Microbial modulation of energy availability in the colon regulates intestinal transit [J]. Cell Host Microbe, 2013, 14 (5): 582–590.

[23] Vinciguerra L, Lanza G, Puglisi V, et al. Update on the neurobiology of vascular cognitive impairment: from lab to clinic [J]. International Journal of Molecular Sciences, 2020, 21

（8）：2977.

［24］Szabo G，Bala S，Petrasek J，et al. Gut-liver axis and sensing microbes［J］. Digestive Diseases，2010，28（6）：737–744.

［25］Compare D，Coccoli P，Rocco A，et al. Gut-liver axis：The impact of gut microbiota on non-alcoholic fatty liver disease［J］. Nutrition Metabolism & Cardiovascular Diseases，2012，22（6）：471–476.

［26］Ma H D，Wang Y H，Chang C，et al. The intestinal microbiota and microenvironment in liver［J］. Autoimmunity Reviews，2015，14（3）：183–191.

［27］张凌云，王全楚．肠 – 肝轴及其在肝损伤发病机制中的作用［J］．实用肝脏病杂志，2012，15（4）：364–365.

［28］Kirpich I A，Marsano L S，Mcclain C J. Gut-liver axis，nutrition，and non-alcoholic fatty liver disease［J］. Clinical Biochemistry，2015，48（13）：923–930.

［29］Marshall J C. The gut as a potential trigger of exercise-induced inflammatory responses［J］. Canadian Journal of Physiology & Pharmacology，1998，76（5）：479–484.

［30］Aron-Wisnewsky J，Gaborit B，Dutour A，et al. Gut microbiota and non-alcoholic fatty liver disease：new insights［J］. Clinical Microbiology and Infection，2013，19（4）：338–348.

［31］Hoang M H，Houng S J，Jun H J，et al. Barley intake induces bile acid excretion by reduced expression of intestinal ASBT and NPC1L1 in C57BL/6J mice［J］. Journal of Agricultural and Food Chemistry，2011，59（12）：6798–6805.

［32］Liu X，Ogawa H，Kishida T，et al. The effect of high-amylose cornstarch on lipid metabolism in OVX rats is affected by fructose feeding［J］. Journal of Nutritional Biochemistry，2009，21（2）：89–97.

第4章 营养与代谢研究方法

闫鑫磊　刘鹏飞

学习目标

1. 全面了解营养与代谢研究的各种常用方法，清楚每种方法的基本原理、操作流程、适用范围以及优缺点。
2. 学会根据具体的研究问题选择合适的营养与代谢研究方法。
3. 培养批判性思维和科学探究精神，能够对已有的营养与代谢研究成果进行客观的评价和分析，发现其中的不足和问题，并提出改进的建议或进一步研究的方向。

4.1　营养与代谢研究方法

生命体的生存、生长和发育依赖于多种物质基础，而这些物质基础就是营养素。其必须从饮食中摄入，营养摄入不足或过量都会对健康产生不利影响。合适的营养素种类、数量以及各种营养素的比例，是维持生命、保持健康的必要物质基础。根据营养物质的性质和作用不同，分为脂类、碳水化合物、蛋白质、矿物质、维生素、水和膳食纤维，通称为七大必需营养素。它们在体内经过一系列的代谢反应，被转化为维持生命活动必需的能量。

生命现象的基本特点是能够进行新陈代谢。生物体不断从外界环境中摄取为其生存和生活所必需的营养物质，以供其本身生长、发育、繁殖之需。生物体从环境中吸取营养物质，在体内进一步把这些物质加工转化为构成生物体的各种成分。此外，生物体也要对体内的物质进行分解，并将分解产物排出体外。随着生物体的生长发育，生物体内的各种组成成分也在不断发生分解、再合成和相互转化。

营养和代谢是人类健康的重要因素，营养和代谢紧密关联，相互影响。在过去的几十年中，营养和代谢的研究逐渐成为关注焦点，本部分内容将探讨营养与代谢的研究方法。

4.1.1 能量代谢的研究方法

能量代谢是人体生命活动中最基本的生理活动。人体需要的能量主要来源于食物中的碳水化合物、脂肪和蛋白质等物质。目前，能量代谢消耗的准确测量主要有两种方法：一种是直接测热法，另外一种是间接测热法。直接测热法是基于机体的能量消耗，最终会转化为热量释放（包括心脏跳动、肺呼吸等），通过直接收集分析人体对外交换的热量，计算机体能量消耗。随着研究人员对机体能量代谢系统认识的逐步加深，一种新方法通过测量代谢过程中的气体交换，来分析机体能量消耗的间接测热法也同时发展起来。并经过直接测热法验证后，由于其在成本和使用方面的明显优势，快速替代了直接测热法。在间接测热法的基础上，又产生了一种间接测热法的变体，通过同位素标记技术测量人体二氧化碳排放量，进而计算人体能量消耗，称为双标记水法。

4.1.1.1 直接测热法

直接测热法是在隔热的条件下，将人体在整个能量代谢中散发的所有热能，都统一予以测量。其中包括人体从辐射、传导、对流及蒸发 4 个方面散发的热。热一般测定的方法是在一个密封隔热的小房间，使用灵敏的温度仪测量进入和流出气体的温差，同时测定受试者身体的温度变化，根据总能量的变动，可求出受试者在特定时间内总能量的释放或消耗。直接测定法的缺点是测定热量的小室容量有限，不易作为人们日常各种活动的实际测定，实验室造价也较昂贵，现已少用。

4.1.1.2 间接测热法

基本原理：间接法不直接测量热量本身，而是通过测量机体在代谢过程中 O_2 的被利用（VO_2）、二氧化碳的生成（VCO_2）以及氮在尿中的排出量等精确计算。三大产能营养素在体内氧化分解释放能量时，必须消耗 O_2 和产生 CO_2，CO_2 产生量（VCO_2）与 O_2 消耗量（VO_2）之间的比值称为呼吸商（respiratory quotient，RO）。体内消耗的能源物质不同，其呼吸商也不同。葡萄糖氧化时，CO_2 产生量与 O_2 消耗量是相等的，所以糖的呼吸商等于 1.0，脂肪的呼吸商为 0.71，蛋白质的呼吸商约为 0.80。

（1）气体代谢法

气体代谢法是用特定的装置分析受试者一段时间内的耗氧量（VO_2）和二氧化碳产生量（VCO_2），再根据公式计算这段时间的能量消耗。气体代谢法可用于测量基础代谢、静息代谢及不同体力活动的能量消耗。道格拉斯氏袋（Douglas bag）是经典的气体代谢测定装置，将受试者一定时间呼出的气体收集于道格拉斯氏袋中，进而对气体进行化学分析，换算成受试者单位时间内的摄氧量和二氧化碳生成量，再利用韦尔（Weir）公式得到单位时间的能量消耗值。该公式为：

$$EE(kcal) = 3.941 \times VO_2(L) + 1.106 \times VCO_2(L) - 2.17 \times UN(g)$$

以上公式中，EE 表示能量消耗；VO_2 表示氧气消耗量；VCO_2 表示二氧化碳生成量；UN 表示尿氮含量。

由于其测定结果准确、可靠，一直以来，多氏袋法被视为气体代谢法的金标准。但这种装置体积较大，不适合随身佩戴，只能在实验室内测量基础代谢能量消耗（basal energy expenditure，BEE）、静息代谢能量消耗（resting energy expenditure，REE）和非常有限活动项目（如跑步机上行走或跑步等）的能量消耗，不能有效评价日常生活中各种活动的能量消耗情况。此外，其测量的时间点有限，相关的指标还需滞后检测。为弥补道格拉斯氏袋的缺陷，便携式气体代谢测量系统由之诞生。这些仪器体积小，具有实时性、便携性和准确性等优点，非常适合在现场、办公和家庭环境中应用。

（2）双标水法（doubly labeled water，DLW）

在营养代谢研究中，稳定同位素常被用作示踪剂，来描述营养物质被摄入体内后所经历的代谢动力学过程，最常用的稳定同位素包括 ^{15}N、^{13}C、^{2}H、^{18}O、^{42}Ca、^{44}Ca 等。其中，双标记水（$^{2}H_2{}^{18}O$）常用来作为能量代谢的示踪剂。DLW 法是不影响受试者活动和健康的间接能量测量技术，通过测量 CO_2 生成量（VCO_2，），进而计算出总能量消耗（total energy expenditure，TEE）。

DLW 法的原理是给予受试者口服两种稳定无放射性同位素氘（^{2}H）和 18 氧（^{18}O）标记的水，^{2}H 参加 H_2O 代谢；^{18}O 参加 H_2O 和 CO_2 代谢。当两种同位素在体内达到平衡后，利用同位素质谱仪，通过测量血液、唾液或尿液（通常收集尿液）中 ^{2}H 和 ^{18}O 的代谢速率常数，得到 CO_2 生成率，再结合呼吸商或者食物商（food quotient，FQ）以及韦尔（Weir）公式计算出 TEE（图 4–1）。目前，DLW 法已经被广泛应用于各个人群的 TEE，其中包括早产儿、儿童住院患者、肥胖人群、孕妇和乳母以及老年人特殊人群。DLW 法是测量自由活动状态下 TEE 最有效、最可靠的方法，具有诸多优点：首先，DLW 法测定结果准确，与常规的能量代谢测定方法相比，其精确度（2% ～ 8%）和准确度（1% ～ 3%）均较高，被称为能量代谢测定的金标准；其次，DLW 法基本不干扰受试者的一切正常活动，其测定的是人体在自由活动情况下的能量消耗，与实际情况更为接近，可实现对不能合作者及活动不应受限制者的能量消耗的测定；最后，DLW 法使用的示踪物 ^{2}H 和 ^{18}O 是无放射性的稳定同位素，对人体无害。此外，DLW 法在测定能量代谢的同时，亦可评价总体水及体成分。但 DLW 法仍存在缺陷，具体缺陷如下。

① DLW 法实验费用昂贵。不仅试剂双标水价格昂贵，且测试需要灵敏度和精确度较高的同位素质谱仪和高技术素质的分析人员。这限制了此方法在营养科学和流行病学大样本人群中的应用。

② DLW 法只能测定人体的能量总消耗量。该方法是对某时间段内尿液中的稳定同位素进行分析，只能获得这一时间段内总能量消耗方面的信息，难以

了解每天或每小时的能量消耗模式。

③ DLW 法还存在分析准确性上的缺陷。因为 DLW 法是建立在一些假设和理想条件下的，当其应用于实际环境时，容易产生误差，需要进行相应的校正。在理想条件下，^{2}H 只以水形式代谢，^{18}O 也只以水和二氧化碳形式代谢，但实际上机体组织会发生同位素捕获或者交换。

尽管 DLW 法存在局限性，但是它可提供自由活动人群 TEE 的最接近值，而且是验证其他 TEE 测量方法非常有价值的标准方法。

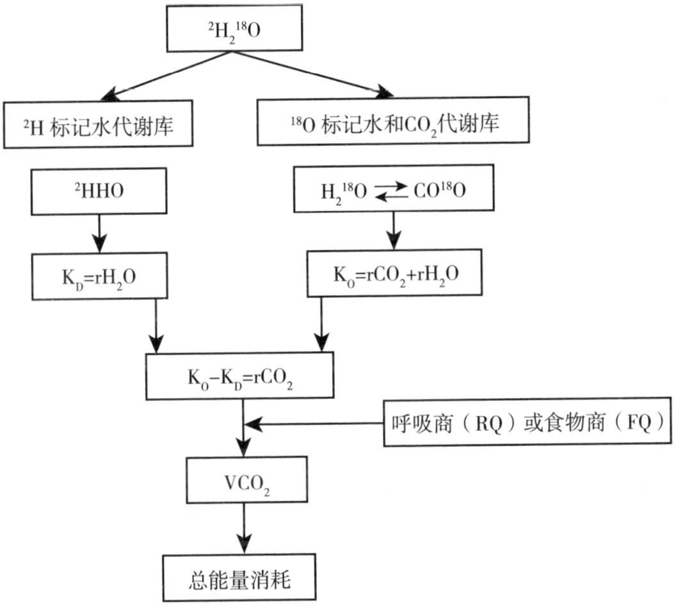

图 4-1　DLW 法检测总能量消耗量的原理

注：本图来源于《中国营养科学全书》第二版上册，2019。

（3）呼吸室（respiration chamber）法

呼吸室为一个密闭的小屋，采用密闭式通风系统，严格控制温度和湿度，房间内配有必要的生活用品，如床、椅子、桌子、电视、冰箱、电话和洗手间等设施，同时设有一个特殊的窗口用于传递物品，如食品、废弃物等。通过呼吸室的出风口测量气体排出呼吸室时的压力、温度、出风量和气体的成分，计算出机体的氧耗量及 CO_2 生成量，从而得知机体的能量消耗。但其由于造价非常高，且测试费用不菲，因此难以用于广泛的人群能量消耗研究。

4.1.2 平衡研究方法

4.1.2.1 要因加算法（factorial method）

要因加算法是通过测定必要氮损失（obligatory nitrogen loss），来确定蛋白质需求量的方法。要因加算法的基本原理以补偿“必要的氮损失”为基础。即在实验条件下，志愿者每日摄入不含任何蛋白质的食物，但提供足够的能量、矿物质及微量营养素。此时，体内蛋白质的合成与分解仍在持续，分解蛋白质的一部分氨基酸可被再利用，而另一部分加上从黏膜上皮衰老的脱落细胞，及体内从分泌腺排出的蛋白质，都可以测定为必要氮损失。在这个需求的基础上考虑个体差异，及食物蛋白质实际转变为机体蛋白质的效率，包括消化率与吸收利用率等。但是，这种方法不适用于正在生长发育中的人群、孕妇或乳母。

4.1.2.2 氮平衡（nitrogen balance，NB）法

氮平衡是研究蛋白质代谢的一个重要指标，它反映了机体摄入氮和排出氮之间的关系。因直接测定食物中蛋白质及体内消耗的蛋白质比较困难，所以常用摄入氮量和排出氮量的方法，来研究蛋白质的代谢情况。

摄入氮可根据食品蛋白质摄入量计算，一般食物蛋白质的含氮量约为16%，食物的含氮量乘以6.25即可计算蛋白质含量。机体摄入的蛋白质被胃肠道吸收的部分在体内进行代谢，代谢废物以氮的形式主要随尿液排泄；未被消化吸收部分随粪便排出体外。实验时，收集受试者的膳食和粪尿，测量每日氮摄入量及氮排出量（包括经皮肤损失的氮），可反映机体氮平衡情况。比较每日摄入氮量及氮排出量的平衡情况，就是氮平衡实验。

$$\text{氮平衡}(B)=\text{氮摄入量}(I)-\text{氮排出量}(E)$$

氮摄入量（I）主要来自食物中的蛋白质，因为蛋白质是含氮的有机化合物。一般来说，每克蛋白质平均含氮量为16%，所以可以通过食物中蛋白质的摄入量来计算氮摄入量，即氮摄入量（I）= 食物蛋白质摄入量（g）× 16%。

氮排出量（E）主要通过尿液、粪便和皮肤等途径排出体外。其中，尿液中的尿素氮是最主要的部分，占总氮排出量的大部分（80% ～ 85%）。粪便中

的氮主要来自未被消化吸收的蛋白质和肠道脱落细胞等含氮物质，皮肤排出的氮量相对较少，主要是通过汗液排出一些含氮化合物。

（1）氮平衡的 3 种情况

①零氮平衡（zero nitrogen balance）。摄入氮等于排出氮叫作零氮平衡。这表明体内蛋白质的合成量和分解量处于动态平衡。一般营养正常的健康成年人就属于这种情况。

②正氮平衡（positive nitrogen balance）。摄入氮大于排出氮叫作正氮平衡。这表明体内蛋白质的合成量大于分解量。生长期的儿童少年，孕妇和恢复期的伤病员等就属于这种情况。所以，在这些人的饮食中，应该尽量多给些含蛋白质丰富的食物。

③负氮平衡（negative nitrogen balance）。摄入氮小于排出氮叫作负氮平衡，即食氮量少于排泄物中的氮量。这表明体内蛋白质的合成量小于分解量。慢性消耗性疾病、组织创伤和饥饿等就属于这种情况。蛋白质摄入不足，就会导致身体消瘦，对疾病的抵抗力降低，患者的伤口难以愈合等。当碳水化合物供给不足时，或处于病态、紧张状态时，都会影响机体的氮平衡。人体长期处于负氮平衡，会引起蛋白质缺乏、体重减轻、机体抵抗力下降。

（2）缺点

氮平衡只反映了蛋白质的进出关系，没有直接反映机体蛋白质代谢和功能状况；难以准确测定各种途径损失的氮，结果可能低估蛋白质的需要量。此外，蛋白质以外的一些因素（如能量、膳食组成、机体健康状况等），都会对氮平衡实验产生影响。

（3）影响氮平衡结果的因素

①热量对氮平衡的影响。当供给的热量低于实际需求时，氮平衡向负平衡方向改变。当蛋白质达到需求时，如果热量超过需求，则可改善氮平衡；但若蛋白质本身不足，尽管增加额外热量，也不会改善平衡的状况。如果热量供给严重不足，人体将持续向负平衡方向发展。故在进行氮平衡试验中，研究对象的热量应该被十分准确地估量和提供。

②人的活动量对氮平衡的影响。如果在实验期间加大或减少机体的活动量，也就意味着热量消耗的增减。热量低于需求，将有一部分的蛋白质用于热

能而不用于维持机体蛋白质代谢。故热量在这个意义上说，对蛋白质有保护作用。因此，有人称脂肪尤其是糖类，为蛋白质的庇护物质。

③激素对氮平衡的影响。作用于合成代谢的激素（如生长激素、睾酮），以及作用于分解代谢的激素（如皮质类激素，甲状腺素等），都从不同的甚至相反的方向来影响氮的代谢，尤其是肌肉的氮代谢。前类激素倾向于使氮在体内潴留，而后一类则相反。

④蛋白质与氨基酸摄入量对氮平衡的影响。当蛋白质和氨基酸的摄入量不足时，机体缺乏氮源，会分解自身蛋白质，导致氮排出量增加，形成负氮平衡，引发疲劳、免疫力下降等。适量摄入蛋白质和氨基酸能维持氮平衡，保证机体代谢与组织更新，一般成年人按标准摄入蛋白质即可。而过量摄入蛋白质和氨基酸，初期会使氮摄入远超排出，出现正氮平衡，利于肌肉增长；但长期如此，会加重肝肾负担，氮排出途径受阻，打破氮平衡，还可能引发其他健康问题，如钙流失等。

⑤各种应激状态对氮平衡的影响。精神紧张、焦虑、思想负担以及疾病状态，也对氮的排出有一定的影响。这是在进行实验和对实验的结果分析时，应考虑的。在应激状态下，身体的合成代谢会受到抑制。因为此时身体会优先保证重要器官的能量供应，而减少对蛋白质合成的资源分配。这种分解代谢大于合成代谢的情况，就导致排出的氮（主要来源于蛋白质分解代谢产生的含氮废物）多于摄入的氮，从而出现负氮平衡。

4.1.3 耗竭（depletion）、补充（repletion）、饱和平台（saturated plateau）法

耗竭、补充、饱和平台法是营养素功效研究中，常用的三个密切相关的方法。耗竭：当机体摄入某营养素的量长期低于需要量，也即体内长期处于该营养素代谢负平衡状态时，体内蓄积逐渐耗空，最终导致该营养素含量降低，以及与其相关的生理生化功能损伤，甚至于死亡。补充 / 平台饱和：当机体处于某营养素的缺乏或不足状态时，补充该营养素使机体呈代谢正平衡状态，经过一定时间后该营养素含量或其相关功能指标可达到平衡平台。在测定营养素

缺乏表现的基础上，通过补充不同剂量的营养素纠正缺乏，进而确定营养素的需要量。

为维持机体正常的生理功能，每种营养素的摄入量需要达到机体代谢的平衡状态。当机体摄入某种营养素的量长期低于需要量，处于代谢负平衡状态时，体内蓄积逐渐消耗，与该营养素相关的生理生化功能也随之受损，严重者累及组织器官，甚至引起死亡。在耗竭的情况下补充该营养素，经过一定时间后，该营养素在体内的含量或其相关功能指标，可达到饱和状态的平台。监测这些指标的变化，可以评估营养素的需要量。

4.1.4 同位素示踪技术（isotopic tracer technique）

同位素示踪技术即同位素标记法，是利用放射性同位素或经富集的稀有稳定核素作为示踪剂，研究各种物理、化学、生物、环境和材料等领域中科学问题的技术，包括稳定性同位素示踪法和放射性同位素示踪法。示踪剂是由示踪原子或分子组成的物质。示踪原子（又称标记原子）是其核性质易于探测的原子。含有示踪原子的化合物，称为标记化合物。理论上，几乎所有的化合物都可被示踪原子标记。同位素示踪技术在营养学中的重要应用，就是在于通过特定标记的营养物质示踪，可区分内源性与外源性物质的代谢。

4.1.4.1 放射性同位素示踪技术

放射性同位素示踪技术是以放射性核素作为示踪剂对研究对象进行标记，利用各种放射性检测仪器检测放射性核素不断发射的特征射线（α、β 和 γ 等），确定研究对象踪迹的微量分析方法。放射性同位素示踪技术是国际公认的研究药物在动物或人体内物质平衡、组织分布和代谢等研究的“黄金标准”。

（1）特点和优势

放射性同位素示踪技术的主要特点是放射性同位素标记的化合物与相同条件下标记之前的化合物具有相同的生物学特征，且应用放射性检测仪器对特征射线进行检测达到定位和定量的目的。相对于传统检测技术，该方法不受基质的干扰，特异性较强。

放射性测定不受其他非放射性物质的干扰，可省略许多复杂的物质分离步骤。体内示踪可利用某些放射性同位素释放出穿透力强的 γ 射线，在体外测量而获得结果。这就大大简化了实验过程，做到非破坏性分析。随着液体闪烁计数的发展，^{14}C 和 ^{3}H 等发射软 β 射线的放射性同位素，在医学及生物学实验中得到越来越广泛的应用。放射性同位素示踪法能准确定量目标代谢物质的转移和转变，与某些形态学技术相结合（如病理组织切片技术，电子显微镜技术等），可确定放射性示踪剂在组织器官中的定量分布。其对组织器官的定位准确度，可达细胞水平、亚细胞水平乃至分子水平。

放射性同位素示踪技术应用于药代动力学（pharmacokinetics，PK）研究的重要优势，是不需要合成代谢物标准品而实现定量。在传统的非放射性药物吸收、分布、代谢、排泄（absorption，distribution，metabolism，excretion，ADME）研究过程中，由于缺少代谢物的标准品、质谱定量的误差和内标化合物的选择等，可能会出现结果误差。在排泄实验中，若没有每个代谢物的标准品或只有几个代谢物的标准品，通过液相色谱－质谱联用（liquid chromatography-mass spectrometry，LC-MS）或紫外线（ultraviolet，UV）定量或半定量，回收率经常较低，无法确定药物的主要排泄途径和排泄速度；在组织分布实验中，想要确定药物在各组织的分布情况，只能通过 LC-MS 测定原形和已合成标准品的代谢物，不能得到原形和所有代谢物的分布情况；在代谢研究中，由于各代谢物的离子化效率、质谱响应和基质效应等问题，根据峰面积定量，可能会出现误判和漏掉主要代谢物的情况，这对药物的安全性极为不利。而应用放射性同位素示踪技术，可避免或解决以上问题。

（2）示踪剂的选择

放射性同位素的选择及其在药物分子中的位置，是放射性研究设计中非常重要的内容。常用的核素有 ^{14}C、^{3}H、^{125}I、^{32}P、^{35}S 等。其中，^{14}C 和 ^{3}H 是药代动力学研究中最常用的放射性核素。^{14}C 和 ^{3}H 这两种同位素在药物代谢研究中，使用最广泛。两者产生的主要为 β 射线，能量较低，防护较为容易，半衰期较长，分别为 5730 和 12.4 年，在使用过程中不需要衰变校正。

^{14}C 主要应用于小分子药物的示踪研究，在标记位点的选择时，一般应首先考虑对分子结构中的芳香环或脂环上的 C 原子进行标记，而尽可能避免在

羧基、羟基、巯基、氨基等活性部位进行标记，还应远离化学键断裂位置。因为一旦这些不稳定基团脱离母体化合物，就失去了对母体药物及主要代谢物的示踪能力。目前，在小分子化药的放射性同位素应用实例中，^{14}C 超过 80%。^{3}H 特点与 ^{14}C 有些相似（发射低能 β 射线，半衰期 12.35 年）。与 ^{14}C 相比，其缺点是标记物容易与环境中的 ^{1}H 原子发生交换，因此稳定性较差。^{3}H 的优点是标记物的合成较为方便廉价，因此在标记物能够满足实验需求的情况下，也常选用 ^{3}H 标记物作为示踪剂。此外，^{3}H 不仅能用于小分子药物 ADME 研究，还可以用于某些大分子药物（如多糖）的示踪剂。

常规操作是选择一种放射性同位素标记，有时会因为药物自身代谢原因等实验的特殊需求，采用双同位素标记，如 $^{3}H/^{14}C$ 标记的化合物。其他几种同位素（如 ^{35}S、^{32}P、^{18}F、^{125}I、^{131}I 和 ^{59}Fe 等），在药物研究中也被应用。例如，^{125}I 主要用于蛋白或多肽类药物研究，^{32}P 主要用于 DNA 加合物形成的研究。

（3）放射性检测方法

测量方法的选择取决于射线种类，对于 α 射线通常可用硫化锌晶体、电离室、核乳胶等方法探测；对于能量高的 β 射线可用云母窗计数管、塑料闪烁晶体及核乳胶测定，对于能量低的 β 射线可用液体闪烁计数器测量；对于 γ 射线则用盖革 - 米勒（Geiger-Müller，G-M）计数管、碘化钠（铊）闪烁晶体探测。目前，大多数实验室主要采用闪烁计数法。

1）液体闪烁计数仪（liquid scintillation counter，LSC）

LSC 主要用于测定发生低能 β 核衰变和 α 核衰变的放射性核素。样品的 LSC 分析需要特定的含有芳香族有机溶剂和闪烁体的混合物，即液闪液，分别吸收放射性同位素能量和产生可检测的光脉冲。LSC 的类型主要有 PerkinElmer 生产的 Tri-Carb 系列计数仪，Hidex 生产的 300SL 系列和 AlokaLB-5 系列计数仪。

在实际操作过程中，血浆、尿液和胆汁等液体生物样品可直接加入适量液闪液，利用 LSC 进行放射性测量，得到放射性含量数值，用于计算药代动力学参数和排泄率等。全血、粪便和组织样品须经燃烧，碱性液闪液捕获燃烧生成的 $^{14}CO_2$ 后，再利用 LSC 测量放射性。

在动物或人体 ADME 研究中，LSC 使用较多。秦（Qin）等通过 LSC 测定静脉给药［^{14}C］XO-1H 后 0 ～ 168h 雄性大鼠尿液和粪便中的放射性，确定了 XQ-1H 主要经粪便排泄，少量经尿液排泄，回收率分别为 72% 和 21%。小笠原键（Ken Ogasawara）等研究了菲卓替尼（Fedratinib）在男性健康受试者的排泄平衡，通过 LSC 测定，发现在给药后 336h，回收率达到 82%。其中，粪便占 77%，是主要的排泄途径。韩贵娟等在研究［^{14}C］CT-707 在健康男性受试者的吸收和排泄时，使用 LSC 测量给药后 0 ～ 552h 排泄物的放射性，回收率为 79.65%，放射性大部分存在于粪便中，占 76.24%，而回收率未达到放射性人体物质平衡试验的一般标准 80%，可能是由于 CT-707 在体内吸收分布不完全，或由于存在测量等误差。

2）流动闪烁分析仪（flow scintillation analyzer，FSA）

FSA 主要与高效液相色谱连用，用于放射性含量较高的生物样品的放射性代谢物谱分析。通过液相色谱分离，FSA 在线检测，可获得高效液相色谱—放射性代谢物谱图。对放射性谱图中的每个色谱峰积分，结合放射性给药量，即可获得每个色谱峰对应代谢物占总放射量（即总药物相关物质）的百分比，进行定量分析，还可结合高分辨质谱进行代谢产物鉴定及其定性分析。山田真希子（Makiko Yamada）等通过 FSA 分别阐明了单次灌胃［^{14}C］Esaxerenone（CS-3150）后，在雄性大鼠和食蟹猴的血浆、尿液、粪便和胆汁中的放射性代谢物谱，结合 LC-MS 和液相色谱—串联质谱联用（liquid chromatography/tandem mass spectrometry，LC-MS/MS），鉴定了 10 个可能的代谢物。

3）固体闪烁计数仪（solid scintillation counter，SSC）

当样品的放射性较低时（如人体血浆样品），使用 FSA 达不到较好的效果，需要使用离线放射性检测器—固体闪烁计数仪。固体闪烁计数仪也主要与高效液相色谱连用。样品通过液相色谱分离，馏分收集在 96 孔板中，等挥发后利用固体闪烁计数仪进行放射性测定，产生的数据经软件处理得到放射性代谢物谱图。虽然此方法的灵敏度相对提高，但也增加了手动操作和样品放射性的暴露等风险。

固体闪烁计数仪与 FSA 互相结合，可以实现各药物的代谢研究。钱德拉·普拉卡什（Chandra Prakash）等在男性健康受试者给药［^{14}C］艾伏尼布（ivosidenib）后，采集血浆和排泄物，通过高压液相色谱法（high pressure chromatography，HPLC）—馏分收集—固体闪烁计数仪，确定了尿液、粪便和血浆的放射性代谢物谱，分别含有 14、9 和 1 个放射性色谱峰。其中，原形是混合血浆中唯一的放射性物质，未检测到其他的代谢物。廖明祥（Mingxiang Liao）等研究［^{14}C］- 瑞卡帕布（Rucaparib）在晚期实体瘤女性受试者的 ADME 情况时，由于尿液和粪便样品放射性较高，使用 FSA 分析检测，而 $AUC_{0\sim24h}$ 混合后血浆样品放射性浓度较低，使用离线放射性检测器检测室温挥干的、以每个孔 30s 的间隔收集至 96 孔板的样品，获得血浆的放射性代谢物谱图。

4）放射性同位素示踪技术在营养与代谢中的应用

使用的放射性同位素 ^3H 对水进行标记：^3H- 水（^3H_2O），^3H_2O 在人体内和 H_2O 几乎具有同样的运动，在静脉给予 1mCi ^3H_2O 3 ～ 4h 后，即达到平衡状态，所以测定 ^3H_2O 的稀释程度，即能知道其水分含量。利用放射性同位素示踪技术还可以评价一些作为食品、食品添加剂或药物的天然产品对人体的毒副作用。例如，用 ^{99}Sn 标记红细胞，通过锡原子价态的变化和放射性的测量，就可以来判断食入人体的物质中是否含有氧化性物质。

4.1.4.2 稳定性同位素示踪技术

稳定性同位素是天然存在于生物体内的不具有放射性的一类同位素，其原子核结构是稳定的，不会自发地放出射线而使核结构发生改变。20 世纪 70 年代初，稳定性同位素被成功引入生物学的多个研究领域，如光合作用途径的研究、光能利用率、植物水分利用率、物质代谢和生物量变化等。迄今发现的稳定同位素有 270 余种，但得到产业化生产并已广泛应用的主要为氘 -2（^2H）、碳 -13（^{13}C）、氮 -15（^{15}N）、氧 -18（^{18}O）、氖 -22（^{22}Ne）、硼 -10（^{10}B）等少数几种产品。

（1）特点和优势

稳定同位素和放射性同位素均可用来示踪，但在实际应用中，稳定同位素具有放射性同位素无法比拟的优越性：①安全、无辐射，稳定同位素对动植物不会造成伤害，在使用、运输和储存的过程中比较方便；②半衰期长，放射性同位素因其半衰期太短而没有实用性，限制了其应用，而稳定同位素的半衰期

均大于 1×10^{15} 年，因而不受研究时间的限制；③可同时测定，放射性同位素一次只能测定一种同位素，而稳定同位素允许对不同质量数进行同时测定，因此可对同一元素的不同同位素或不同元素的同位素进行同时测定，从而提高实验效率；④物理性质稳定，稳定同位素的信号值不会随时间而衰减。

（2）示踪剂的选择

稳定同位素标记物（示踪剂）的选择包括对标记部位（单标记和多标记）稳定性、标记率等多个因素的考虑。最理想的示踪剂是定位、定量标记在所需要的位置上，而不同的实验所选择的标记物也不同。

最适合的示踪物是天然丰度低的同位素，这样在研究时需要给予的示踪物量较少。如果设计双同位素示踪试验，通常选择天然丰度较低的同位素作为静脉内给予的示踪剂，而天然丰度较高者通常通过口服给予。例如，在典型的锌双标记示踪研究中，通常静注 ^{70}Zn 的剂量是 0.3 ～ 1.0mg，而采用 ^{67}Zn 口服给药；在钙的双标记示踪研究中，通常采用 ^{42}Ca（或 ^{46}Ca）经静脉内给药，而以 ^{44}Ca 口服给药。

（3）常用分析仪器

质谱是测定同位素比值的最佳技术。理论上，所有类型的质谱都可用于测定同位素丰度，但其精密度大多都比较低，难以达到碳、氢、氧、氮和硫等元素在自然丰度水平的同位素测定要求。发展至今，常用于传统稳定同位素分析的仪器有同位素比值质谱仪（isotope radio mass spectrometer，IRMS）和热电离质谱仪（thermal ionization mass spectrometry，TIMS）。

1）IRMS

IRMS 利用离子光学和电磁原理，按照质荷比（M/e）分离测定样品的同位素质量和相对含量，主要用于测定同位素丰度，对测量准确度、精密度和丰度灵敏度的要求较高。分析均以气体形式进行，故有气体质谱仪之称。

IRMS 是最常见的稳定同位素质谱仪（图 4–2），能够精准地测定质量数较小的稳定同位素（原子序数 $Z < 20$，$\Delta A/A \geqslant 10\%$，$\Delta A$ 为两同位素质量差）的组成。IRMS 由进样系统、离子源、磁分析器、法拉第杯检测器和计算机控制的数据采集系统组成。IRMS 工作的基本原理：首先将样品转化为二氧化碳（CO_2）、氮气（N_2）、氢气（H_2）和二氧化硫（SO_2）等简单气体，气体分子通

过进样系统进入离子源，以电子碰撞电离或热电离等方式离子化并在电场中加速，随后在磁分析器中根据离子的质荷比与动能而分离，最终进入法拉第杯检测器检测离子信息。目前，大多数 IRMS 设有 3 ～ 9 个法拉第杯，以同时检测不同质量数的离子束。

测量主要步骤：①将本分析样品以气体形式送入离子源；②把被分析的元素转变为电荷为 e 阳离子，应用纵电场将离子束准直成为一定能量的平行离子束；③利用电、磁分析器将离子束分解成不同荷质比的组分；④记录并测定离子束每一组分的强度；⑤应用计算机程序将离子束强度（离子流信号强度）转化为同位素丰度；⑥将待测样品与工作标准相比较，得到相对于工作标准的同位素比值。IRMS 配置不同，检测项目也不同，如高温转化 / 元素分析仪—IRMS（thermal conversion/elemental analyzer–IRMS，TC/EA–IRMS）主要用于测定水中 O 的 δ 值，气相色谱燃烧—IRMS（gas Chromatography Combustion–IRMS，GCC–IRMS）用于测定有机液体单分子化合物中 C、N 的 δ 值。

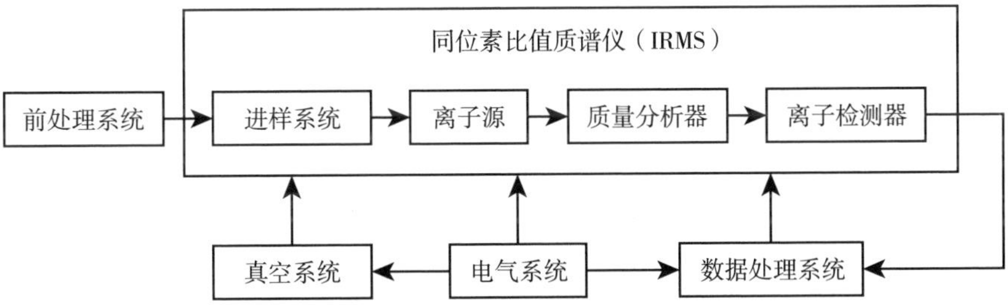

图 4–2 IRMS 系统组成示意

注：本图来源于《同位素质谱技术与应用》，2006。

2）TIMS

TIMS 是另一种较为常用的稳定同位素质谱分析仪器，工作原理是通过高温加热涂敷在灯丝表面的样品，使样品的原子电离后引入质谱分析。仪器中的灯丝既有气化作用，也有电离作用。为此，一些 TIMS 设有双灯丝，一根作为气化丝用于蒸发所涂敷的样品，另一根作为电离丝。如此既可控制样品的气化速率，也可使电离丝处于高温，以提高原子的电离率。该仪器在有机物的研究中常被用于 S、Cl、Br 等原子序数相对较大的元素分析。相对其他技术而言，

TIMS 易于操作，电离过程的稳定性保证了测试的高精度，且其中所产生离子的传输效率接近 100%。但该技术也存在一些不足之处：电离不能对所有元素起等效作用，电离率较低时，一些元素难以电离，因而限制了它的应用范围；此外，在热电离过程中较轻的同位素会优先电离，可能导致测量期间同位素比例呈现连续性的变化，从而直接影响数据的精度。

3）波长扫描—光腔衰荡光谱仪（cavity ring-down spectroscopy，WS-CRDS）

几乎所有小的气相分子（如 CO_2、H_2O、NH_3）均具有特有的近红外吸收光谱。在低于大气压的压强下，它由一系列狭窄、分辨良好的尖锐波谱曲线组成，每条曲线都具有特征波长。因为这些曲线间隔良好并且它们的波长是已知的，所以可以通过测量该波长吸收度（即特定吸收峰的高度），来确定任何物质的浓度。但由于痕量气体吸收形成的峰太低而不能检测到。因此，如何有效解决这个问题是关键。WS-CRDS 通过极度扩大光程路径，可在极短时间内监测到十亿分之一（parts per billion，PPB），甚至万亿分之一（parts per trillion，PPT）水平。其工作原理为待测气体通过泵进入腔体，光源发射特定波长激光，经过腔体内反光系统的连续反射，光强度以指数级迅速衰减直至为零，衰减被光电感应器实时记录，其强度与目标气体的浓度成正比。

（4）稳定性同位素示踪技术在营养与代谢中的应用

在生命科学领域，核磁共振（nuclear magnetic resonance，NMR）和质谱（MS）波谱研究不同蛋白质种群的结构、功能等，需要稳定性同位素整合技术。其中包括同位素编码亲和标记方法（isotope coded affinity tag method，ICATTM）、细胞培养中氨基酸稳定同位素标记技术（stable isotope labeling by amino acids，SILAC）等。稳定性同位素通过生物代谢、酶分解作用或化学反应引入蛋白质等生物大分子，通过大型仪器分析后选用分子生物学软件处理，可以得到生物大分子的结构图。

能量代谢研究集中在运动医学、儿童营养、食物营养、减肥、宇航员饮食等方面。采用稳定性同位素示踪法是研究新陈代谢的方法之一，常用稳定同位素有 ^{2}H、^{15}N、^{13}C、^{18}O 等。例如，采用 ^{2}H 和 ^{18}O 标记的双标记水 DLW 技术是一种评价人体能耗量大小的新方法，此方法已初步被应用于体育科学领域的实验室研究和场地研究中，是目前评价能量代谢最准确的方法。

4.1.5 营养素代谢的动力学研究方法

在营养学研究领域，人们经常借助药代动力学模型，研究各种营养素在体内的吸收（absorption）、分布（distribution）、代谢（metabolism）和排泄（elimination）过程，简称 ADME。ADME 恰好是药代动力学（pharmacokinetics，PK）所指代的内容。药代动力学是研究药物在机体内量变规律的科学。它从速率论的观点出发，应用动力学原理和数学模型，研究和分析药物的吸收、分布、代谢和排泄的过程及其动力学规律。营养素与药物在性质上有所不同，由于机体本身就含有各种营养素，所以用一般方法检测时难以区分机体内源性和外源性的同一营养物质，更无法追踪外源性营养物质在被摄入体内以后所经历的代谢动力学过程。因此，通常采用同位素示踪—质谱联用技术，进行营养素代谢动力学的研究，这样更为准确、简便和灵敏。

4.1.5.1 ADME 基本概念

（1）吸收

受试物吸收的程度和速率取决于受试物的给予途径。一般认为静脉注射给予受试物时，母体化学物的瞬时吸收率计为 100%；经口给予受试物时，应确定达峰浓度、达峰时间和曲线下面积（AUC），从而提供绝对生物利用度。如有必要，可进行体外细胞试验、在体或离体肠道吸收试验等，阐述受试物的吸收特性。分析母体化学物浓度与时间变化曲线，可确定经口给予受试物的吸收速率常数。

（2）分布

一般选用大鼠或小鼠进行组织分布试验，但必要时也可在非啮齿类动物（如犬）中进行。选择一个合适的受试物剂量给予实验动物后，根据受试物的理化性质和毒性特点测定其在心、肝、脾、肺、肾、胃肠道、生殖腺、脑、体脂、骨骼肌等组织的浓度，以了解受试物在体内的主要分布器官组织。特别注意受试物浓度高、蓄积时间长的组织和器官，以及在毒性靶器官的分布（如对造血系统有影响的受试物，应考察在骨髓的分布）。必要时，建立和说明血液中受试物浓度与靶组织受试物浓度的关系。参考血液中受试物浓度—时间曲线的变化趋势，选择至少 3 个时间点分别代表吸收相、分布相和消除相的受试物分布。若某组织的受试物或代谢产物浓度较高，应增加观测点，进一步研究该组织中受试物消除的情况。每个时间点，一般应有 6 个动物（雌雄各半）的数据。进行组织分布试验，应注意取样的代表性和一致性。

同位素标记物的组织分布试验，应提供标记受试物的放射化学纯度、标记率（比活性）、标记位置、给予受试物剂量等参数；提供放射性测定所采用的详细方法；提供采用放射性示踪生物学试验的详细过程，以及在生物样品测定时对放射性衰变所进行的校正方程等。在试验条件允许的情况下，尽可能提供给予受试物后不同时相的整体放射自显影图像。

（3）代谢

体外受试物代谢可采用肝微粒体、肝 S9、原代肝细胞及 P450 重组酶等，鉴定受试物是否是代谢酶的底物或抑制剂。P450 同工酶之外的代谢酶，如葡萄糖醛酸结合酶、硫酸转移酶等，也应在适当的情况下进行评估。体内受试物代谢可考虑与血液中受试物浓度—时间曲线和排泄试验同时进行，应用这些试验采集的样品，进行代谢产物的鉴定及浓度测定。采用色谱方法或放射性同位素标记方法，分析和分离可能存在的代谢产物，并用色谱—质谱联用等方法初步推测其结构，以确定受试物的代谢类型、主要代谢途径及其可能涉及的代谢酶表型。

（4）排泄

建议同时提供啮齿类和非啮齿类动物的排泄数据，啮齿类（小鼠、大鼠等）每个性别 3 只动物，非啮齿类（如犬）每个性别 2 ～ 3 只动物。根据受试物特性，也可选择单一性别动物。

①尿和粪排泄：将动物放入代谢笼内，选定一个适宜剂量给予后，按一定的时间间隔分段收集尿或粪的全部样品。粪样品收集后，按一定比例制成匀浆，记录总重量或体积，取部分尿或粪样品进行受试物和主要代谢产物浓度测定或代谢产物谱分析，计算受试物和主要代谢产物经此途径排泄的速率及排泄量。每个时间段至少有 5 只动物的试验数据。

②胆汁排泄：一般在动物麻醉下作胆管插管引流，待动物清醒且手术完全

恢复后给予受试物，并以合适的时间间隔分段收集胆汁，进行受试物和主要代谢产物测定。在给予受试物剂量至少 90% 已被消除、或在上述收集到的样品中已检测不到受试物、或检测时间长达 7 天时，可停止排泄物的收集。为防止原形受试物及代谢产物降解，化尿液和胆汁收集过程中，容器应置放于干冰内。记录受试物及主要代谢产物自粪、尿、胆汁排出的速度及总排出量，提供物质平衡的数据。一般应采用放射性同位素标记技术研究物质平衡。

4.1.5.2 常用代谢动力学参数

（1）表观分布容积（apparent volume of distribution，*Vd*）

表观分布容积用来表示房室的大小，是指体内达到动态平衡时血浆受试物浓度（*C*）与体内受试物量（*D*）的比值，表示受试物以血浆受试物浓度计算应占有的体液容积，单位用 L 或 L/kg 表示。表观分布容积与房室概念相似，都是抽象概念，不代表具体的生理空间，但却都有实用意义。利用它可以推测受试物在体内的分布情况，了解受试物分布的广泛程度或受试物与组织成分的结合程度。

$Vd = D/C$，*Vd* 与血浆受试物浓度有关，血浆受试物浓度越高，表观分布容积越小；反之，*Vd* 越大，表示受试物在组织中分布广或集中分布于某种组织。

（2）清除率（clearance，*CL*）

清除率是表示机体受试物的另一种方法，指在单位时间内机体清除血浆受试物的能力，以血浆容积表示，单位是血浆容积 / 时间（L/min）。

大多数药物的治疗剂量远未达到机体消除药物的最大能力。这些药物的消除速率和体内药量成正比，故称为一级动力学过程。其特点为体内药物按一定比例消除，单位时间消除的药量并不恒定。但若把单位时间消除的药量除以血药浓度，折算为容积，则为常数。该常数反映机体在单位时间内，能把多少容积血中某药全部清除，称为清除率。

总体清除率是指单位时间内从体内清除的受试物表观分布容积数。

$$CL_{总} = K \cdot Vd = 0.693Vd/t_{1/2}$$

总体清除率包含肾清除率和肾外清除率。肾清除率指每分钟肾脏清除血浆受试物的能力，也以血浆容积表示；肾外清除率指受试物经其他途径清除的速率，包括胆汁、唾液、乳汁、肺、皮肤及生物转化等。

$$CL_{肾} = U \cdot Vu/Ct$$
$$CL_{肾外} = CL_{总} - CL_{肾}$$

其中，U 表示尿中受试物浓度（mg/mL），Vu 表示每分钟排出的尿量（mL/min），Ct 表示 t 时间的血浆受试物浓度。

（3）生物半衰期（$t_{1/2}$）

半衰期是指血浆受试物浓度下降一半所需要的时间，即受试物的消除半减期。

（4）时量曲线下面积（AUC）

时量曲线也称药物浓度—时间曲线。血药浓度—时间 AUC，是以时间为横坐标，药物浓度（或对数浓度，logarithm concentration，lg$C$）为纵坐标绘制的图形。由时量曲线与坐标横轴围成的面积与药物吸收的总量成正比。

（5）生物利用度（bioavailability）

生物利用度又称生物有效度，是指不同剂型的药物吸收并经首关消除后，进入体循环的分量及速率。它取决于药物吸收百分率及首关消除度，是反映药物吸收的重要药动学参数。

$$F = A（进入体循环药量）/ D（剂量）\times 100\%$$

4.1.6 体外代谢实验

营养代谢研究多采用在体（整体）的实验方法，因为这样得出的实验结果更接近机体的真实状况。但由于整体动物或人体试验的影响因素较多（如环境、心理等），实验条件往往难以全部控制。在研究某类营养素或机体局部的代谢机制时，需要观察单一因素对机体代谢的影响，这时体外实验就起着不可替代的作用。本部分将详细介绍两种在营养代谢研究中常用的体外实验技术。

4.1.6.1 消化吸收实验

体外消化是建立在模拟生物体体内的条件下，将物质在可控的环境下进行的消化过程。模拟生物体胃肠道的温度、酸碱、消化液、消化酶及蠕动，可在一定程度上代表物质在生物体内的变化。因其具有良好的可控性、可重复性及易操作性等优点，体外消化成为近年来进行消化过程研究的一个热点。最早应用离体小肠进行物质吸收研究的方法首推外翻肠囊法（evertedintesinalsac），该方法是 1954 年由威尔逊（Wilson）和怀斯曼（Wiseman）首次提出，其保持了完整的组织和黏膜特性，可在体外模拟体内生理状态下营养素在肠道的吸收情况。更重要的是，若营养素化学分子量大、不易透过细胞膜时，细胞模型将无法研究营养素的转运机制，而外翻转膜囊泡模型则不受化合物渗透性的影响。此法曾被广泛应用于研究肠道对糖、脂肪、氨基酸、维生素、无机盐等营养素的吸收，并取得了很大进展。近年来，随着对吸收机制研究的逐步深入，精细分离的实验系统越来越受到青睐，如游离肠黏膜绒毛的单个细胞、吸收上皮的刷状缘或底侧膜制备等。不同的方法各有其优点和局限性，因此只有对不同方法所获得的结果进行综合分析，才能对机体完整的吸收代谢得出正确的认识。

4.1.6.2 灌流实验

灌流实验是生理学和药理学中常用的实验方法，即将离体器官或组织置于特定的装置中，用含有一定营养成分的溶液恒定地供给新鲜养分；同时不断移去代谢产物，以使其保留整体组织的许多功能，研究器官对外源化合物的转运、代谢、屏障以及外源化合物的毒性等规律的技术。在营养学中，灌流实验通过改变灌流液的营养成分，来观察器官或组织的相应变化。近年来，该方法已发展到对细胞体系进行灌流，可预见该方法具有较好的发展前景。下面以胎盘、肝脏和心脏为例，说明器官和组织灌流实验的基本方法。

（1）胎盘灌流（placenta perfusion）

胎盘除了可以使母体和胎儿血液循环相互间隔形成胎盘屏障，还是母体与胎儿之间物质和气体的交换场所，具有转运、代谢、内分泌、免疫等功能。胎盘灌流技术已经成为目前研究胎盘功能的一个重要手段。胎盘灌流实验需选取新鲜健康胎盘组织，仔细分离并插管脐动脉（灌注入口）和脐静脉（引流出口）建立胎儿侧循环，同时在母体面基底板处穿刺建立母体侧循环系统。灌流过程需使用 37℃恒温的氧合克雷布斯—林格（Krebs-Ringer）缓冲液，维持胎儿侧 6mL/min 和母体侧 12mL/min 的流速，并持续监测灌注压力、pH 值及氧分压等参数。安替比林等标记物的转运率可以来验证胎盘屏障完整性，该方法可被用于研究药物转运、营养物质交换及毒性物质对胎盘功能的影响等。

（2）**肝脏灌流**（liver perfusion）

早在20世纪70年代，肝脏灌流就已成为一种比较成熟的技术。目前应用较多的是从肝门静脉进行大鼠肝脏灌流。肝脏灌流实验通常采用大鼠等动物肝脏，经门静脉插管建立灌注通路，下腔静脉插管作为流出道，使用37℃恒温的氧合亨泽—莱特（Krebs-Henseleit）缓冲液以恒定流速（大鼠约30mL/min）进行灌注。实验过程需持续监测灌注压、胆汁分泌量及灌流液中乳酸脱氢酶活性等指标，以评估肝脏活性。该方法被广泛应用于药物代谢研究、肝毒性评价以及缺血再灌注损伤等研究领域。

（3）**心脏灌流**（cardiac perfusion）

心肌具有自动节律性、传导性和兴奋性三大特征。离体和脱离神经支配的动物心脏，保持在适当的环境中，在一定的时间内，仍然能够有节律性地产生兴奋和收缩。利用心肌细胞的这一特性，可以制作离体心脏模型，通过灌流液中营养物质、电解质等的变化，来观察心肌能量代谢、相应药物、营养物质、毒素和电解质水平对心肌活动的影响。实验首先快速摘取麻醉动物心脏，并将其置于预冷至4℃左右的0.9% NaCl溶液中；随后将主动脉近端套管连接至恒压灌流系统，以37℃氧合Krebs-Henseleit液逆向灌注冠状动脉系统。待心脏恢复自主节律后，通过心室内置入的压力传感器或气囊导管，实时监测左心室发展压、舒张末压和心率等心功能参数，同时记录心电图和冠脉流量变化。实验终止后，收集冠脉流出液，检测心肌酶释放量或取心肌组织进行病理学检查。该方法能有效排除神经体液调节等全身性因素的干扰，为研究心肌代谢、缺血预处理保护机制及药物心脏作用，提供了高度可控的实验平台。

4.2 营养与代谢性疾病

4.2.1 糖尿病（diabetes mellitus，DM）

糖尿病是一种由胰岛素产生和/或产生的胰岛素无效，所导致的遗传性和/

或获得性缺陷慢性疾病。临床以高血糖为主要标志，常见症状有多饮、多尿、多食以及消瘦等，可导致心脏病发作、中风、肾功能衰竭、下肢截肢、视力减退和神经损伤等多部位的并发症，严重时可增加过早死亡的总体风险。

4.2.1.1 糖尿病的分类及发病原因

（1）1 型糖尿病

1 型糖尿病（type 1 diabetes mellitus，T1DM，过去称为胰岛素依赖型，儿童或青少年期发病型糖尿病）是一种自身免疫性疾病，多发病于儿童，在 12 ～ 14 周岁的青少年中发病率最高。

T1DM 是一种多基因疾病，主要的遗传风险因素是人类白细胞抗原（human leucocyte antigen，HLA），分为 HLA-DR3-DQ2 和 HLA-DR4-DQ8 单体型，但一些非 HLA 的风险因素也同样需要鉴定。其形成主要是由于胰岛细胞受 T 淋巴细胞介导被攻击破坏、胰岛细胞数量减少、胰岛素分泌量绝对不足，引起机体的高血糖症。典型症状包括尿液分泌过多（多尿）、口渴（烦渴）、常有饥饿感、体重减轻、视力减退、头痛、酮症酸中毒和疲乏，这些症状具有突发性。临床诊断标准通常依据高血糖、胰岛素缺乏和自身抗体的存在方面对 T1DM 进行划分。近年来，随着自身抗体检测方法的出现和成熟，T1DM 现在可以分为三个发展阶段：①可检测出自身抗体；②可检测出自身抗体，同时表现高血糖症状；③可检测出自身抗体，表现高血糖症状，并出现其他相关症状。三个阶段的逐步发展伴随着胰岛细胞数量的不断减少。

由于 T1DM 遗传风险因素受激活的机制尚未明确，机体免疫细胞针对胰岛细胞产生抗体的情况难以控制，利用现有的知识也无法预防，加之暂时没有可行的治疗方案。因此，目前 T1DM 患者只能终生依赖外源胰岛素注射。

（2）2 型糖尿病

2 型糖尿病（type 2 diabetes mellitus，T2DM）是 3 种糖尿病分类中患病率最高的类型。全世界每 11 个成年人中就有 1 人患有糖尿病，他们之中 90% 患有 2 型糖尿病。亚洲是 2 型糖尿病这种全球流行病迅速崛起的主要地区，其中中国和印度位居前两名。

在正常情况下，胰腺细胞分泌的胰岛素会降低肝脏的葡萄糖输出量，同时增加骨骼肌和脂肪组织对葡萄糖的摄取能力，从而维持机体正常的血糖水平。而当细胞发生功能障碍导致胰岛素释放减少，或者因胰岛素在胰岛素敏感组织（如肝脏、肌肉和脂肪组织）中的作用受到影响（即发生胰岛素抵抗）时，胰岛素分泌与胰岛素作用之间的反馈环路不能正常运行，就会导致机体血液循环中含有过量的葡萄糖，造成血糖水平异常（高血糖症）。持久的高血糖毒性作用和分泌压力，会促使胰岛细胞分泌胰岛素的功能逐步恶化、最终凋亡，导致糖尿病病情的进一步加重，连带出现其他并发症。

（3）妊娠糖尿病

妊娠糖尿病是一种常见的妊娠并发症，定义为妊娠期间首次出现或首次确认葡萄糖不耐受，血糖值高于正常水平但低于糖尿病的诊断值，通常通过产前筛查而非上报症状确诊。患有妊娠糖尿病的妇女在妊娠和分娩期间出现并发症的危险会增大，她们以及她们的孩子日后患上 2 型糖尿病的危险也相应增大。因此，妊娠期糖尿病是影响这些女性及其后代 2 型糖尿病患病概率的一个重要风险因素。鉴于其全球影响力，实施有效的策略来预防妊娠糖尿病，从而打破糖尿病世代相传的恶性循环，显得尤为必要和迫切。

4.2.1.2　饮食对肥胖和糖尿病的致病机理

随着生活水平的逐渐提高，高脂饮食成为现代人不良饮食习惯的典型模式（图 4–3）。脂肪的大量摄入，增加了肥胖症和糖尿病等代谢疾病的发生概率。脂肪在小肠上段经由各种酶及胆汁酸盐的作用，水解为甘油、脂肪酸等，随后通过脂质转移甘油三酯的作用进入血液乳化，经脂蛋白脂肪酶水解为甘油和游离脂肪酸，被细胞利用或存储。长期高脂饮食可导致机体脂肪细胞的数量增多、体积增大，脂肪组织中促炎细胞因子如肿瘤坏死因子 -α（tumor necrosis factor-α，TNF-α）、白细胞介素 -1（interleukin-1，IL-1）和 IL-6 的表达增加。TNF-α 可通过增加胰岛素受体底物 -1（insulin receptor substrate-1，IRS-1）上丝氨酸的磷酸化，致其失活，从而导致脂肪细胞发生胰岛素抵抗。其特征是脂肪分解速率过高，在高胰岛素血症的情况下，血浆游离脂肪酸水平照样升高，以及胰岛素对血浆游离脂肪酸水平升高的抑制能力受损。血浆游离脂肪酸不受调控的增加，对葡萄糖稳态所具有的负面影响称为“脂毒性”，可导致健康个

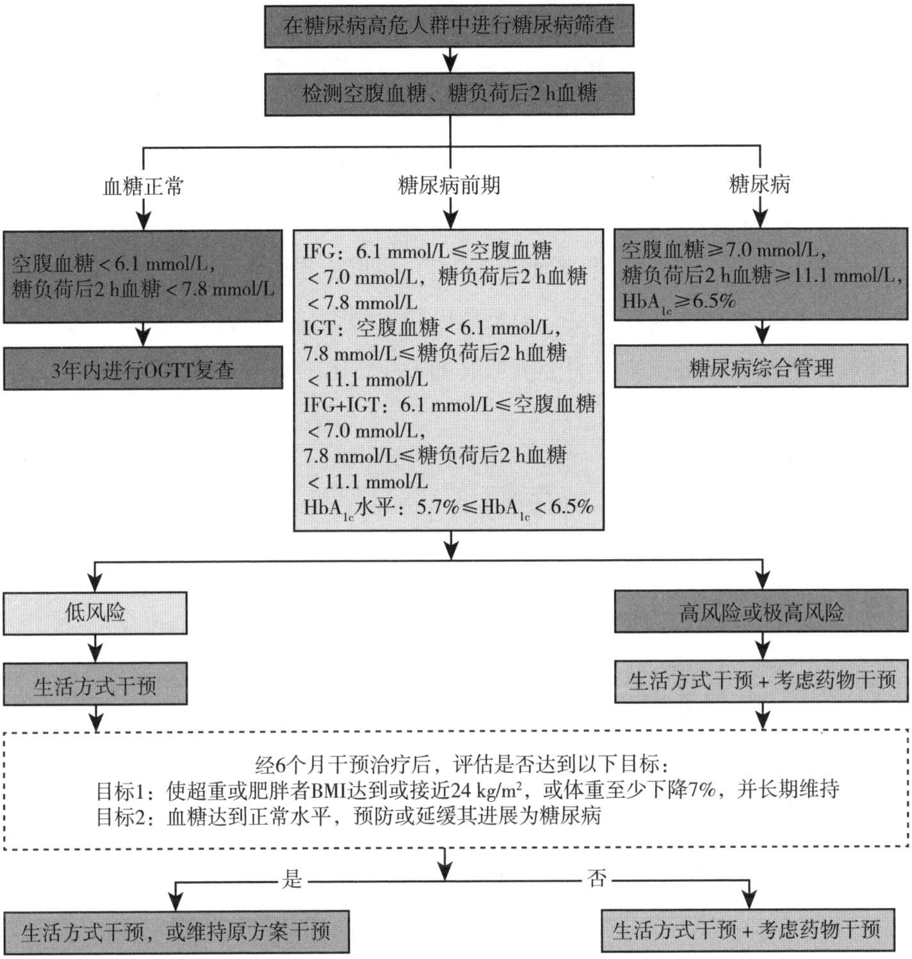

图 4–3　糖尿病前期筛查和干预流程图

注：OGTT 为口服葡萄糖耐量试验（oral glucose tolerance test），IFG 为空腹血糖受损（impaired fasting glucose），IGT 为糖耐量减低（impaired glucose tolerance），HbA_{1c} 为糖化血红蛋白（glycosylated hemoglobin A_{1c}）的英文简写；本图来源于《中国成人糖尿病前期干预的专家共识》（2023 年版）。

体的肝脏细胞和骨骼肌细胞相继发生胰岛素抵抗。

尽管肥胖会导致血浆游离脂肪酸的升高，但值得注意的是，只有 20% 的肥胖人士出现了胰岛细胞衰竭的情况。这说明了游离脂肪酸本身并不足以证明脂毒性会造成糖尿病。胰岛素靶器官即脂肪细胞、肝脏细胞和骨骼肌细胞所出现的胰岛素抵抗作用，实际可能由胰岛细胞增加分泌胰岛素来抵消，则

2 型糖尿病很可能仅在那些代偿反应失败的个体中发生。相关研究表明，在遗传易患 2 型糖尿病的个体中，血浆游离脂肪酸的持续生理性增加，减少了机体响应混合餐和静脉葡萄糖的胰岛素分泌，说明在患 2 型糖尿病高风险的受试者中，脂毒性对细胞造成的影响可能在机体从正常葡萄糖耐量到明显高血糖的进展中起重要作用。这说明了高脂饮食大大增加了遗传易感 2 型糖尿病个体发病的风险。而对于普通个体而言，即使胰岛细胞在一定时期内可不断增殖生长以增加胰岛素分泌，但长此以往也很容易因分泌压力导致胰岛细胞功能逐步恶化、最终凋亡，引起糖尿病的发生。T2DM 患者的胰岛素治疗路径见图 4–4。

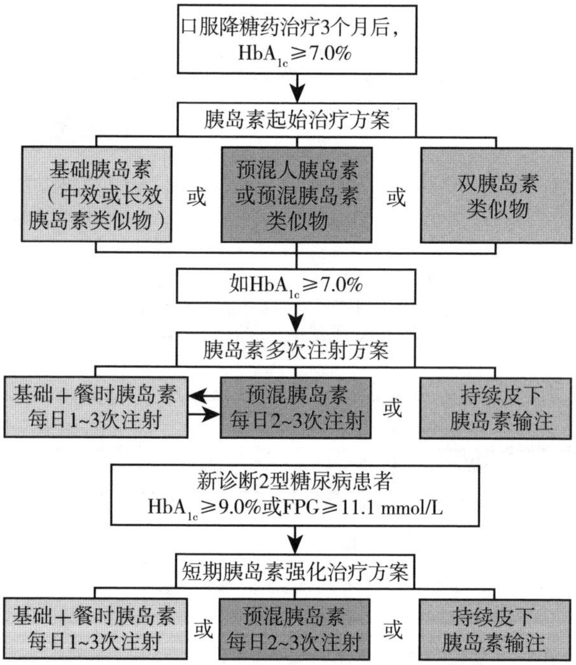

图 4–4　2 型糖尿病患者的胰岛素治疗路径

注：FPG 为空腹血糖（fasting plasma glucose）的英文简写；本图来源于《中国 2 型糖尿病防治指南》（2020 年版）。

另外，肥胖和胰岛素抵抗与低级别的慢性全身炎症也有关联。高脂饮食可促进脂溶性细菌内毒素从肠道转移到血液循环，最终可能导致系统性炎症和异常的外周免疫细胞活化，促进肥胖和糖尿病的发展。

4.2.1.3 肥胖和糖尿病的研究方法

肠道菌群是研究糖尿病的一个新靶点，2 型糖尿病及肥胖人群中，肠道内柔嫩梭菌（*Faecalibacterium*）、罗氏弧菌属（*Vibrio*）及拟杆菌属（*Bacteroides*）的丰度相对比较低，是和疾病息息相关的几个物种。治疗糖尿病的药物也会影响肠道微生物的菌群结构，2 型糖尿病患者服用二甲双胍后，肠道内后壁杆菌（*Firmicutes*）的比例下降，而拟杆菌的比例上升，拟杆菌与后壁杆菌的比例与血糖浓度呈正相关。2 型糖尿病患者肠道内双歧杆菌（*Bifidobacterium*）数目显著低于正常人，而粪肠球菌（*Enterococcus faecalis*）数目高于正常人。另外，变形杆菌在糖尿病患者中出现大量富集现象，并且此类细菌的含量也与血糖浓度呈正相关。目前，肠道菌群引起 2 型糖尿病的机制有多种，在短链脂肪酸学说、胆汁酸学说、生长因子学说等众多学说中，短链脂肪酸学说是研究清晰且备受关注的一种。

短链脂肪酸对胰岛素分泌具有一定的促进作用，经膳食补充短链脂肪酸的小鼠肥胖程度降低、胰岛素敏感性和能量消耗显著提高。研究表明，个体通过摄入丙酸盐可有效改善胰岛细胞的胰岛素分泌功能，而从人类胰腺在体外动态葡萄糖刺激试验的结果可以推测，丙酸盐能够发挥如上作用，可能是通过其短期急性作用直接刺激胰岛素分泌，也可能是通过长期保护细胞免受凋亡刺激的结果。而丁酸盐作为组蛋白脱乙酰基酶（histone deacetylases，HDAC）抑制剂，在改善糖尿病方面具有独特的作用，可以改善由长期棕榈酸酯暴露所造成的 L6 成肌细胞胰岛素抵抗情况。机理可能是通过增加由胰岛素诱导的蛋白激酶 B（protein kinase B，PKB）和促分裂原活化的蛋白激酶（mitogen-activated protein kinases，MAPK）的磷酸化，协助胰岛素信号往下游传导；另外还可能是由于增加了 IRS-1 转录起始位点附近染色质上组蛋白 H3 的乙酰化。短链脂肪酸能够发挥改善糖尿病的作用，与 G- 蛋白偶联受体（G protein-coupled receptors，GPCRs）中游离脂肪酸（Free fatty acid，FFA）中 FFA2 和 FFA3 的功能密不可分。FFA2 和 FFA3 两受体特异性地对肠道微生物来源的配体起作用，能直接影响胰岛素分泌和细胞增殖，是葡萄糖内稳态的效应物，被认定为短链脂肪酸参与调控胰岛素分泌的重要媒介。

4.2.2 高血压

高血压是以血压升高为主要特点的全身性疾病。高血压危险因素多与不合理膳食相关，包括高钠、低钾、过量饮酒等。高血压主要分为顽固性高血压、重度高血压和恶性高血压。顽固性高血压是指对包括一种利尿剂在内的3种抗高血压药物均有耐药性的高血压，占接受降压治疗患者的9%～18%。恶性高血压是指高血压可能严重也可能不严重，并诱发高血压微血管病，也就是说，是存在高血压性视网膜病变（双侧Ⅲ级或Ⅳ级）或血栓性微血管病的高血压。

4.2.2.1 高血压的作用机制

高血压并发症通常以矿物质摄入不足和矿物质状态紊乱为特征。研究发现，血清铁水平和红细胞铜水平与BMI呈显著负相关关系。血清锌浓度与甘油三酯水平呈正相关关系。铁是人体内的重要元素，是红细胞的组成成分。研究显示，铁代谢与高血压之间存在很强的相关性，特别是在非老年和非糖尿病人群中。高血压风险与血清铁水平呈负线性关系，与可溶性转铁蛋白受体呈正线性关系。随着血清铁蛋白水平的升高，高血压风险呈j型曲线关系。

性激素水平可能影响血压。妊娠期高血压疾病曾被认为是与妊娠无关的疾病，但现在已得到证实，这些疾病会增加未来动脉粥样硬化性心血管疾病的风险，如冠心病、外周血管疾病、缺血性中风、出血性中风和心力衰竭等。

免疫系统参与高血压发病的研究是相对较新的。高血压与肾脏疾病的首次报道出现在1879年，而自身免疫与这些疾病发生的关系的第一次描述，出现在1904年；但直到最近几十年，才进行了越来越多的研究，明确了自身免疫在导致高血压的复杂病因起到的关键作用。众所周知，肾脏、动脉壁和中枢神经系统水平的炎症可促使血压升高。在这些靶器官中，炎症的促高血压潜能已经在研究中得到证实，各种免疫抑制剂治疗可以减轻炎症，从而预防或改善高血压。血压水平的分类和定义见表4–1。

表 4–1 血压水平的分类和定义

分类	SBP（mmHg）	DBP（mmHg）
正常血压	< 120 和	< 80
正常高值	120 ～ 139 和（或）	80 ～ 89
高血压	≥ 140 和（或）	≥ 90
1 级高血压（轻度）	140 ～ 159 和（或）	90 ～ 99
2 级高血压（中度）	160 ～ 179 和（或）	100 ～ 109
3 级高血压（重度）	≥ 180 和（或）	≥ 110
单纯收缩期高血压	≥ 140 和	< 90

注：当收缩压（systolic blood pressure，SBP）和舒张压（diastolic blood pressure，DBP）分属于不同级别时，以较高的分级为准；本表来源于《中国高血压防治指南》（2024 年版）。

4.2.2.2 高血压治疗方法

高血压始终是心血管疾病的研究热点及难点。日常可以通过生活方式进行干预：①限制钠盐摄入量，建议钠盐摄入量 < 5g/d。高血压患者的膳食管理应减少摄入盐和饱和脂肪酸，增加摄入蛋白质、优质糖类、钾及膳食纤维。②对于超重或肥胖的高血压患者，建议通过综合方式干预控制体重，以降低血压和心血管疾病发生的风险。③建议所有吸烟者戒烟，尽量避免使用电子烟，以减少隐蔽性高血压、降低心血管疾病和全因死亡风险。④正常高值血压以及高血压患者，均应限制长期饮酒。⑤对于血压控制良好的高血压患者，推荐以有氧运动为主、抗阻运动为辅的混合训练，也建议同时结合呼吸训练与柔韧性和拉伸训练。⑥可以考虑通过认知行为治疗、正念和冥想、瑜伽、深呼吸练习等多种方法，来减轻精神压力。

花青素通过不同的机制减缓高血压和动脉粥样硬化的发生。现有研究表明，花青素可通过诱导胞内核因子 – 红细胞 2 相关因子的激活和抗氧化基因的表达，来达到抗氧化作用。此外，先前的报道表明，花青素可以通过抑制炎症因子和调节相关信号通路，来增强人体抗炎症和癌症的能力。它们还可以通过调节内皮型一氧化氮合酶的产生和功能，来保护血管和神经系统。这是一种不需要药物就能降低心血管疾病风险的改善方法。

益肾降压方（Yishenjiangya formula，YSJ）是一种主要由补气成分组成的中药。这一经典配方常用于治疗老年高血压患者肾气虚。中医认为，保持气血平衡对稳定血压至关重要。老年人肾气不足会破坏这种平衡，改变体液剪切力，最终导致高血压。早期代谢组学研究表明，YSJ 通过影响亚油酸代谢、甘油磷脂代谢、精氨酸和脯氨酸代谢、类固醇激素生物合成等四个关键途径发挥降压作用。结合代谢组学和蛋白质组学分析，通过分析其治疗靶点和通路的相关性，发现其降压作用是通过抑制脂质过氧化和基质变性来实现的。老年高血压患者治疗期间血压变化的比较见图 4–5。

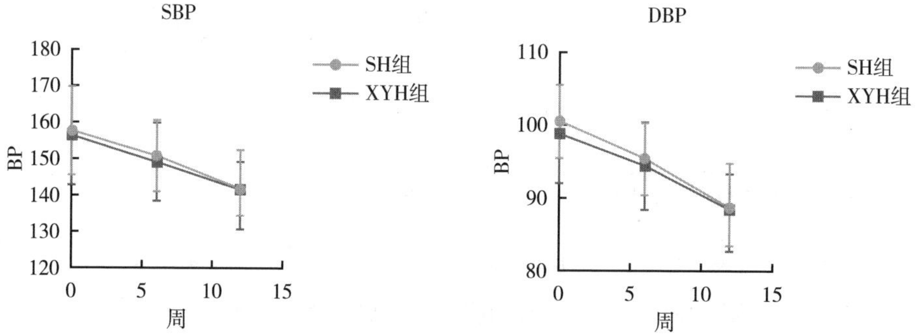

图 4–5　老年高血压患者治疗期间血压变化的比较（Ma et al., 2025）

注：老年高血压患者经 YSJ（SH 组）和氨氯地平（XYH 组）治疗后，收缩压和舒张压均稳定下降，且 YSJ 和氨氯地平的治疗效果具有可比性。

尽管抗高血压药物的使用范围很广，但仍有相当比例的顽固性高血压患者难以控制血压。肥胖是顽固性高血压最重要的可改变危险因素之一，56% ～ 91% 的顽固性高血压患者被归类为超重或肥胖。胰高血糖素样肽 -1 受体激动剂（glucagon-like peptide-1 receptor agonist，GLP-1 RA）是一类抗肥胖药物，最近在超重或肥胖个体中被证明具有降低血压和改善心血管疾病的功效。现有基于 GLP-1 的治疗可能为超重或肥胖的顽固性高血压患者，提供全面的治疗方法。例如，利拉鲁肽、西马鲁肽和替西帕肽等药物与许多抗高血压药物有相当的降压效果，但能更好地改善心血管疾病和药物依赖性。

4.2.3　高血脂（hyperlipidemia，HLP）

高血脂，即高脂血症，具有严重的健康风险。其表现为血清中总胆固醇

（TC）、甘油三酯（TG）和低密度脂蛋白（low-density lipoproteins，LDL）水平过高或高密度脂蛋白（high–density lipoprotein，HDL）水平过低。国家胆固醇教育计划确定，当 TG < 2.26mmol/L，TC < 5.18mmol/L 为正常值，当血清或血浆中的 TC 或 TG 超过正常值时，称之为高脂血症。根据 2012 年美国健康和营养检测调查，约 9.20% 的 34 岁以上成年人 TC 值超标。

4.2.3.1 影响高脂血症产生的因素

高脂血症可分为原发性高脂血症和继发性高脂血症。原发性高血脂通常是由于遗传基因缺陷或与环境因素相互作用所引起的血脂异常。这类高脂血症往往具有家族聚集性，即家族中多人患有高脂血症。遗传因素在高血脂的发病中占据重要地位，它可能通过影响脂肪的合成、转运或代谢等环节，导致血脂水平升高。此外，环境因素如不良的饮食习惯、运动不足、肥胖、吸烟及酗酒等，也可能对原发性高血脂的发生产生影响。继发性高血脂则是由于某种疾病或药物作用所引起的血脂异常。一些代谢性疾病如糖尿病、甲状腺功能减退症、肾病综合征等，以及肝肾疾病、系统性红斑狼疮、骨髓瘤等，都可能影响脂质或脂蛋白的合成、转运或代谢，从而导致血脂水平升高。长期使用某些药物，如利尿剂、β-受体阻滞剂、糖皮质激素、部分抗肿瘤药物以及性激素制剂、类固醇激素制剂等，也可能影响血脂代谢，导致血脂水平升高。脂蛋白的特性和功能见表 4–2。

（1）遗传因素对高血脂的影响

遗传因素在高脂血症的发病中占据重要地位。有些人由于遗传基因的缺陷，导致体内脂质代谢酶的活性降低或数量减少，使脂质代谢紊乱，容易出现血脂升高的情况。这种遗传性高脂血症往往在年轻时就会表现出来，并且家族中可能有多人患病。

（2）饮食对高血脂的影响

饮食是影响高脂血症产生的重要因素之一。长期摄入过多的高脂肪、高胆固醇食物，如动物内脏、油炸食品、奶油制品等，会使血液中的胆固醇和甘油三酯水平升高。此外，过多的碳水化合物摄入，尤其是精制谷物和糖，也可能转化为脂肪储存起来，导致血脂异常。

表 4–2　脂蛋白的特性和功能

分类	水合密度（g/mL）	颗粒直径（nm）	主要成分	主要载脂蛋白	来源
CM	< 0.950	80 ～ 500	TG	B48、A1、A2	小肠合成
VLDL	0.950 ～ 1.006	30 ～ 80	TG	B100、E、Cs	肝脏合成
IDL	1.006 ～ 1.019	27 ～ 30	TG，胆固醇	B100、E	VLDL 中 TG 经脂酶水解后形成
LDL	1.019 ～ 1.063	20 ～ 27	胆固醇	B100	VLDL 和 IDL 中 TG 经脂酶水解后形成
HDL	1.063 ～ 1.210	8 ～ 10	磷脂，胆固醇	A1、A2、Cs	主要是肝脏和小肠合成
Lp（a）	1.055 ～ 1.085	26	胆固醇	B100、（a）	在肝脏中，载脂蛋白（a）通过二硫键与 LDL 形成的复合物

注：CM 为乳糜微粒（chylomicron），VLDL 为极低密度脂蛋白（very low density lipoprotein），IDL 为中间密度脂蛋白（intermediate density lipoprotein）；Lp（a）为脂蛋白（a）[lipoprotein（a）] 的英文简写；本表来源于《中国成人血脂异常防治指南》（2016 年版）。

（3）不良生活方式对高血脂的影响

不良的生活方式也是高脂血症的常见诱因，包括缺乏运动、久坐的生活方式、长期的精神紧张、压力过大、睡眠不足等。运动量不足会导致身体代谢减缓，能量消耗减少，脂肪容易堆积。同时，长期的精神压力和睡眠不足也会影响身体的内分泌和代谢功能，进而促使血脂升高。

4.2.3.2　高血脂的防治措施

饮食方面应进食低脂、低胆固醇的食物，如蔬菜、水果、全谷类、鱼类和豆类等，同时限制动物脂肪、内脏、甜食和高淀粉类食物的摄入。每天的胆固醇摄入量不要超过 300 毫克，脂肪供能占比不超过 20% ～ 25%，每天用油控制在 2025 克。应多吃蔬菜，每天的摄入量尽量不要少于 500 克，碳水化合物供能占比不要低于 50%。同时，水果也应每天坚持摄入 200 ～ 350 克。烹饪方式应少煎炒油炸，多用蒸煮的方式，以减少日常用油量。

养成良好的生活习惯，保持规律的作息和改善睡眠。吸烟和过量饮酒都对心血管健康有害，且会增加高血脂的风险。因此，应戒烟并限制饮酒，以降低患高血脂的风险。肥胖是高血脂的一个主要危险因素，通过适当的运动和合理的饮食控制体重，可以有效地降低血脂水平。建议每周进行至少 150 分钟的中等强度有氧运动，如快走、游泳或骑自行车等。成人高脂血症食养原则和建议见图 4–6。

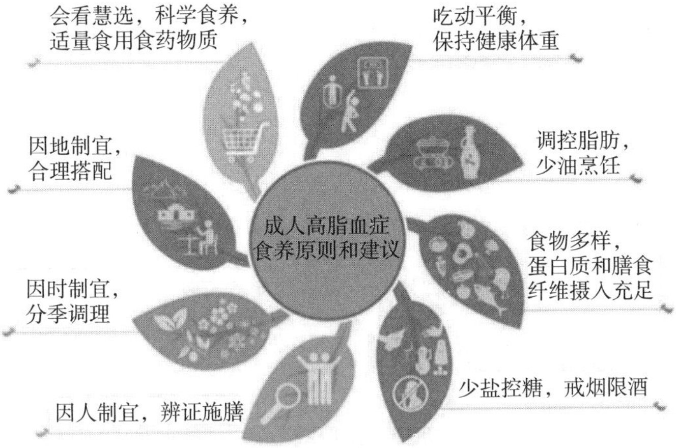

图 4–6 成人高脂血症食养原则和建议

注：本图来源于《成人高脂血症食养指南》（2023 年版）。

他汀类药物是一种全合成的降胆固醇药物，主要通过竞争性地抑制肝脏内合成 3- 羟基 -3- 甲基戊二酰辅酶 A（3-hydroxy-3-methylglutaryl-coenzyme A，HMG-CoA）的活性，即抑制内源性胆固醇的生物合成，同时他汀类药物也具有降低 TG 和升高 HDL 的作用。辛伐他汀是 HMA-CoA 还原酶抑制剂，有很强的降脂效果，其降低 TC 及 LDL 的效果优于降低三酰甘油的效果，同时升高 HDL，疗效可靠，安全性高。普伐他汀是唯一的亲水性他汀，并且由于已经通过微生物的细胞色素 P450（Cytochrome P450，CY P450）代谢，在人体内不再经过此酶代谢，不发生竞争引起的药物相互作用，而且循环中无活性代谢产物，进一步减少全身副作用。同时，普伐他汀具有肾和肝两种清除途径，不会造成药物及其代谢产物在体内蓄积。综合以上特点，在他汀类调脂药物中，理论上普伐他汀的安全性是显而易见的，该药是同时服用多种药物患者的最佳选择。

4.2.4 非酒精性脂肪肝

非酒精性脂肪性肝病（non-alcoholic fatty liver disease，NAFLD）是一种无过量饮酒和其他明确的肝损伤因素所致的、以肝实质细胞脂肪变性为特征的病理综合征。近年来，随着人们生活方式和膳食模式的改变，NAFLD 等代谢性疾病的发病率不断上升。作为一种多代谢紊乱的肝脏现象，NAFLD 几乎影响了 33% 的普通人群，在超重和肥胖者中患病率为 70% ～ 75%。过去的 30 年里，它在全球范围内增加了约 50%。其中拉丁美洲的发病率最高，约 37% 的成年人患有 NAFLD。

4.2.4.1 饮食对 NAFLD 的影响

NAFLD 通常源于与膳食脂肪或糖类摄入过量有关的脂质积累，膳食模式和营养素不仅是影响 NAFLD 进展的因素，也是 NAFLD 治疗的因素。此外，富含抗氧化剂和抗炎元素的水果和蔬菜，可以预防 NAFLD 的发生。值得注意的是，这些起保护作用和有效的食物需要混合在健康饮食模式中，例如以植物为基础的饮食，可以更有效地影响 NAFLD。

健康的饮食选择，如增加富含健康脂肪的食物、减少高糖和高脂肪食物的摄入，有助于降低 TG、LDL-C、TC 水平。从长远来看，坚持这种饮食很可能会对内脏脂肪和胰岛素抵抗产生有利影响，而胰岛素抵抗是 NAFLD 的常见潜在原因。并且关于果糖对 NAFLD 的影响，以全食物为基础、低添加的糖或果汁的膳食模式，其果糖摄入水平通常不足以引发病理效应。脱离整体饮食结构单纯强调果糖致病性可能存在偏差，通过全食物饮食途径摄入的果糖，尚未达到诱发 NAFLD 病理改变的阈值。同时，摄入富含抗氧化物质和纤维的食物（如水果、蔬菜和全谷物），有助于降低炎症水平。此外，饮食疗法还可影响体重，合理的膳食结构对胰岛素敏感性产生影响，从而影响脂代谢。

膳食中的抗氧化物质、纤维素和健康脂肪减轻炎症反应，有助于调节炎症因子的表达，进而降低了超敏 C 反应蛋白（high-sensitive C-reactive protein，Hs-CRP）、降钙素基因相关肽（Calcitonin gene related peptide，CGRP）水平。

饮食疗法可通过调节能量代谢和体重控制，来影响 Hs-CRP 和 CGRP 水平。健康饮食中的不饱和脂肪酸和抗氧化物质可促进血管舒张，改善血液循环，有助于降低 CGRP 水平。由此可见，合理的饮食结构和能量控制有助于改善胰岛素抵抗和代谢异常，从而降低炎症水平和 CGRP 水平。

营养品和功能性食品的保护活性可以促进对抗肝细胞脂质超载和氧化应激带来的负面影响。合理选择具有互补作用的功能性食品和营养品，可能对预防和控制 NAFLD 及其后续发展为非酒精性脂肪肝炎、肝纤维化和肝癌具有重要的作用。

4.2.4.2 NAFLD 的研究方法

适当的饮食干预可以降低高脂饮食对脂肪代谢的不良影响，减少肝脏内脂肪积累，低脂饮食、低糖饮食等方式可降低体内脂肪生成，有助于改善脂肪代谢，减轻肥胖对 NAFLD 的不良影响，进而有助于减轻重量。同时，饮食疗法可以改善胰岛素敏感性，减少胰岛素抵抗，合理的糖类摄入可以避免大幅度的血糖波动，有助于提高细胞对胰岛素的敏感性。此外，部分饮食（如富含抗氧化剂的水果、蔬菜）以及健康脂肪（如橄榄油和鱼油），有助于降低炎症和氧化应激水平，改善肝脏炎症情况。

采用高脂饮食（high-fat diet，HFD）诱导的 C57BL/6J 小鼠作为 NAFLD 动物模型，并通过抗生素给药建立伪无菌（pseudo-germ-free，PGF）小鼠模型，以研究肠道微生物在葛根提取物治疗 NAFLD 中的作用。结果发现，葛根提取物可以改善脂质代谢异常，减轻 HFD 诱导的 NAFLD 小鼠模型的肝脏脂肪变性。此外，采用游离脂肪酸诱导的 LO-2 细胞模型模拟 NAFLD 细胞模型，并评估葛根黄酮（葛根提取物、葛根素和大豆苷元）的鉴别功效。结果表明，包括大豆苷元在内的葛根素衍生物具有增强脂质代谢和调节异常 TG 水平的能力；与葛根素和大豆苷元相比，葛根提取物表现出更优异的功效，其中大豆苷元的治疗效果优于葛根素。这表明，小鼠肠道中葛根素向大豆苷元的微生物转化，可能会增强葛根提取物的潜在益处。有研究显示，橙皮苷降低血清中 TC 水平的机制，可能与抑制 HMG-CoA、酰基辅酶 A 胆固醇酰基转移酶（acyl-coenzyme A cholesterol acyltransferase，ACAT）及固醇辅酶 A 去饱和酶（sterol-

CoA desaturase，SCD）的活性有关，还可能与诱导低密度脂蛋白受体 mRNA 表达、刺激胆汁胆固醇的排泄有关。橙皮苷补充剂减少了 NAFLD 患者肝脏脂肪变性程度，降低了肝脏部分酶水平、脂质分布及炎症水平，与生活方式干预相结合的治疗效果优于单纯的生活方式干预治疗，可作为 NAFLD 患者潜在的补充治疗药物。

人参含有人参皂苷、多糖、多肽、脂肪酸、挥发油等多种活性成分，其中人参皂苷是突出的药理活性成分。人参皂苷干预高脂饮食诱导的胰岛素抵抗大鼠模型后，葡萄糖和游离脂肪酸水平显著降低，通过单磷酸腺苷活化的蛋白激酶（adenosine monophosphate-activated protein kinase，AMPK）激活为 T2DM 患者的胰岛素抵抗和脂质异常提供益处。因此，人参皂苷被认为是治疗 NAFLD 的潜在有效药物。

基于构建的蛋白互作网络，位于人类 17 号染色体的抗癌基因 P53（tumor protein P53，TP53）、PKB、TNF、Toll 样受体 4（Toll-like receptor 4，TLR4）、核因子 κB 亚基 1（nuclear factor kappa B subunit 1，NFκB1）、过氧化物酶体增殖物激活受体 γ（peroxisome proliferator activated receptor gamma，PPARγ）、哺乳动物雷帕霉素靶蛋白（mammalian target of rapamycin，mTOR）、固醇调节元件结合蛋白 1（sterol regulatory element-binding protein 1，SREBF1）等核心靶点，是人参皂苷影响 NAFLD 进展的关键节点。研究发现，人参皂苷与调节脂质代谢和炎症的关键蛋白靶点相互作用，如胞内磷脂酰肌醇 -3- 激酶（phosphatidylinositol-3-kinase，PI3K）、PKB、乙酰辅酶 A 羧化酶（acetyl CoA carboxylase，ACC）、PPAR γ、SREBF-1c、脂肪酸合酶（fatty acid synthase，FASN）、TNF-α、TLR4、NF κ B、IL1 β 等。在这些相互作用中，人参皂苷与 PI3K、PKB、ACC、TLR4 和 NF κ B 显示出良好的结合活性。具体来说，人参皂苷可能通过调节包括 PKB1，PPARγ 和 NFκB1 在内的多个靶点，影响 PI3K/PKB 和 TLR4/NF κ B 信号介导的通路，从而改善 NAFLD。通过网络药理学、分子对接、基因表达总览（Gene Expression Omnibus，GEO）数据库分析和基因差异表达，以及使用 NAFLD 动物模型进行预测和验证，系统研究天然提取物抗 NAFLD 的作用机制。代谢相关脂肪性肝病的多学科治疗见图 4-7。

图 4-7 代谢相关脂肪性肝病的多学科治疗示意

注：本图来源于《代谢相关（非酒精性）脂肪性肝病防治指南》（2024 年版）。

4.2.5 营养不良（malnutrition）

营养不良指能量摄入和 / 或营养素的缺乏、过量或不平衡。在数量和质量上获得多种食物群，是保证热量和微量营养素充足饮食的重要因素。不适当的热量、蛋白质或其他必需营养素的消耗会导致营养不良，包括营养不足、微量营养素缺乏或营养过剩。营养不足是最常见的营养不良形式，包括生长迟缓、低体重和消瘦。

4.2.5.1 与营养不良有关的影响

据 WHO 报道，全球近 1.48 亿 5 岁以下儿童生长迟缓，4900 万儿童消瘦。营养不良也是老年人重要的老年综合征，主要是由老年患者营养和能量需求减少引起的，通常与蛋白质—能量摄入不足有关。入住康复科的老年人容易营养不良，患者中营养不良和营养不良风险的发生率分别为 13% 和 47%。早期识别营养不良并提供营养干预，是终止营养不良和身体残疾恶性循环（营养不良—残疾循环）的关键。此外，营养不良可能会增加全因死亡的风险。由此看来，营养不良是导致身体衰弱的重要危险因素。老年人营养不良的发病机制及危险因素见图 4-8。

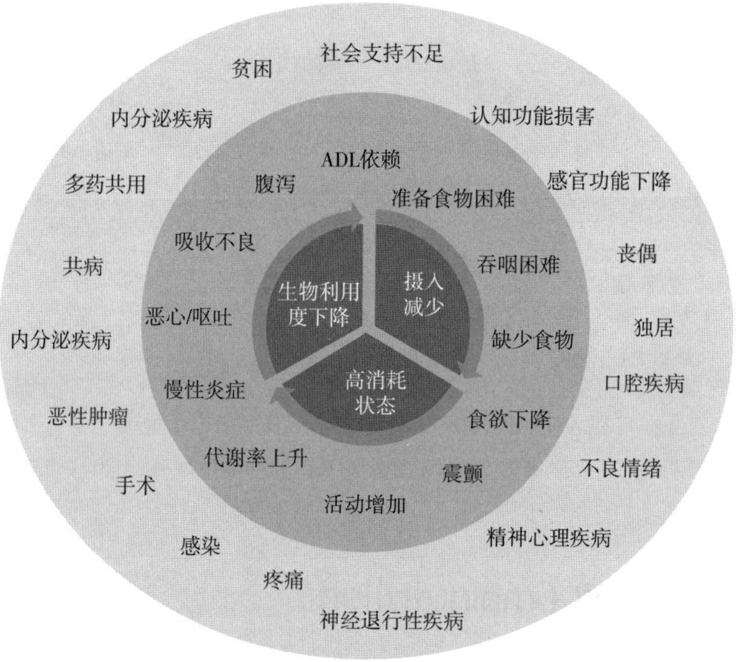

图 4-8　老年人营养不良的发病机制及危险因素

注：ADL 为日常生活活动（activity of daily living）的英文简写；本图来源于《老年人营养不良防控干预中国专家共识》（2022 年版）。

重症监护病房（intensive care unit，ICU）患者的营养不良与危重疾病有关，包括对压力的严重缓解反应、能量需求增加和营养供应不足。营养不良会严重影响患者的健康情况，如机械通气的持续时间、ICU 住院时间和死亡率，使其成为危重患者的主要预测风险因素。有研究发现，ICU 患者入院后新发营养不良与入院后 1 ～ 5 年生存者死亡风险相比，增加了 1.49 倍，8.1% 的存活者出 ICU 后营养不良。这意味着 ICU 患者入院后的营养状况，可能会影响 ICU 幸存者的长期生存。

与癌症相关的营养不良是一个全球性的公共卫生问题，并且与生活质量、对治疗的耐受性和治疗效果的降低相关。营养不良增加了并发症的风险，构成了疾病进展和死亡率的重要风险因素。癌症患者发生营养不良的主要因素包括食欲下降、代谢异常以及与癌症和抗肿瘤治疗相关的症状。有研究评估了巴西癌症患者的营养状况，几乎一半的患者（45.3%）有中度 / 疑似营养不良或重度营养不良，45.8% 的患者急需营养干预和 / 或症状管理。其中，吞咽困难患者出现营养不良的风险更大。因此，营养不良被认为是死亡发生的一个独立因素，对死亡率、生活质量降低以及医疗费用的增加，都有重要的影响。

营养不良跟恶性肿瘤和不良的嵌合抗原受体 T 细胞（chimeric antigen receptor T，CAR-T）免疫治疗结果有关。CAR-T 细胞治疗已成为难治性或复发性 B 细胞恶性肿瘤患者的革命性治疗，但很大一部分患者会出现不良结果，包括严重的炎症毒性和复发。对在伦敦大学学院医院接受治疗的成人血液学患者调查显示，治疗前有 31.5% 的患者出现营养不良，43.6% 的患者出现前期 / 难治性恶性肿瘤。在住院期间，患者出现了明显的体重下降，68.4% 的人营养不良。在这一新领域的进一步研究对于确认营养问题的程度和影响，协助实施饮食途径，以及确定潜在的干预措施以优化结果至关重要。

4.2.5.2 营养不良的改善建议

在大多数营养不良的情况下，使用饮食建议以优化食物摄入量就足够了；当摄入量不足或预计单靠食物不足以满足需要时，使用口服营养补充剂。“食物强化”可通过补充蛋白质、糖类或脂肪来实现；但如果仅依赖高热量的食物（如黄油和奶油）补充能量，必须谨慎，因为其可能通过抑制食欲而减少蛋白质和微量营养素的摄入，从而影响整体膳食平衡。因此，对于多数因疾病或创伤导致食欲减退的患者，选择均衡配方的口服营养补充剂更为合理——这类制剂不仅提供蛋白质 / 氨基酸和微量营养素，还能降低对其他食物摄入的抑制作用。中国居民平衡膳食宝塔（2022）见图 4–9。

严重营养不良的管理包括初步复苏，以恢复水合作用，并开始补充必需的全身电解质和微量营养素。开始进食前，必须提供硫胺素（肠内或胃肠外），以避免糖类摄入或通过人工方式输送给患者时（尤其是有过量饮酒史的患者），发生韦尼克脑病。严重营养不良的患者也有出现再喂养综合征的风险，必须密切监测电解质并适当补充。

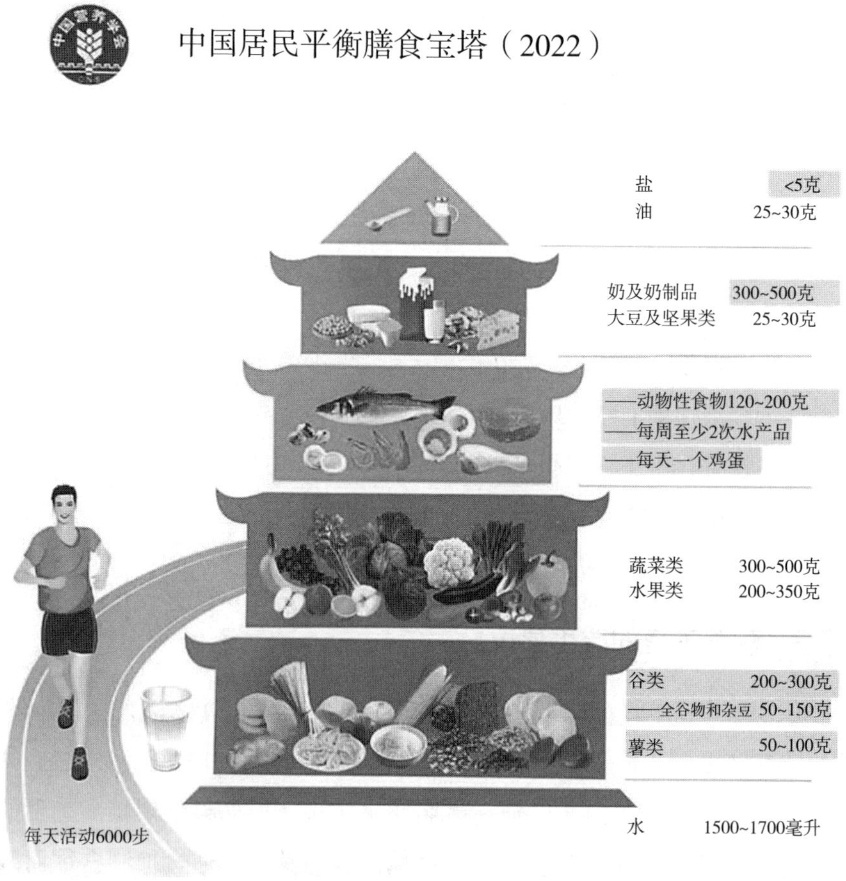

图 4-9　中国居民平衡膳食宝塔

注：本图来源于《中国居民膳食指南（2022）》。

思考题

1. 讨论在营养与代谢研究中，使用稳定同位素示踪技术研究蛋白质代谢的原理、优势和局限性，并举例说明如何设计一个利用该技术的研究方案。
2. 比较在营养与代谢研究中，传统的生化检测方法与新兴的代谢分析方法在研究营养素代谢途径方面的特点，并说明在什么情况下更适合使用代谢分析方法。
3. 糖尿病的分类及发病原因是什么？
4. 高血压可通过哪些生活方式进行干预？
5. 与营养相关代谢性疾病的防治措施和发病机制是什么？

参考文献

[1] 中国营养学会. 中国居民膳食营养素参考摄入量 [M]. 北京：科学出版社，2014.

[2] 何志谦. 人类营养学 [M]. 第 2 版. 北京：人民卫生出版社，2000.

[3] 杨月欣，葛可佑. 中国营养科学全书 [M]. 第 2 版上册. 北京：人民卫生出版社，2019.

[4] 黄达峰，罗修泉，李喜斌，等. 同位素质谱技术与应用 [M]. 北京：化学工业出版社，2006.

[5] 于彦彩，周东浩. 中西医关于营养代谢的比较研究 [J]. 中国中医药现代远程教育，2023，21（11）：95-98.

[6] 薛长勇，王京钟. 能量代谢和肥胖的研究方法 [C]. 北京：解放军总医院营养科 CDC 营养与食品安全研究所，2004：4.

[7] 卓勤. 人体能量消耗测量方法研究进展 [C]. 北京：中国疾病预防控制中心营养与健康所，2018：5.

[8] 程欢. 利用射性同位素示踪技术研究 TPN729MA 在大鼠体内的吸收、分布、代谢和排泄 [D]. 济南：山东中医药大学，2022.

[9] 王万洁，侯兴旺，刘稷燕，等. 传统稳定同位素技术在环境科学领域的应用及研究进展 [J]. 环境化学，2021，40（12）：3640-3650.

[10] 张双庆. 保健食品代谢动力学试验技术探讨 [J]. 卫生研究，2016，45（01）：168-172.

[11] Roberts S B, Dallal G E. Energy requirements and aging [J]. Public Health Nutrition, 2005, 8 (7A): 1028-1036.

[12] Schoeller D A, Bandini L G, Dietz W H. Inaccuracies in self-reported intake identified by comparis on with the doubly labeled water method [J]. Canadian Journal of Physiology and Pharmacology, 1990, 68 (7): 941-949.

[13] 中华医学会内分泌学分会，中华医学会糖尿病学分会，中国医师协会内分泌代谢科医师分会. 中国成人糖尿病前期干预的专家共识（2023 版）[J]. 中华糖尿病杂志，2023，15（6）：484-494.

[14] Hu F B. Obesity epidemiology [M]. New York: Oxford University Press, 2008.

[15] 中华医学会糖尿病学分会. 中国 2 型糖尿病防治指南（2020 年版）[J]. 中华糖尿病杂志，2021，13（4）：315-409.

[16] 中国高血压防治指南修订委员会，高血压联盟（中国），中国医疗保健国际交流促进

会高血压病学分会，等. 中国高血压防治指南（2024 年修订版）[J]. 中华高血压杂志（中英文），2024，32（07）：603–700.

[17] Ma X，Yu J，Ma Y B，et al. Explore the mechanism of Yishenjiangya formula in the treatment of senile hypertension based on multi-omics technology [J]. Journal of Ethnopharmacology, 2025, 337 (Pt2): 118886.

[18] 诸骏仁，高润霖，赵水平，等. 中国成人血脂异常防治指南（2016 年修订版）[J]. 中国循环杂志，2016，31（10）：937–953.

[19] 曹政，张爱华. 治疗高血脂症方法的探讨 [J]. 医学信息，2008,（11）：2084–2086.

[20] 顾程. 高血脂并不是胖人的专利 [J]. 人人健康，2022（8）：25.

[21] 王秀华，何秀玲，俞晓丹，等. 上海市浦东新区祝桥镇机场社区非酒精性脂肪肝患者相关疾病知识了解和需求调查分析 [J]. 按摩与康复医学，2019，10（14）：87–89.

[22] 石雪娅. 非酒精性肥胖型脂肪肝的中医药研究现状及展望 [J]. 中医临床研究，2018，10（24）：54–57.

[23] 寿岚，施军平，张秋玲，等. 非酒精性脂肪肝患者尿酸、25- 羟基维生素 D 和肿瘤坏死因子的检测及临床意义 [J]. 中国卫生检验杂志，2019，29（20）：2491–2493+2497.

[24] 桂芬芳，朱倩. 非酒精性脂肪肝患者的临床特点及饮食疗法治疗效果分析 [J]. 慢性病学杂志，2024，25（01）：82–85+89.

[25] 中华人民共和国国家卫生健康委员会. 成人高脂血症食养指南（2023 年版）[J]. 全科医学临床与教育，2023，21（07）：581–583.

[26] 朱丹. 二甲双胍维格列汀片治疗 2 型糖尿病合并非酒精性脂肪肝的临床效果研究 [J]. 中国现代药物应用，2023，17（03）：116–119.

[27] 田丰仓，魏玲燕，陈小苗，等. 橙皮苷对老年非酒精性脂肪性肝病患者肝脏脂肪变性和炎症的干预研究 [J]. 中西医结合肝病杂志，2024，34（6）：505–508.

[28] 范建高，徐小元，南月敏，等. 代谢相关（非酒精性）脂肪性肝病防治指南（2024 年版）[J]. 实用肝脏病杂志，2024，27（04）：494–510.

[29] 中国营养学会.《中国居民膳食指南》[M]. 第 5 版. 北京：人民卫生出版社，2022.

第5章
食品营养研究中的组学技术

魏晓博　苏凌燕

学习目标

1. 了解不同组学技术的概念及技术。
2. 掌握不同组学技术在食品营养研究中的应用。

5.1 营养基因组学（nutrigenomics）技术

5.1.1 营养基因组学概述

营养基因组学是一门以研究人的饮食与其自身基因之间交互作用为目标的新兴学科。它以分子生物学技术为基础，应用基因组学、蛋白质组学和代谢组学等技术，阐明营养素或膳食成分对人体基因转录、翻译表达及代谢的影响。通过研究膳食营养与基因的交互作用确认个体对营养素的反应，基于个体基因组结构特征的膳食干预方法和营养保健措施提出更具个性化的营养政策，使营养学研究成果能更有效地应用于疾病的预防，促进人类健康。营养基因组学应用范围包括营养素作用的分子机制、营养素的人体需要量、个体食谱的制订及食品安全等。本章主要介绍营养基因组学相关技术及其在营养学研究中的应用概况。

5.1.2 基因组学技术

基因组学这一概念由汤姆·罗德里克（Tom Roderick）于1986年首次提出，是指应用DNA制图、测序及生物信息学技术，分析生命体全部基因组的结构及功能。基因组学的研究内容包括结构基因组学（structural genomics）和功能基因组学（functional genomics）：前者是对基因组分析的早期阶段，以建立生物的遗传图谱、物理图谱和转录图谱及其全序列测序为主；后者则是在前者的基础上系统地研究基因组所有基因的功能，包括研究基因的表达及其调控模式，即从基因组与环境相互作用的角度阐明基因组的功能。

5.1.2.1 结构基因组学

结构基因组学以全基因组测序为目标，致力于建立高分辨率的遗传图谱、物理图谱、转录图谱和序列图谱。它主要利用X线晶体学、核磁共振谱学和电子显微学测定蛋白质结构，并结合同源建模推测蛋白质结构。新一代高通量分析技术使人们能够以更低廉的价格，更全面、更深入地对疾病进行研究，打破了以往通量对疾病研究的限制，使从基因组水平、转录组水平、蛋白质组水平等角度对疾病展开全方位研究成为可能。新一代高通量测序技术应用如下。

（1）在DNA水平的应用

①对未知基因组序列的全基因组从头测序。全基因组从头测序是指利用测序平台对某物种进行测序，然后从头组装数据，与数据库比对统计进行基因作图、与性状的关联分析、不同组织或材料间基因差异表达分析等，并最终完成基因组作图。全基因组测序对全面了解一个物种的分子进化、基因组成和基因调控等有着重要意义。随着新一代高通量测序技术的广泛应用，越来越多的物种基因组信息相继公布。到目前为止，美国国家生物技术信息中心（National Center of Biotechnology Information，NCBI）上公布的已测序物种有3300多种。

②对已知基因组序列的重测序。对已知基因组物种进行重新测序是新一代高通量测序技术目前应用最为广泛的领域。通过重测序可以将测序数据与已有基因组信息进行比对，发现基因组结构变异、单链核苷酸多态性（single stranded nucleotide polymorphism，SNPs）、群体多态性及突变位点等。我国科学家对 150 个水稻重组自交系（recombinant inbred lines，RIL）系进行重测序，第一次利用全基因组重测序筛选水稻 SNP 位点，对群体进行表达差异分析，发现了 122 万多个 SNPs。

③宏基因组学（meta-genomics）研究。宏基因组学测序是指直接从环境中提取所有物种的 DNA，进行全基因组测序。与传统的微生物研究相比，宏基因组不再局限于实验室培养，更真实地接近于大自然生态群落的复杂性和多样性，对人类更好地了解微生物群落有着重要的意义。目前，欧盟推出的人类肠道宏基因组计划（metaHIT），就是通过研究人类肠道中所有的微生物种类，为明确肠道微生物与肥胖等人类疾病的关系提供理论依据。

（2）在 RNA 水平的应用

转录组测序（RNA–seq）：RNA–seq 能够在单核苷酸水平对特定物种的整体转录活动进行检测，从而全面快速地获得该物种在某一状态下的几乎所有转录本信息，如转录本表达丰度、转录发生位点、转录本 SNP、可变剪切等。由于转录组测序获得的信息量大、准确度高，已被成功应用于新转录本检测、基因转录水平研究、基因功能注释、转录本结构变异及开发 SNPs 和简单重复序列（simple sequence repeat，SSR）等方面。

5.1.2.2 功能基因组学

功能基因组学研究利用结构基因组学提供的信息，以高通量、大规模实验方法及统计与计算机分析为特征，全面系统地分析全部基因的功能。功能基因组学的研究核心是全基因表达和差异化基因表达网络或信号通路。因此，不仅依靠 DNA 微阵列检测系统，还需全自动 DNA 测序、聚合酶链反应（polymerase chain reaction，PCR）技术、寡核苷酸合成和标记及生物信息学等工具的支持。通过对计算机收集的检测信号以及基因形式、集落和分组等功能性特征方面的表达变化，进行生物统计和生物信息学分析，可以检测营养素对整个细胞、组织甚至整个系统及作用方式上的差异。

（1）实时荧光定量 PCR（realtime quantitative PCR，qRT-PCR）技术

普通 PCR 反应是在模板、引物、4 种 dNTP 和耐热 DNA 聚合酶存在的条件下，特异扩增位于两段已知序列之间的 DNA 区段的酶促合成反应。qRT-PCR 是指在 PCR 反应体系中加入荧光基团，利用荧光信号积累实时监测整个 PCR 进程，最后通过标准曲线对未知模板进行定量分析的方法。

（2）DNA 微阵列（DNA microarray）技术

DNA 微阵列又称基因芯片（gene chip），其技术原理是基于 DNA 碱基的互补配对原则，将大量靶基因（或 DNA 片段）有序地、高密度地点在玻璃片、硅片或塑料片等载体上所形成的矩阵。待测样品用荧光染料标记制备成探针与芯片杂交，杂交信号用激光扫描仪检测，计算机分析检测结果，可获得类似于传统点杂交的杂交数据，以达到快速、高效、高通量及平行性分析生物信息的目的。该技术可被用于大规模快速检测基因差异表达、基因组表达谱、DNA 序列多态性、基因诊断、药物筛选以及个体化医疗。目前，营养学领域的大多数研究着重关注不同营养干预后，几种遗传变异体导致的疾病风险。一旦疾病相关性研究证实了特异性 SNPs，将会更完整地获得营养和 SNPs 之间相互作用的信息，最终针对不同人群采取不同的营养干预。

（3）全基因组关联分析（genome wide association study，GWAS）技术

GWAS 是指在人类全基因组范围内找出存在的序列变异（即 SNP），从中筛选出与疾病相关的 SNPs。GWAS 是对大量分析样本建立病例—对照关系，并在全基因组水平上进行分析扫描，最终找出与某一特定表型（疾病）紧密相关的基因标记。GWAS 研究的主要进展体现在确定了这些疾病的致病基因、相关基因、易感区域和 SNP 变异。通过 GWAS，科学家已经发现了许多以前未知的、与性状或疾病相关的位点和染色体区域，从而为了解人类复杂性疾病的分子发病机制提供了更多的线索。

（4）基因打靶（gene targeting）技术

基因打靶技术是指通过 DNA 定点同源重组，改变基因组中的某一特定基因，从而在生物活体内研究此基因的功能。通过对生物活体遗传信息的定向修饰，并使修饰后的遗传信息在生物活体内遗传、表达突变的性状，从而可以研究基因功能等生命科学的重大问题，提供相关的疾病治疗、新药筛选评价模型等。基因打靶将产生 3 种结局：基因敲除（gene knockout）、基因敲入（gene knockin）和基因替代（gene replacement）。基因敲除是通过同源重组使特定靶基因失活，以研究该基因的功能，是基因打靶最常用的一种策略。基因敲入是通过同源重组，用一种基因替换另一种基因，以便在体内测定它们是否具有相同的功能，或将正常基因引入基因组中置换突变基因，以达到靶向基因治疗的目的。基因替代是指在物种与环境的相互作用过程中，具有适应性特征的基因获得激活和壮大，以取代物种在面临种种困境中无能为力的基因的过程和结果。

5.1.3 基因组学技术在营养研究中的应用

5.1.3.1 基因组学技术在营养素功能研究中的应用

（1）氨基酸对基因表达的调控

对于人类和动物而言，蛋白质摄入不足或者膳食中氨基酸摄入失衡可导致氨基酸模式的改变。任何必需氨基酸的缺乏都可引起血浆中该特定氨基酸浓度的降低。极度营养不良可导致血浆中大多数必需氨基酸水平降低，同时易发感染。研究发现，增加球蛋白的摄入可使血浆氨基酸水平升高，尤其是亮氨酸；在摄入高蛋白膳食后，其在外周血液中的浓度可升高 1 倍，在门静脉系统中可达到更高的水平。在哺乳动物细胞中，氨基酸可以多种方式调控参与氨基酸代谢关键酶的基因表达。胶原酶和组织金属蛋白酶抑制剂可对超生理浓度的氨基酸，尤其对高浓度的 L- 色氨酸产生基因上调反应。位于胶原酶和组织金属蛋白酶抑制剂基因启动子区的转录因子活化蛋白结合元件，通过 L- 色氨酸介导了这些基因的活化。在分离的肝细胞中，高浓度的谷氨酰胺诱导了精氨基琥珀酸合成酶的 mRNA 转录，而补充天冬酰胺可通过鸟氨酸脱羧酶 mRNA 的转录稳定诱导鸟氨酸脱羧酶的表达。

（2）核苷酸对基因表达的调控

核苷酸可由氨基酸和磷酸核糖焦磷酸在体内合成，因此并非人类膳食的必需营养素。尽管不与任何特定疾病相关，但膳食中核苷酸缺乏可损伤某些组织的重要功能，这表明其在营养中的重要作用。膳食核苷酸可影响蛋白质的合成及某些基因的表达，但其机制尚未完全明确。研究发现，膳食核苷酸降低对肝和肠的影响程度不同，因为小肠 RNA 合成降低，会迅速引起某种程度的黏膜萎缩。除影响蛋白质合成外，核苷酸还可影响蛋白质分泌。研究表明，载脂蛋白和免疫球蛋白等分泌性蛋白，随着膳食核苷酸摄入减少而降低。其他受膳食核苷酸影响的生物合成过程还有蛋白糖基化、糖原和磷脂的合成，后者分别通过二磷酸尿嘧啶/胞嘧啶衍生物而实现。膳食核苷酸对载体代谢的相关基因表达的调节作用，可能受到抗病毒或抗癌药物的影响。

（3）脂肪酸对基因表达的调控

人类学、营养学及遗传学的研究表明，人类总膳食在过去150年间的主要变化在于脂肪摄入的种类与数量。膳食中 ω-6、ω-3 多不饱和脂肪酸为人类及其他哺乳类动物的正常发育和健康所必需。膳食中脂肪的种类与膜结合酶活性、运载蛋白、与激素结合、信号转导等多种细胞功能有关。另外，膳食脂肪可借助磷脂成分的变化影响激素的功能，ω-6、ω-3 脂肪酸还能直接控制特定基因的转录速度。随着许多编码代谢途径中重要调节蛋白基因研究的发展，营养对基因表达的影响正成为营养学领域的研究热点之一。许多分子生物学新技术及动物基因转录研究技术的发展，极大地推动了营养基因组学领域研究的发展。即使在遗传上已确定所有依赖于蛋白和酶的细胞功能，其仍然要受信号转导及细胞膜连接过程（membraned-coupled-process）的调节。这就意味着膳食和细胞膜中的 ω-6、ω-3 脂肪酸，可对某一特定遗传谱的表达途径产生显著影响。

（4）微量元素对基因表达的调控

金属硫蛋白（metallo thionein，MT）是一种富含半胱氨酸的金属结合蛋白，以由各种结构基因编码的多种异构体形式存在。目前，科学家已对其功能进行了比较深入的研究，而 MT 的基因结构及其表达调控是 MT 发挥生物学效用的基础，已成为生物医学领域的一个研究热点。MT 与微量元素关系密切：一方面，Zn、Cu 等多种微量元素可诱导体内 MT 合成；另一方面，MT 参与 Zn、Cu 等元素代谢的调节，对机体内稳态的维持有重要意义。近年的研究表明，微量元素在 *MT* 基因表达的调控中，起重要作用。

膳食硒是影响机体健康状况和疾病易感性的重要因素。目前认为，硒的生理功能主要通过硒蛋白实现。应用硒半胱氨酸/半胱氨酸同源性研究方法获得的人类硒蛋白基因大约有20种。拉奥（Rao）利用高密度寡核苷酸微阵列技术（涵盖6347个小鼠基因），对低硒饲料喂养的C57Bl/6J小鼠小肠组织中的基因表达水平进行了检测。结果显示，相对于高硒膳食对照组，在所有被检测的基因中，84个基因的表达增高超过了2倍，而48个基因的表达降低了3/4。其中，表达增高的包括DNA损伤/氧化诱导的基因（如*GADD34*和*GADD45*），以及细胞增殖基因；而表达降低的则包括谷胱甘肽过氧化物酶（*SH-Px*）、*P4503A1*、*2B9*等。研究结果表明，硒的营养状况可能影响与肿瘤发生有关的多个途径。

5.1.3.2 基因组学技术在营养与疾病中的应用

（1）肿瘤的营养基因组学研究

关于膳食与遗传因素在肿瘤发生中相互作用的研究资料十分丰富，为人们深入探讨相关发病机制提供了重要依据。DNA加合物是判断遗传物质损伤程度的良好标志物。这些标志物有助于人们了解某些化学物质的致癌机制，并评价肿瘤发生的危险性。其主要检测方法包括竞争性免疫法、气相色谱、液相色谱/串联质谱等。研究表明，吃新鲜水果、蔬菜及摄入抗氧化剂可对DNA加合物的形成及肿瘤发生的危险性产生影响。DNA加合物是一种遗传毒性物质暴露的可靠指示剂，其水平与生的叶菜、非柑橘类水果、钾和β-胡萝卜素的摄入量呈显著负相关。谷胱甘肽转硫酶M1（glutathione S-transferase M1，GSTM1）缺陷基因表型与叶菜、维生素C和β-胡萝卜素的摄入量，存在明显的相互作用。GSTM1缺陷基因表型可用于预测DNA加合物水平。上述研究结果提示，富含抗氧化剂的膳食对预防DNA加合物的形成和降低其含量起一定作用。

（2）阿尔茨海默病（Alzheimer’s disease，AD）的营养基因组学研究

随着人口的老龄化，老年退行性疾病的发病率将随之攀升。因此，延缓衰老与老年退行性病变的防治面临严峻的挑战。老年认知功能与营养关系密切。国内外研究表明，认知功能损伤与多种营养素缺乏有关，膳食中摄入某些营养素或直接补充抗氧化剂，具有预防认知功能衰退和痴呆的作用。老年认知损伤和阿尔茨海默病等神经退行性疾病的发病机制及其营养干预措施目前已成为营养神经科学领域新的研究热点。

阿尔茨海默病是老年人主要健康问题之一，也是老年人智力障碍的最主要原因。遗传因素与环境因素的交互作用导致痴呆时未成熟神经元的死亡。大约 30% 的阿尔茨海默病患者存在营养失调和代谢紊乱，进而加重神经元损伤和认知功能衰退。某些与药物基因组相关的基因在阿尔茨海默病发病过程中，同样可对营养基因组产生影响。研究表明，在人类基因组中超过 200 个基因与阿尔茨海默病的发生有关。其中，与营养基因组和痴呆有关的基因亚甲基四氢叶酸还原酶（methylene tetrahydrofolate reductase，MTHFR）、载脂蛋白 E（apolipoprotein E，ApoE）、载脂蛋白 A1（apolipoprotein A1，ApoA1）、瘦素（leptin）、IL-1、TNF、过氧化物酶体增殖激活受体（peroxisome proliferator activated receptor，PPAR）等。应用营养基因组学研究成果开发新的营养制剂，可用于痴呆及脑血管功能紊乱的个体化治疗。

研究证明，膳食可影响基因表达模式、染色体定位及蛋白质转录后修饰。膳食的长期效应可能影响蛋白质、脂类、碳水化合物、水、大多数矿物质及微量元素的代谢，并可能导致肥胖、糖尿病、高脂血症、贫血、维生素缺乏、高血压、心血管紊乱、代谢综合征、肿瘤等多种营养相关疾病的发生，也可能成为脑血管病或血管性痴呆的潜在危险因素及有罹患阿尔茨海默病体质患者的促发因素，尤其是胆固醇和脂代谢改变的患者将更易发生脑血管功能紊乱和痴呆。越来越多的研究证明，机体发生退行性疾病的危险性随着 DNA 损伤的加重而增加，而后者与机体营养状况有关；而且预防基因组损伤的微量营养素适宜浓度也依赖于基因多态性，这种基因多态性能够改变 DNA 修复和 DNA 复制所需营养素的摄取和代谢。最终，营养基因组学将有助于制订循证式膳食干预策略，以重新恢复健康和功能并预防膳食相关疾病。

5.2 转录组学和蛋白组学技术

5.2.1 转录组学概述

基因表达是指将基因携带的遗传信息转变为可辨别表型的整个过程，其中以 DNA 为模板合成 RNA 的转录过程是基因表达的第一步。转录组（transcriptome）

是指生物体或细胞在某种状态下所有基因转录产物的总和。它不仅包含细胞在该特定时间和环境下所需的蛋白质编码 RNA，而且包含由表达调控基因衍生而来的 RNA 分子集合。转录组研究是对转录水平上发生的事件及其相互关系和意义进行整体研究的一门科学，是功能基因组学研究的重要组成部分，是破解生命信息传递奥秘的重要环节，也是联系基因组（遗传信息源）与蛋白组（生物功能）的纽带和桥梁。

早期的转录组研究主要关注的是蛋白编码 RNA（mRNA），而随着研究的发展，越来越多种类的 RNA 被揭示具有多样而重要的生物学作用与意义，转录组的研究内容也在不断地深入和扩大。转录组研究是功能基因组学研究的基础和出发点，其研究内容主要包括：转录组的组成（RNA 代表的基因种类鉴定），转录产物的表达丰度与动态变化（基因表达量的量度与差异表达分析），转录本的结构（可变剪切、cSNP 等），转录本功能［基因功能注释、基因本体（gene ontology，GO）分类、代谢通路定位、相互作用网络等］，转录的调节，转录组与其他组学（基因组、表观遗传组、蛋白组等）间的关系等。转录组学的研究与应用范围十分广泛，几乎覆盖生命科学研究的各个领域（生物学、医学、农学、营养学等），在生物相关产业中的应用也越来越广泛。

5.2.1.1 转录组学技术

转录是遗传信息传递的重要环节，对转录组的系统研究可以反映基因表达及调控的规律，对解读基因组与蛋白质组信息都有非常重要的意义。转录组研究主要基于两种技术——杂交与测序。各种表达芯片是基于杂交技术的转录组研究分析工具；随着测序技术的发展，基于测序的技术又可分为基于一代桑格（Sanger）测序的表达序列标签（expressed sequence tag，EST）、基因表达系列分析（serial analysis of gene expression，SAGE）、大规模平行测序（massively parallel signature sequencing，MPSS），基于二代测序的 RNA 测序（RNA sequencing，RNA-Seq），以及正在开发完善阶段并初步投入使用的三代测序技术。

基于杂交的微阵列技术或芯片技术开始运用到转录组学研究源于 20 世纪 90 年代中期，其基本技术原理是把已知的、所有或感兴趣的基因序列片段固定到固体介质上形成微阵列。首先提取特定状态样品的 RNA，经反转录获得 cDNA（用荧光标记），然后与微阵列进行杂交（通过序列互补，表达片段与固体介质上的探针杂交），之后对微阵列进行扫描，最后根据荧光信号的强度计算微阵列上对应位置基因的表达强度。该技术可以对不同的样品标记不同的荧光信号，使其在同一张芯片上竞争性地与探针结合，最后通过扫描和比较两种荧光信号，对样品间基因的表达强度进行比较分析。由于杂交技术灵敏度有限，芯片技术不仅难以检测低丰度的 mRNA，也无法捕获到 mRNA 表达水平的微小变化。

（1）基于 Sanger 测序的转录组研究技术

早期基于 Sanger 测序法应用于大规模转录组研究的各种技术，在转录组研究历史上曾发挥过重要作用，积累了大量数据。SAGE 技术也是基于一代测序的转录组研究手段。MPSS 可视为对 SAGE 的改进和发展。MPSS 技术同样也是获取 3' 末端的一段序列标签，但长度可达 20 bp。另外，MPSS 的测序通量大幅提升，一次实验大约可测得 1000000 个标签序列。MPSS 技术对于功能基因组的研究非常有效，能在短时间内捕获细胞或组织内全部基因的表达特征。MPSS 技术对于鉴定致病基因并揭示该基因在疾病中的作用机制等，发挥了重要作用。

（2）基于二代测序的转录组研究技术

基于 Sanger 方法的一代测序技术步骤烦琐、周期长、价格高，限制了转录组学研究的大规模开展与广泛应用。基于二代测序方法的 RNA-Seq 技术大大缩短了测序周期，降低了测序成本，尤其是在测序深度方面有了显著的提高，已经逐渐取代基于一代测序技术的各种研究手段。使用基于二代测序的 RNA-Seq 技术可以有效地进行新基因发掘、低丰度转录本发现、转录图谱绘制、转录本结构研究（基因边界鉴定、可变剪接研究等）、转录本变异研究（如基因融合、编码区 SNP 研究）、非编码区域功能研究（非编码 Non-codingRNA 研究、mi-croRNA 前体研究等）。由于测序深度的增加和成本的降低，使转录组研究中提供的数据量呈现爆炸式扩增，极大地拓宽了转录组研究解决科学问题的范围。目前，诸如“单细胞转录组研究”“个体化研究”，把生命科学的研究推入更加细微的水平。

5.2.1.2 转录组学技术在营养研究中的应用

目前，营养基因组学研究多侧重于多基因表达的分析，即转录组学研究。大多数必需营养素和其他生物活性成分是基因表达模式的重要调节因子。宏量营养素、维生素、矿物质及各种植物化学物可以改变基因转录和翻译，继而影响代谢、细胞生长和分化等一系列参与疾病过程的生物学反应。营养转录组学的研究进展主要体现在以下两个方面。

（1）营养素作用机制的研究

近年来，科学家已经通过基因表达的变化研究了能量限制、微量营养素缺乏、葡萄糖代谢等许多问题。通过应用转录组学技术，科学家能够测定单一营养素对某种细胞或组织基因表达谱（gene expression profile）的影响。例如，为了研究缺锌状况下大鼠肝脂质代谢过程中所出现的分子改变，迪克（Dieck）等分析了肝脏转录组的变化，经 DNA 微阵列分析 6200 个靶序列，发现其中 268 个转录体表达水平在缺锌组大鼠肝脏发生改变，43 个基因与肝脂质代谢有关。进一步分析发现，缺锌组大鼠肝脏中参与脂质降解、线粒体和过氧化物酶体中脂肪酸降解通路的基因转录水平下调，而参与脂肪酸重新合成和三酰甘油组装路径的基因转录水平升高。总的来说，参与肝脏脂质生成和脂质降解的基因群表达水平呈现出相反的变化，最终引起肝脏三酰甘油的聚集，肝脏脂肪酸模式变化，脂肪酸氧化降低。而缺锌可能是通过过氧化酶体增殖物激活型受体（PPAR-α）、甲状腺激素和甾醇调控元件结合蛋白依赖性通路实现对基因转录的不同调控，进而表现出对肝脏脂质代谢的多向性效应。其结果为研究锌依赖性肝代谢改变的复杂调节网络，提供了证据和研究思路。

（2）膳食营养干预

近年来，转录组学技术也被广泛应用于营养素及膳食防癌的研究。例如，莱菔硫（sulforaphane，SF）是从绿花椰菜中提取的一种植物化学物，具有抗肿瘤等生物学活性。莱菔硫对基因表达具有复杂的调控效应。食用绿花椰菜可能通过几种潜在的机制，降低肿瘤发生的概率。绿茶由于能降低某些癌症发生的概率而引起广泛关注，绿茶对肿瘤的化学预防作用可能由其中的多酚成分所介导。

5.2.2 蛋白质组学概述

蛋白质组学一词，源于蛋白质（protein）与基因组学（genomics）两个词的组合，意指“一种基因组所表达的全套蛋白质”。蛋白质组学是以蛋白质组为研究对象，从蛋白质整体水平上来认识生命活动规律的科学。蛋白质组学可以根据蛋白质种类、数量、局部存在的时间、空间上的变化，来研究细胞、组织及个体中表达的全部蛋白质，并从其结构和功能的角度来综合分析生命活动，能够从整体水平对蛋白质进行高通量分析，因而被应用于生命科学的不同领域。

蛋白质组学研究的主要意义是研究生命现象和促进人类健康。基因组仅给出了人类及其他生物基因的数量，而没有给出基因的功能。蛋白质组研究可实现与基因组的对接与确认，解释重要生命活动（包括细胞周期、细胞分化与发育、细胞凋亡、肿瘤发生发展、物种进化等）的分子机制，直接揭示生命活动规律和本质。蛋白质组学还可以通过研究正常情况和非正常情况细胞表达蛋白的差异，阐明人类重大疾患致病的物质基础及发生与发展的病理机制。另外，蛋白质组学可以根据蛋白表达的差异及统计学的分析结果，寻找生物标志物，对疾病进行诊断，提出治疗方案，发现药物靶点，设计新药等。在此基础上，蛋白质组学研究可以推动生命科学领域基础学科以及分析、信息等领域应用学科的发展。

5.2.2.1 蛋白质组学技术

蛋白质组学是当今生命科学领域的前沿学科，其研究范围从细菌、微生物、植物到高等动物，研究方法和手段也越来越多。蛋白质组学的研究依赖于强有力的、高通量的技术，即蛋白质组的研究技术。自 1975 年奥法拉（O'Farrell）建立双向凝胶电泳技术（two-dimensional gel ectrophoresis，2-DE）以来，蛋白质组学的研究得到了突飞猛进的发展，改进和衍生出许多新技术。到目前为止，蛋白质组学已形成了以三大核心技术——双向凝胶电泳技术、质谱分析技术和生物信息学为支撑，以蛋白质芯片技术、差异凝胶电泳、同位素标记亲和标签、酵母双杂交系统、噬菌体展示技术、质谱显像技术等技术为补充的新研究领域。现将相关的蛋白质组学研究技术介绍如下。

（1）双向凝胶电泳

双向凝胶电泳是目前可将数千种蛋白质同时分离的主要方法，是基于蛋白质的等电点和分子量的不同而对蛋白质进行分离的。其中，第一向是按照蛋白质的等电点不同用等电聚焦分离，第二向则按蛋白质分子量的不同用十二烷基硫酸钠—聚丙烯酰胺凝胶电泳（sodium dodecylsulfate-polyacrylamide gel electrophoresis，SDS-PAGE）分离。经过双向分离，复杂混合物中的蛋白质在二维平面上被分开。

（2）质谱（mass spectrometry，MS）法

质谱法是一种与光谱并列的谱学方法，通常意义上是指被广泛应用于各个学科领域中，通过制备、分离、检测气相离子来鉴定化合物的一种专门技术。在众多的分析测试方法中，质谱学方法被认为是一种同时具备高特异性和高灵敏度，且得到了广泛应用的普适性方法。生物质谱技术是近年来发展起来的蛋白质组学研究的核心技术，具有高灵敏性和高精确性的特点，可用来分析极微量、低丰度的蛋白质，为检测细胞、组织、体液蛋白质的变化提供了技术手段。质谱法的原理是样品分子或原子在外部能量作用下被电离或电离后，进一步分解生成各种离子。这些离子在质量分析器（通常是电场或磁场）的作用下，按照带电粒子的质量对所带电荷之比值（质荷比）的不同而分离排列，形成不同的图谱。最常用的两种离子化方式是电喷雾电离（electrospray ionization，ESI）技术和基质辅助激光解吸电离（matrix-assisted laser desorption ionization，MALDI）技术。

5.2.2.2 蛋白组学技术在营养研究中的应用

目前，蛋白质组学被广泛应用于生命科学的各个领域。在医学应用方面，蛋白质组学的相关技术已经被应用到肿瘤的早期诊断及肿瘤标志物的筛选。在农业应用领域，尤其是营养领域，有些学者开始采用蛋白质组学技术进行营养学研究，由此诞生了营养蛋白质组学（nutritional proteomics）。有关专家预测，营养蛋白质组学的研究成果，将有助于人类对营养素作用分子机制的揭示、分子生物标志物的发现、个性化营养参考摄入量的研究、营养与人类健康以及营养相关疾病的诊断与治疗。目前，蛋白质组学技术在营养领域的应用主要包括食物营养成分的分析，营养物质代谢与调控及营养相关疾病的检测等。

（1）蛋白质组学在食物营养成分分析中的应用

蛋白质组学在食物科学中的应用产生了食物组学（food omics）。食物组学是采用高通量的方法，从整体水平研究人类食物和营养改善的学科。其中，食物营养成分分析是研究的热点问题。

①食物营养成分蛋白图谱的建立。蛋白质作为人类食物的主要营养成分存在于不同的农作物中。不同的农作物因含有蛋白质数量和种类的不同而发挥不同的营养作用。因此，通过蛋白质组学的方法研究食物营养成分，建立食物营养成分蛋白图谱，将对科学的食物搭配及合理的营养配餐，具有重要的指导意义。

②食物中特殊成分的分析。某些食物当中存在一些特殊的蛋白成分，可能参与机体的特殊反应过程，发挥特定的功能。例如，许多水果中存在一些特殊成分，它们在预防结肠癌、乳腺癌、前列腺癌、胃癌等方面，具有其他食品难以替代的益处。还有一些食物中存在一些变应原性的蛋白，可能参与食物的过敏反应等。因此，对食物中特殊蛋白成分进行蛋白质组学鉴定，将对疾病的预防及免疫治疗奠定基础。拜耳（Beyer）等利用双向凝胶电泳结合艾德曼（Edman）测序法对芝麻蛋白进行分离鉴定，寻找芝麻变应原，鉴定出 4 种芝麻变应原，为免疫治疗奠定了基础。另外，奶中蛋白质组成、蛋白质多态性、转录后修饰的蛋白质组学研究，特别是这些活性成分的比较研究，对于掺假乳（如复原乳）的检测和鉴别，具有积极的提示作用。奶的蛋白质组学研究还可以了解奶中酪蛋白和乳清蛋白的结构功能关系，并能发现奶中小分子量蛋白质的潜在生物学功能和有益作用。

③食品在加工储藏中蛋白质含量变化的分析。蛋白质组学技术在鉴定食品基质中蛋白质成分的基础上，还可以进一步研究食品在加工储藏中蛋白质含量的变化及食品中蛋白质与其他食品组分的相互作用。拉梅奇（Lametsch）运用双向凝胶电泳技术，比较猪死后 48 h 肌肉样品蛋白质图谱的变化；通过计算机辅助图像分析，得到了猪肉在储藏过程中发生改变的蛋白质。这些改变的蛋白有可能作为肉质评价的分子标志物。

（2）蛋白质组学在营养物质代谢与调控中的应用

人类为了维持正常的代谢和生长，必须摄入足量的营养物质。但过量地摄入营养物质或营养物质的缺乏将导致人体代谢的紊乱，进而引起疾病。因此，应用蛋白质组学的方法研究营养物质的代谢与调控，将在疾病的预防与治疗中起到至关重要的作用。

①脂肪酸在体内代谢与调控的研究。川岛（Kawashima）等采用营养蛋白质组学策略研究了食用 ω-3 和 ω-6 两种脂肪酸，对蛋白表达变化的影响。这两种脂肪酸在人体中发挥着关键作用：ω-3 有助于神经的发育并可缓解过度的炎症发生，而 ω-6 可帮助血液凝固及对抗感染。人的机体不能产生这两种脂肪酸，因此必须依赖从食物中摄取。该研究给两组小鼠分别喂养富含 ω-3 和富含 ω-6 的食物，分析小鼠肝脏蛋白质组的变化。结果共鉴定了 2810 个蛋白，其中 125 个蛋白发生了显著的上调或下调，并且这些显著变化的蛋白与催化活性和功能密切相关，参与代谢、应激、转运、调节等诸多生物学过程。这一结果为揭示 ω-3 和 ω-6 对抗炎症的分子机制奠定了基础，也为营养蛋白质组学研究建立了完整的技术流程。

②微量元素在体内代谢与调控的研究。蛋白质组学分析表明，虹鳟肝脏蛋白组表达随着摄入蛋白质的来源不同而不同。膳食中铜、铁和锌等微量元素的缺乏，能明显影响小肠和肝脏中与细胞氧化还原调控、脂质代谢、蛋白质磷酸化、DNA 合成和营养物质转运等相关蛋白质的表达。褚（Chu）等用蛋白质组学技术给刚断乳的 SD 大鼠喂饲缺锌饲料，结果发现缺锌对海马有双重影响，即海马螯合锌水平显著下降。而通过海马比较蛋白质组研究发现，缺锌使海马 P2X6 嘌呤受体表达增加，为进一步研究缺锌致脑功能损伤的分子机制提供了新线索。

③其他营养物质在体内代谢与调控的研究。蛋白质组学分析表明大豆异黄酮能显著增加大鼠乳腺三磷酸鸟苷环化水解酶 N 的表达量，促进 NO 的合成，从而降低癌症发生率。这些研究有助于理解营养素在生长、衰老、繁殖和维持健康方面的分子机制。勒孔特（Lecompte）等采用超高效液相色谱串联飞行时间质谱（ultra performance liquid chromatography time of flight，UPLC-Q-TOF），研究体内甲氧基异黄酮的代谢途径，结果鉴定出 5 种相关代谢物，涉及两条代

谢途径。福克斯（Fchs）等用生理浓度的同型半胱氨酸和氧化型低密度脂蛋白（ox-LDL）培养脐静脉内皮细胞，并观察生理剂量及药理剂量的染料木黄酮对其蛋白质组表达谱的影响。结果发现，同型半胱氨酸可降低脐静脉内皮细胞膜联蛋白（annexin）的表达，ox-LDL 使脐静脉内皮细胞泛素连接酶 12（ubiquitin conjugating enzyme12）表达升高，而两个剂量的染料木黄酮对以上两种蛋白质的改变均有逆转作用。

（3）蛋白质组学在营养性疾病研究中的应用

营养性疾病是指因营养素供给不足、过多或比例失调，而引起的一系列疾病的总称，主要包括营养缺乏病、营养过多症（或中毒）、营养代谢障碍性疾病和以营养为主要病因的一些慢性退行性疾病等。这些疾病有的与营养有直接因果关系；有的虽与营养没有直接因果关系，但有明显的相关性，如心血管疾病、肥胖症、糖尿病及某些肿瘤等。由于营养对人体健康的影响是渐进性的，甚至是潜在性的，因此营养性疾病的发生与发展都需要一个较长过程，往往易被忽视。因此，运用蛋白质组学的方法对营养性疾病进行研究，发现相关的营养蛋白，可以从饮食角度进行控制，做到早预防早治疗。

①蛋白质组学在糖尿病研究中的应用。糖尿病属于营养过剩性疾病，也是危害人类身体健康的重大疾病，其发病机制及防治措施成为医学研究的难点。拉奥（Rao）等采用双向荧光差异凝胶电泳（two dimensional fluorescence difference gel electrophoresis，2D–DIGE）比较了糖尿病患者和正常人尿液的蛋白组。结果发现，出现蛋白尿的糖尿病患者有 7 个糖蛋白表达上调和 4 个糖蛋白表达下调。这些糖蛋白可能是糖尿病诊断的重要生物标志物。该研究结果进一步加深了人们对营养物质代谢调控网络的了解。西姆斯（Sims）等采用蛋白质组学的方法筛选糖尿病视网膜病变和肾病患者尿中的特异表达蛋白，以期找到早期诊断的生物标志物。清迈（Chiang）等对糖尿病视网膜病变病理生理学机制，易感因素进行了研究，采用 2–DE 和 MALDI–TOF–MS 分析糖尿病患者和糖尿病视网膜病变患者蛋白表达，用蛋白质印迹法（Western blot）分析验证差异表达的蛋白点，确定了 11 个差异表达蛋白质。这些蛋白质分别与营养运输、微观结构重组、血管生成、抗氧化和神经保护作用有关。

②蛋白质组学在脂质代谢异常疾病中的应用。脂类物质营养过剩将导致脂

质代谢异常疾病。帕克（Park）等研究发现高脂喂养会导致患动脉粥样硬化风险增加，高脂饲喂对动脉粥样硬化易感和不易感的小鼠8周后，对其肝脏组织进行蛋白质组检测，结果发现共有30种蛋白质表达出现明显差异。其中，只在对动脉粥样硬化易感的小鼠中发生变化的有碳脱水酶Ⅲ、衰老标志物蛋白30和硒结合蛋白2等14种蛋白质；而在两种小鼠均发生变化的有谷胱甘肽转硫酶、ApoE和伴侣素蛋白等16种蛋白质。上述研究结果提示，两种小鼠喂饲动脉粥样硬化饲料后氧化应激蛋白和脂代谢相关蛋白的表达存在明显差异，这可能是两种小鼠对动脉粥样硬化易感性不同的原因。文德尔（Vendel）等采用脂质组学联合转录组学和蛋白质组学的方法研究HepG2细胞中反油酸的脂代谢过程。结果发现许多胆固醇合成相关的蛋白表达上调，说明反油酸促进了胆固醇的合成。

5.3 营养代谢组学技术

在现代营养学研究中，组学技术的应用为深入解析食品成分与人体健康之间的关系，提供了强大的工具。营养代谢组学（nutritional metabonomics）作为组学技术的一个重要分支，通过系统地分析血液、尿液等生物样本中的内源性代谢物，揭示了膳食与机体代谢之间的相互作用及其对健康的影响。

营养代谢组学，简而言之，是运用代谢组学的方法和技术，系统地研究食物成分（如宏量营养素、微量营养素、生物活性物质等）在机体内被吸收、转运、代谢、转化及排泄的整个过程，以及这些过程如何影响机体的生理状态、代谢网络、基因表达乃至疾病风险的学科。它融合了营养学、生物化学、分子生物学、计算机科学等多学科的知识体系，是一个高度综合且快速发展的研究领域。

营养代谢组学的范畴主要为营养素的代谢途径解析：深入分析不同营养素在机体内的代谢路径，揭示其相互作用与调控机制；代谢标志物发现：识别与特定营养状态、生理变化或疾病风险相关联的代谢标志物，为早期诊断提供依据；营养干预效果评估：通过代谢组学手段，评估营养补充、饮食调整等干预措施对机体代谢状态的影响，指导个性化营养方案的制定；营养与基因互作研究：探索营养因素如何通过调控基因表达、表观遗传修饰等方式，影响机体的代谢适应性和健康状态；营养与肠道菌群关系：研究食物成分如何影响肠道菌群的结构与功能，以及肠道菌群在营养代谢中的关键作用。

本节将详细陈述营养代谢组学技术在食品营养研究中的应用，包括其基本原理、技术方法及其在食品成分分析、营养状态评估、膳食干预效果评价等研究方面的具体应用。

5.3.1 营养代谢组学的基本原理

代谢组学是研究生物体内所有代谢物（分子量一般在 1500 以内的小分子物质）的定性及定量分析，并探究这些代谢物在外界干预或疾病生理条件下的动态变化规律。营养代谢组学则是在营养学背景下，研究膳食成分与机体代谢物之间的相互作用，以及这些相互作用如何影响人体健康。它采用高通量、高灵敏度和高精度的现代分析技术，如液相色谱—质谱联用（liquid chromatograph-mass spectrometer，LC-MS）、气相色谱—质谱联用（gas chromatograph-mass spectrometer，GC-MS）和核磁共振（NMR）等（图 5-1），对生物样本中的代谢

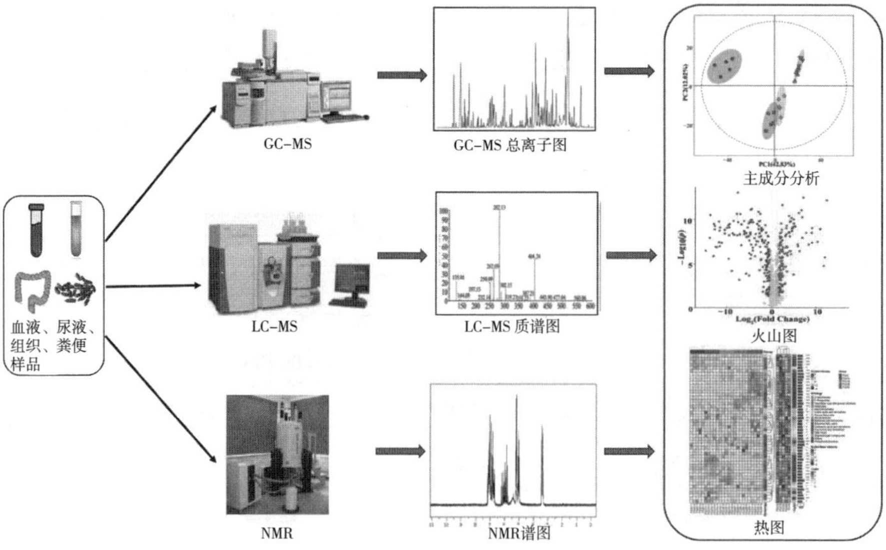

图 5-1 常见的代谢组学分析技术

物进行全面分析。营养代谢组学的核心在于通过比较不同饮食或疾病状态下的代谢物谱图，发现与特定营养状况或健康状况相关的生物标记物。这些生物标记物不仅有助于理解膳食对人体代谢的影响机制，还能为营养干预策略的制定提供科学依据。

5.3.2 营养代谢组学的技术方法

根据检测原理的不同，目前代谢组学可分为非靶向代谢组学（untargeted metabolomics）、靶向代谢组学（targeted metabolomics）、广泛靶向代谢组学（widely-targeted metabolomics）三大类。

非靶向代谢组学可以无偏性地对提取到的所有代谢物进行检测分析，对样本中各代谢物进行相对定量，以获取广泛的代谢轮廓。由于代谢物种类繁多、化学性质复杂，单一代谢组学很难对样本中所有代谢物进行准确的分离鉴定。常用的技术包括高分辨率质谱（如 LC-MS、GC-MS）结合化学计量学方法，进行代谢物鉴定和定量。非靶向代谢组学的优势在于能够发现未知的代谢物变化，为代谢网络的全面解析提供数据支持。

与非靶向方法不同，靶向代谢组学聚焦于一组预定义的、生物学意义明确的代谢物，通过优化分析方法提高检测灵敏度、准确性和重复性。靶向代谢组学需要目标代谢物的标准品，配置不同浓度的标准品溶液或气体进行二级质谱分析，根据 MS1 和 MS2 离子信息来绘制各物质不同浓度对应质谱信号的标准曲线，之后再进行样本中目标代谢物的检测，通过与标准品质谱信息匹配，进行目标代谢物的绝对定量分析。这种方法适用于验证非靶向研究中发现的代谢物变化，或是对特定代谢途径进行深入分析。营养代谢组学分析中常见的靶向代谢组学，主要包括短链脂肪酸、色氨酸、胆汁酸、氧化三甲胺等检测。

广泛靶向代谢组学介于二者之间，根据公共数据库结合部分标准品 MS 谱图信息建立本地数据库，其代谢物一、二级谱图信息较全，质量较高。根据质谱检测到的离子信息，与本地数据库中代谢物对应的离子进行匹配，大大减少了需要检测代谢物的种类，提高库中代谢物的鉴定和定量精度。作为新型的代谢组学分析方法，广泛靶代谢组学目前在国内代谢组分析中也已被广泛应用（表 5-1）。

表 5-1　三种常见代谢组学分析技术的特点

类型	定性准确度	定量	通量	是否需要靶向验证
非靶向代谢组学	一般	相对定量	极高	一般需要
广泛靶向代谢组学	较高	相对定量（部分绝对定量）	高	一般需要
靶向代谢组学	高	绝对定量	低	不需要

无论是非靶向代谢组学、靶向代谢组学还是广泛靶向代谢组学，三者的技术方法主要包括样本采集与处理、代谢物检测、数据分析和生物标志物识别等步骤。

5.3.2.1　样本的采集与处理

营养代谢组学研究的首要步骤是样品采集。根据研究目的的不同，常用的生物样本包括血液、尿液、唾液、组织等。其中，血液和尿液因其易于获取和非侵入性而被广泛使用。此外，采集过程需要严格控制样品的收集条件，避免外界因素的干扰。样品采集后，通常需要进行适当的处理，如去蛋白、脱盐、浓缩等，以提高后续分析的灵敏度和准确性。

5.3.2.2　代谢物的提取与分离

代谢物的提取与分离是营养代谢组学中的关键步骤。常用的提取方法包括有机溶剂萃取、固相萃取、超临界流体萃取等。提取后的代谢混合物需要通过适当的分离技术进行纯化，以便后续进行检测与分析。常用的分离技术包括 GC、LC、毛细管电泳（capillary electrophoresis，CE）等。这些技术能够将复杂的代谢物混合物分离成单一的组分，为后续的检测提供清晰的图谱。

5.3.2.3　代谢物检测的技术手段

常用的代谢物检测平台包括 LC-MS、GC-MS 和 NMR 等。质谱技术以其高灵敏度、高分辨率和广泛的适用范围，成为代谢物检测的主流技术。常用的质谱技术包括 GC-MS、LC-MS 等。这些技术能够实现对复杂混合物中多种代谢物的同时检测，为食品营养代谢组学研究提供了有力支持。LC–MS 适用于检测极性较大的代谢物，如氨基酸、糖类、有机酸等；GC–MS 则更适用于检测挥发性或非极性物质，如脂肪酸、类固醇等。NMR 技术因其无须样品前处理、可定量检测多种代谢物而备受青睐。NMR 技术能够直接对完整生物样品进行检测，具有非破坏性和定量准确的优点。然而，其灵敏度相对较低，适用于检测含量较高的代谢物。

代谢物检测产生的海量数据需要经过复杂的处理和分析，才能提取出有价值的信息。这包括数据的预处理（如基线校正、去噪、峰对齐等）、代谢物的鉴定和定量分析等。

5.3.2.4 数据分析

营养代谢组学研究中产生的大量数据需要通过生物信息学方法，进行处理和分析。这些数据包括代谢物的种类、浓度、变化规律等信息。生物信息学处理主要包括数据预处理（如去噪、标准化、归一化等）、数据降维［如主成分分析（principal component analysis，PCA）、偏最小二乘判别分析（partial least-squares discriminant analysis，PLS–DA）］、模式识别（如聚类分析、分类分析等）以及网络构建（如代谢通路分析、代谢网络构建等）等步骤。常用的数据分析方法包括模式识别（如 PCA、PLS–DA 等）、统计分析（如 t 检验、方差分析等）和机器学习算法（如支持向量机、随机森林等）。以上数据分析方法可以从不同角度对代谢组学数据特征进行分析表达。这里以非靶向代谢组学数据分析为例，介绍营养代谢组学中数据处理的主要分析方法。

（1）聚类分析

聚类分析是一种无监督学习方法，它将相似的样本或变量分组，使同一组内的样本或变量之间相似度较高，而不同组之间的相似度较低。在营养代谢组学中，聚类分析可被用于发现代谢物之间的潜在关系或样本的聚类特征，为后续的生物学解释提供线索。聚类分析有两个作用：一方面是通过全部代谢物的表达谱对样本进行聚类，分析样本重复性的好坏以及分组情况；另一方面是把表达模式相近的代谢物进行聚类，去大致观察代谢物丰度在各组中的变化规律，常用图形包括聚类树状图和热图（图 5–2）。

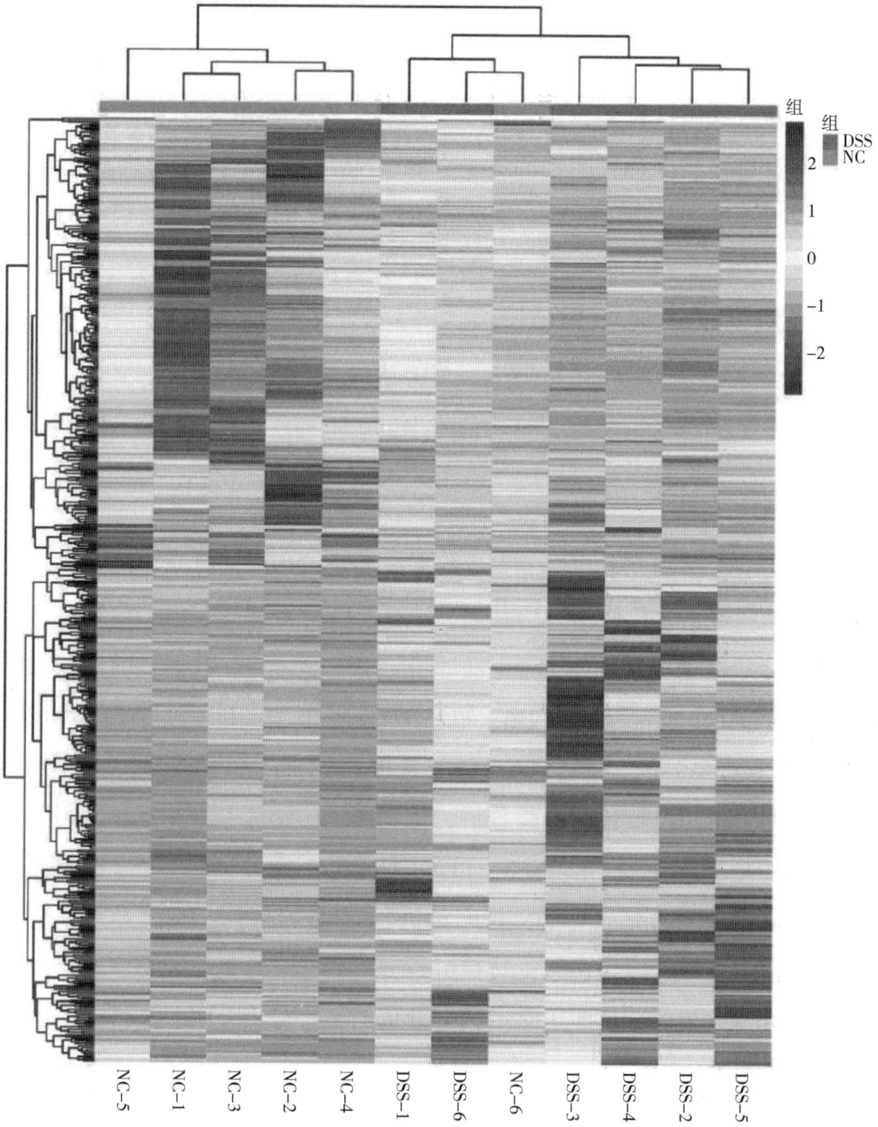

图 5-2　不同样本中层次聚类热图

注：DSS 是葡聚糖硫酸钠（dextran sulphate sodium），NC 是空白对照（negative control）的英文简写。

（2）多元统计分析

多元统计分析方法如PCA、PLS-DA和正交偏最小二乘判别分析（orthogonal partial least squares discriminant analysis，OPLS-DA）则是营养代谢组学分析中

不可或缺的工具。PCA 是一种无监督的多元统计分析方法，通过线性变换将多个变量降维至少数几个主成分。这些主成分能够最大限度地保留原始数据中的信息。在营养代谢组学中，PCA 通常用于初步了解各组样本之间的总体代谢物差异和组内样本之间的变异度大小。PCA 能够将高维的代谢物数据降至低维空间（如二维或三维），便于直观观察样本间的相似性和差异性。在 PCA 得分图中（图 5–3），不同组的样本往往会形成不同的聚类，从而揭示出组间差异。尽管 PCA 在数据降维和初步差异识别方面具有优势，但它是一种无监督方法，无法直接用于分类或预测。此外，PCA 可能会受到数据中噪声和异常值的影响，导致结果不够准确。

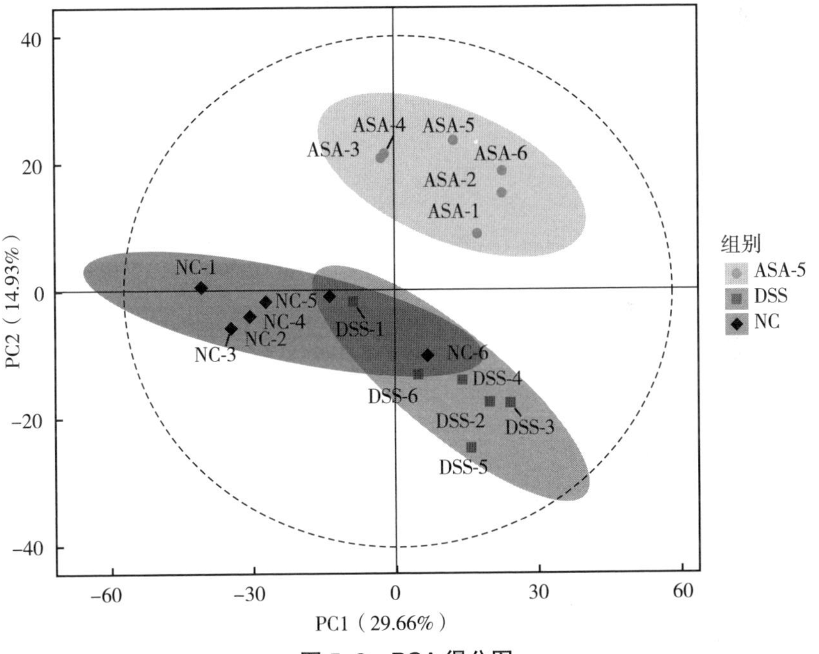

图 5–3　PCA 得分图

注：ASA-5 是 5- 氨基水杨酸（5-aminosalicylic acid）的英文简写。

PLS–DA 是一种有监督的多元统计分析方法，结合了 PCA 和回归模型的思想。PLS–DA 旨在找到数据集（*X*，即代谢物表达量）和类别数据集（*Y*，即样本分组信息）之间的最大协方差方向（图 5–4），并建立预测模型来实现对样品类别的预测。在营养代谢组学研究中，PLS–DA 能够根据代谢物表达量对样本进行分组预测，适用于两组或两组以上的分类问题。PLS-DA 分析可以识别对分类贡献较大的代谢物，作为潜在的生物标志物。PLS-DA 能够最大化组间差异，使不同组的样本在得分图上分离得更加明显。它结合了降维和分类的优点，能够在保留关键信息的同时进行分类预测，适用于小样本量、高维数据的情况。但 PLS-DA 可能会受到数据中噪声和异常值的影响；当主成分过多或分组过于复杂时，可能会出现过拟合现象。

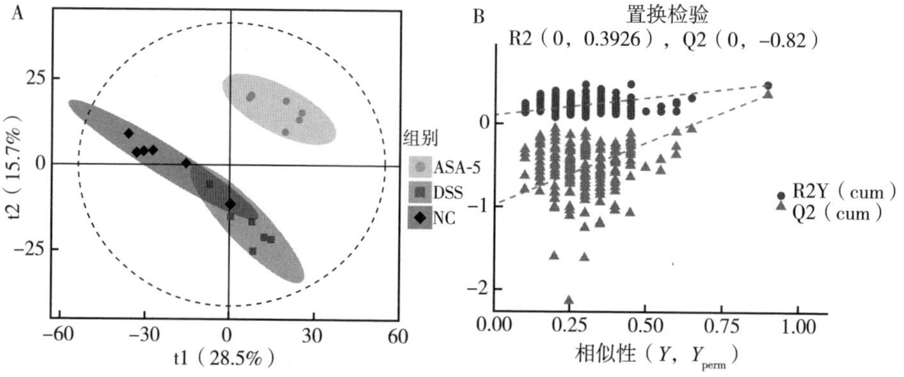

图 5-4　PLS-DA 得分图（A）和置换检验图（B）

OPLS-DA 是 PLS-DA 的扩展和改进。OPLS-DA 在 PLS-DA 的基础上引入了正交信号过滤（orthogonal signal filtering，OSF）技术，能够将与分类信息无关的数据变化滤除，使分类信息主要集中在第一个主成分上，从而提高模型的解析能力和有效性。在营养代谢组学的数据分析中，OPLS-DA 能够更好地区分组间差异，使组间差异在得分图上更加显著。通过 OPLS-DA 分析，可以得到每个代谢物的变量投影重要性（variable importance in projection，VIP）值。VIP 值越大表示该代谢物对分类的贡献越大，因此常被作为筛选潜在生物标志物的依据。此外，为了防止过拟合现象的发生，OPLS-DA 分析通常需要进行置换检验（permutation test，图 5-5），以评估模型的可靠性和稳定性。

在营养代谢组学研究中，OPLS-DA 常被用于分析不同饮食干预、疾病状态或药物处理下，代谢物的变化。例如，研究人员可以比较高脂饮食组和低脂饮食组之间的代谢物谱图差异，通过 OPLS-DA 分析筛选出与饮食干预相关的潜在生物标志物，并进一步探讨这些生物标志物在代谢途径中的作用。

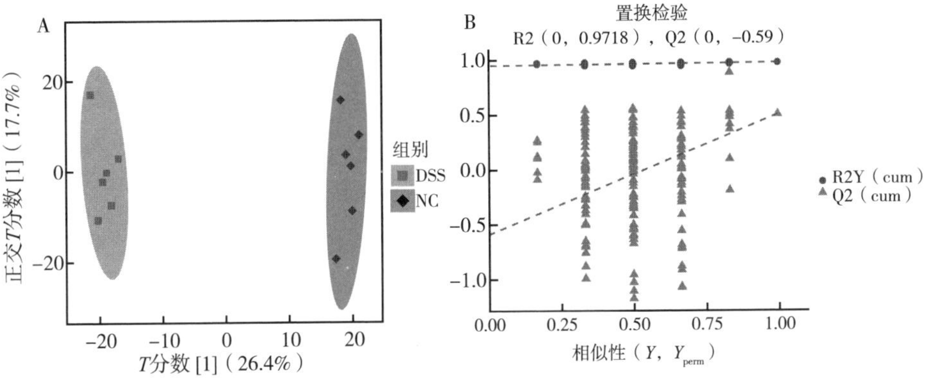

图 5-5 OPLS-DA 得分图（A）和置换检验图（B）

（3）单变量统计分析

单变量统计分析，顾名思义，是指仅涉及一个变量的统计分析方法。在营养代谢组学中，这个变量通常指的是某一种或某一类代谢物的浓度、比例或变化量。营养代谢组学研究在进行两组样本间的差异代谢物分析时，常用的单变量分析方法包括变异倍数（fold change，FC）分析、*T* 检验以及综合前两种分析方法的火山图（volcano plot）。利用单变量分析可以直观地显示两组样本间代谢物变化的显著性，从而帮助我们筛选出潜在的标志代谢物，进而探讨该代谢物在不同条件下的变化规律及其与生理状态、疾病或营养干预之间的关系。

图 5-6 显示了比较组的火山图，代谢组学研究通常以 FC ≥ 1.5 或 FC ≤ 1/1.5，且 $P < 0.05$ 作为筛选标准，竖直虚线分别表示 Log_2（1/1.5）和 Log_2（1.5），图中红色点表示上调代谢物，蓝色点表示下调代谢物，即单变量统计分析筛选出的差异代谢物。

（4）差异代谢物表达分析

在营养代谢组学研究中，差异代谢物表达分析是核心环节之一。它通过对不同条件下代谢物水平的比较分析，筛选出具有显著差异的代谢物，进而探究这些代谢物与生物体生理状态、疾病发生发展及营养干预效果之间的潜在联系。两组样本间通过单变量分析后确定差异代谢物，进而选择合适的可视化图片来展示结果。为了评价候选代谢物的合理性，同时更全面直观地显示样本之间的关系以及代谢物在不同样本中的表达模式差异，定性的显著性差异代谢物的表达量被应用于对各组样本进行层次聚类（hierarchical clustering），从而辅助我们准确地

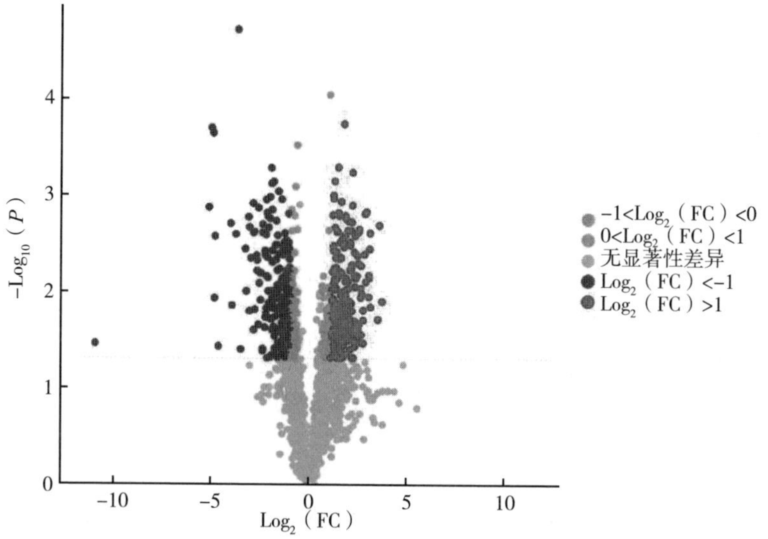

图 5-6　火山图

筛选标志代谢物，并对相关代谢过程的改变进行研究。对样本的聚类结果可以检验所筛选的目标代谢物在组内样本中的表达稳定性。同时，聚在同一簇内的代谢物具有相似的表达模式，可能在代谢过程中处于较为接近的反应步骤中。

（5）差异代谢物功能分析

京都基因与基因组百科全书（Kyoto Encyclopedia of Genes and Genomes，KEGG）数据库用于从分子水平的信息中，了解细胞、生物体和生态系统的高级功能和用途，尤其是从基因组测序和其他高通量实验技术生成的大规模分子数据集中获取信息。在生物体中，代谢物并不独立行使其功能，而是不同代谢物相互协调完成一系列生化反应，共同行使其生物学功能。KEGG 通路分析是一种基于 KEGG 数据库的代谢通路分析方法。KEGG 是一个整合了基因组、化学和系统功能信息的数据库，其核心数据库之一是 KEGG PATHWAY。它可以提供生物体内所有已知的代谢途径和它们之间的相互作用关系。在营养代谢组学研究中，KEGG 通路分析通过将差异代谢物映射到 KEGG 代谢通路上，分析这些代谢物在通路中的位置、作用以及它们与其他代谢物之间的相互作用，从而揭示代谢变化的生物学意义。因此，KEGG 通路分析是更系统、全面地了解细胞的生物学过程、性状或疾病的发生机理、药物作用机制等最直接和必要的途径，将有助于我们去了解代谢物的功能和代谢物间的关系。

KEGG 通路分析的流程通常包括：利用 KEGG COMPOUND 数据库对差异代谢物进行注释，获取它们的 KEGG ID 和相关的化学信息；将注释后的差异代谢物映射到 KEGG 代谢通路上，确定它们在通路中的位置和作用；通过统计方法（如超几何检验）评估差异代谢物在特定代谢通路上的富集程度，识别出显著富集的代谢通路；最后结合生物学知识对富集到的代谢通路进行解读，探讨差异代谢物在通路中的功能和作用机制。

KEGG 通路分析主要依赖于 KEGG 数据库和相关的生物信息学工具。以下是一些常用的分析方法：通路映射工具如 KEGG Mapper，可以将差异代谢物映射到 KEGG 代谢通路上，并直观地展示这些代谢物在通路中的位置；通路富集分析工具如 DAVID、MetaboAnalyst 等，可以自动计算差异代谢物在 KEGG 代谢通路上的富集程度，并给出统计学上的显著性评估；可视化工具如 Cytoscape 等，可以将通路富集分析的结果以网络图的形式展示出来，便于用户直观地理解代谢物之间的相互作用和代谢通路的整体结构。

KEGG 通路分析的结果解读是连接数据分析与生物学意义的关键步骤。在解读过程中，需要关注：关注差异代谢物在特定代谢通路上的富集程度（如 P 值、q 值等），以确定这些通路是否受到显著影响。结合 KEGG 数据库的注释信息，了解富集代谢通路的功能和涉及的生物过程。分析差异代谢物在通路中的位置和作用，探讨它们如何影响通路的整体功能和代谢流的方向。结合实验背景和生物学知识，探讨富集到的代谢通路与营养干预、疾病状态或遗传变异之间的潜在联系。

5.3.3 营养代谢组学在食品营养研究中的应用

5.3.3.1 食品成分与代谢组学的相互作用

食品成分与代谢组学的相互作用是营养代谢组学研究的重要内容之一。不同食物成分在摄入后会在体内产生特定的代谢产物，这些代谢产物通过复杂的代谢途径影响人体的生理功能。营养代谢组学技术可以全面揭示食品成分与代谢物之间的相互作用关系，为食品营养评估和膳食干预策略的制定提供科学依据。例如，一项研究发现摄入富含多酚的食物可以调节肠道微生物组的代谢，从而改善葡萄糖稳态。这表明多酚类化合物可能通过影响肠道微生物的代谢活动，间接调节人体的血糖水平。此外，营养代谢组学还可以用于鉴别食品的来源和真伪，通过分析食品中独特的代谢特征，追踪食品的来源并揭露掺假或欺诈行为。

5.3.3.2 膳食营养对机体代谢的影响

膳食营养对机体代谢的影响是营养代谢组学研究的另一个重要领域。不同膳食构成和营养素摄入会对机体的代谢谱产生显著影响，进而影响人体的健康状况。营养代谢组学技术可以系统地评估膳食营养对机体代谢的影响，为膳食指导和营养干预策略的制定提供科学依据。例如，研究表明素食者尿液中的肌酐和琥珀酸盐水平较高，而甲酸盐、马尿酸等代谢物水平较低，这表明不同膳食构成对机体代谢的影响是不同的。此外，营养代谢组学还可以用于评估营养素的摄入量、代谢利用率和整体健康状况。例如，一项研究使用代谢组学方法评估了不同素食者和杂食者的营养状况，发现素食者体内某些必需氨基酸的水平较低，提示其可能需要通过膳食补充来满足这些营养素的需求。

5.3.3.3 营养代谢组学在营养状态评估中的应用

营养代谢组学技术在评估个体营养状态方面展现出巨大潜力。监测生物样本中的代谢物变化，可以间接反映个体的营养摄入、吸收、代谢和利用情况，从而实现对营养状态的全面评估。这种方法比传统的营养调查更为直接和精确，能够捕捉到早期、细微的营养变化。例如，在评估肥胖个体的代谢特征时，营养代谢组学可以发现一系列与肥胖相关的代谢物变化，如脂肪酸代谢途径的异常、胰岛素抵抗相关代谢物的增加等。这些变化不仅有助于解释肥胖的发病机制，还能为制订个性化的减肥计划提供科学依据。此外，在评估儿童营养不良、老年人营养需求等方面，营养代谢组学也显示出其独特的优势。

5.3.3.4 膳食干预效果评价

膳食干预是预防和治疗营养相关疾病的重要手段。营养代谢组学技术可以用于评估膳食干预的效果，通过比较干预前后代谢物谱图的变化，判断干预措施是否达到预期目标。这种评估方法具有客观、定量和全面的特点，能够更准确地反映膳食干预对机体代谢的影响。例如，在研究膳食纤维对肠道健康的影响时，营养代谢组学可以检测干预前后肠道微生物代谢产物（如短链脂肪酸）的变化，从而评估膳食纤维对肠道微生物群落和代谢活动的调节作用。又如，在评估膳食补充剂（如维生素、矿物质等）的有效性时，营养代谢组学可以通过监测相关代谢物（如维生素代谢产物、矿物质调节蛋白等）的变化，来评估补充剂是否真正改善了机体的营养状况。

5.3.4 营养代谢组学技术面临的挑战与展望

尽管营养代谢组学技术在食品营养研究中取得了显著进展，但仍面临一些挑战。首先，代谢物的多样性和复杂性使全面、准确的检测和分析变得困难；其次，代谢物数据库的完善性和准确性尚需提高，以满足大规模数据分析的需求；最后，技术成本较高、操作复杂等问题也限制了其在一些领域的广泛应用。

面对这些挑战，未来营养代谢组学技术的发展将呈现以下趋势：一是技术方法的不断优化和创新，包括新型检测技术的开发、数据分析算法的改进以及多组学整合分析策略的应用等；二是数据库的丰富和完善，通过建立更加全面、准确的代谢物数据库和代谢通路数据库，为数据分析提供更加坚实的基础；三是技术应用的拓展和深化，包括在更多食品类型、更多健康领域以及更多人群中的应用等；四是技术的普及和标准化，通过制定相关标准和规范，降低技术成本，简化操作流程，推动技术的广泛应用和普及。

综上所述，营养代谢组学技术作为食品营养研究中的重要工具，具有广阔的应用前景和深远的意义。随着技术的不断发展和完善，相信它将为人类健康事业贡献更多智慧和力量。

5.4 肠道微生物组学技术

肠道菌群作为人体肠道内定植并长期与人体相互依存的微生物群体，对人体健康具有不可忽视的影响。肠道菌群是指生活在人体肠道内的细菌、真菌、病毒以及其他微生物的总称，其中以细菌为主。这些微生物数量庞大，种类繁多，根据目前的研究，主要分为几个大类：厚壁菌门（Firmicutes）、拟杆菌门（Bacteroidetes）、放线菌门（Actinobacteria）、变形菌门（Proteobacteria）等。这些微生物在肠道内形成复杂而稳定的群落结构，对宿主的健康状态有着深远的影响。据估计，成年人肠道内的细菌数量可达 100 万亿之多，是人体细胞的 10 倍，重量上相当于一个人的肝脏。肠道菌群是一个非常庞大的群体，因此肠道菌群也被称作人体的"第二基因组""第二大脑"和"肠脑"。在人体定植的许多微生物群落中，肠道菌群正在成为影响宿主健康状况的主要参与者。

肠道菌群种类繁多，目前已研究证实的菌种有 500 ～ 1000 种，大致可以分为三大类：益生菌、有害菌和机会致病菌（或称为条件致病菌，图 5-7）。益生菌主要包括双歧杆菌、乳酸杆菌等，是对人体有益的菌群。它们能够合成多种人体必需的维生素（如 B 族维生素、维生素 K 等），参与食物的消化和吸收，促进肠道蠕动，抑制有害菌群的生长，并分解有害、有毒物质等。有害菌是专门致病的菌群，如变形杆菌、韦氏梭菌、葡萄球菌、志贺杆菌等。这些细

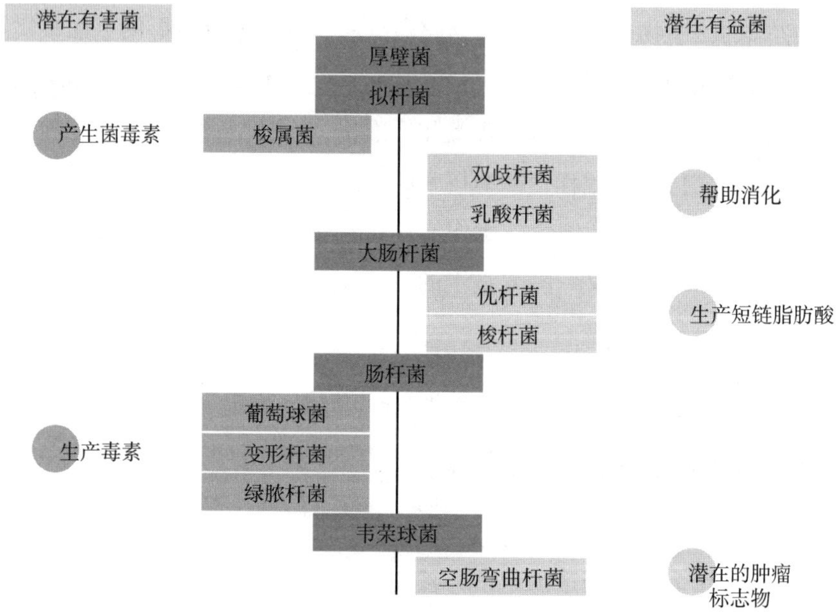

图 5-7　肠道菌群种类

菌在数量失控时，会引发多种疾病，包括产生致癌物等有害物质，或影响免疫系统的功能。机会致病菌在正常情况下对人体无害，但在机体免疫力下降时可能侵袭人体，导致肠道感染。常见的机会致病菌包括大肠杆菌、链球菌、肠球菌等。肠道菌群在人体内发挥着多种重要功能，主要包括以下 5 个方面。

①促进营养物质的吸收：肠道菌群能够合成多种人体必需的维生素，并参与糖类和蛋白质的代谢，促进这些营养物质的吸收和利用。

②保护肠道健康：肠道菌群通过构建生物屏障，预防外来微生物的侵入，维持肠道环境的稳定性。肠道菌群紧紧地黏附于肠上皮细胞，形成天然独特的生物黏膜屏障，可有效防止病原菌的入侵，且其产生的某些代谢产物（如丁酸）能够修复受损的肠上皮细胞。同时，它们还能分解有害物质，减少其对肠道的损害。

③调节免疫功能：肠道菌群能够刺激免疫系统的反应，调节抗体的水平，提高人体的免疫力。研究表明，肠道菌群与免疫相关疾病的出现有密切的相关性。

④抗肿瘤作用：肠道益生菌能够激活抗肿瘤因子的释放，调节肠道环境，抑制肠道内致癌物质的形成，从而起到抗肿瘤的作用。

⑤预防疾病、抗衰老：肠道菌群能够利用食物残渣产生人体所不具备的维生素、氨基酸和多肽等物质，同时分解肠道有毒物质，抑制蛋白质的腐败，从而减少疾病的出现。此外，有益菌产生的 SOD 还能消除自由基带来的毒性，保护人体细胞免受损伤，具有一定的抗衰老作用。

肠道菌群的组成和数量受到多种因素的影响，包括个体的遗传性、饮食习惯、生活环境以及抗生素的使用等。例如，长期高糖高脂饮食不利于肠道菌群生长，而富含纤维素的食物则有助于肠道菌群的健康。此外，滥用抗生素会破坏肠道菌群的微生态平衡，导致肠道菌群失调（图 5-8）。肠道菌群作为人体肠道内的重要微生物群体，对人体健康具有多方面的影响。了解肠道菌群的种类、功能以及影响因素，有助于我们更好地维护肠道健康，预防疾病的发生。

在食品营养学研究领域中，肠道微生物组学（gut microbiome）作为一门新兴的交叉学科，正逐步成为连接食品摄入、肠道健康与整体生理功能的桥梁。肠道微生物组作为人体内最复杂、最动态变化的微生物生态系统，不仅参

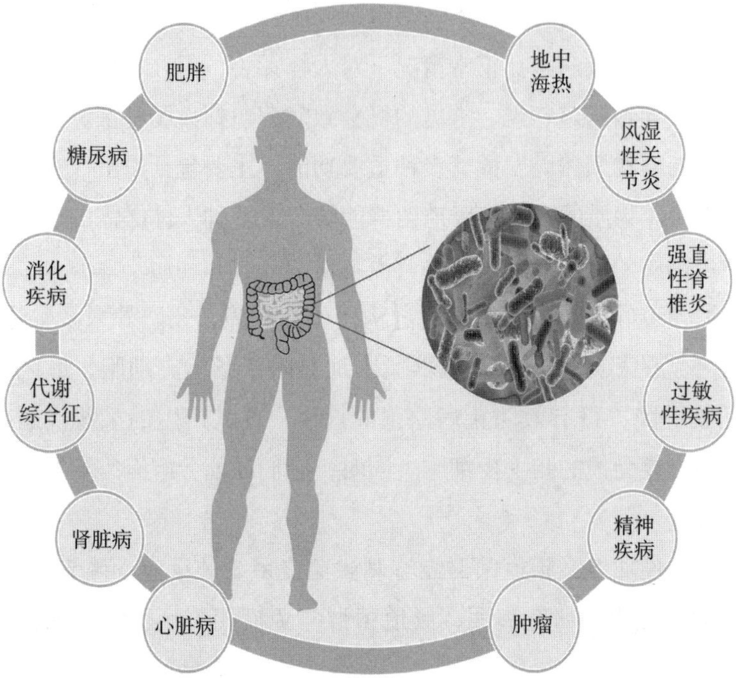

图 5-8 肠道菌群紊乱与多种疾病的关系

与食物的消化、吸收和代谢，还深刻影响着宿主的免疫、代谢、神经及行为等多个方面。因此，肠道微生物组学技术的发展为深入理解食品成分与肠道健康之间的相互作用，提供了前所未有的视角和工具。本节将详细探讨肠道微生物组学的基本原理、技术方法、在食品营养研究中的广泛应用、面临的挑战以及未来的发展趋势。

5.4.1 肠道微生物组学的基本原理

肠道微生物组学是研究肠道内所有微生物（包括细菌、真菌、病毒、古菌等）的组成、结构、功能及其与宿主之间相互作用的科学。这些微生物以复杂的群落形式存在于肠道内，通过代谢活动产生多种生物活性物质，对宿主的生理状态产生深远影响。肠道微生物组学的研究基于以下 4 个核心原理。

①共生关系：肠道微生物与宿主之间形成了紧密而复杂的共生关系，这种关系对于维持肠道稳态和宿主健康至关重要。

②多样性：肠道微生物群落具有高度的多样性，不同个体之间甚至同一个体在不同时间点的微生物组成都可能存在差异。

③功能冗余与互补：肠道微生物群落中的不同成员可能具有相似的功能，也可能通过互补作用共同完成复杂的代谢过程。

④可塑性与稳定性：肠道微生物群落具有一定的可塑性，能够对外界环境（如饮食、药物等）的变化作出响应。同时，它也具有一定的稳定性，能够维持基本的群落结构和功能。

5.4.2 肠道微生物组学的技术方法

肠道微生物组学的研究依赖于一系列先进的分子生物学技术和生物信息学分析方法。目前针对肠道微生物的研究可以分成两部分，一部分是对肠道菌群的组成及功能进行研究，即微生物组测序；另一部分是对肠道菌群行使功能的可能机制进行研究，即宏转录组学、宏蛋白质组学和代谢组学。通过研究肠道菌群结构和功能的改变对代谢表型以及功能性代谢小分子的影响，可从物种、基因、转录水平、蛋白表达、代谢通路以及代谢物等层面综合阐述肠道菌群对研究对象健康的影响。这些技术方法主要包括高通量测序、宏基因组学（metagenomics）、宏转录组学（metatranscriptomics）、宏蛋白组学（metaproteomics）以及代谢组学等。

5.4.2.1 高通量测序技术和宏基因组学

高通量测序技术是肠道微生物组学研究的核心工具之一。目前，最常用的测序平台包括 Illumina、PacBio 和 Oxford Nanopore 等。这些平台能够实现对肠道微生物群落 DNA 或 RNA 的大规模并行测序，生成海量的序列数据。16S 核糖体 RNA（16S ribosome RNA，16S rRNA）基因测序和宏基因组测序等方法，可以揭示肠道微生物的种类、丰度及遗传多样性。

扩增子测序是一种针对特定长度的 PCR 产物或捕获片段进行的测序技术，广泛应用于微生物多样性研究以及群落组成和丰度差异的分析。具体来说，16S、转录间隔区（internal transcribed spacer，ITS）和 18S 扩增子测序，分别针对样本中细菌的16S rRNA基因序列、真菌的ITS区域、真核微生物的18r RNA基因序列进行高通量测序。这些序列既保留了较强的保守性，同时又显示出显著的变异性。研究人员通过对某一特定高变区序列（例如，16S的V3～V4区域）或其全长进行PCR扩增，再结合高通量测序技术，与相关数据库进行比对，从而获得物种注释信息。这一过程有助于全面了解样本中微生物群体的组成、丰度以及不同组间的差异菌群。16S rRNA基因测序方法成本低、通量高，是目前应用最广泛的肠道微生物群落分析方法之一。

宏基因组学又称元基因组学，是一种以样本中整体微生物群落为研究对象的科学方法。这一技术无须对微生物进行分离和培养，而是直接从样本中提取DNA进行测序，以此探讨环境微生物的群落结构、物种分类、系统进化、基因功能及代谢网络等，因此在微生物学领域得到了广泛的应用。其核心原理是将样本中的所有基因组DNA随机打断成约300 bp的小片段，然后在片段的两端加入通用引物，进行高通量测序。接下来，通过组装技术将这些小片段拼接成更长的序列，随后与物种数据库及功能数据库进行比对，进而分析微生物群落结构的多样性、基因功能及代谢通路等。这一过程不仅能够深入发掘微生物群落中的功能基因，还能探讨相关代谢通路的应用价值。宏基因组测序直接对肠道微生物群落的总DNA进行测序，无须预先扩增特定基因。因此，这种方法能够更全面地揭示肠道微生物的遗传多样性和功能潜力，但需要更高的计算能力和存储空间。

由于16S和ITS扩增子测序自身的局限性，导致其在注释到种水平上的比例较低且准确性较低。因此，16S/ITS扩增子测序主要适用于分析属水平及以上的菌群结构、物种组成和多样性等方面。如果研究的目标是达到种水平甚至菌株水平，或者关注菌群中的关键基因及其功能，宏基因组测序则是必要的选择。

5.4.2.2 宏转录组学、宏蛋白组学和代谢组学

宏转录组学、宏蛋白组学和代谢组学作为补充技术，可进一步解析肠道微生物在特定条件下的基因表达、蛋白质合成和代谢产物生成情况。

宏转录组学以肠道内所有微生物的RNA为研究对象，通过高通量测序技

术，检测和分析在特定条件下，肠道微生物群落中所有微生物基因的转录活性及其表达水平。这一方法能够揭示微生物在肠道环境中的基因表达动态，为理解肠道微生物与宿主之间的相互作用、微生物在肠道健康与疾病中的作用机制提供重要信息。宏转录组学能够检测到肠道内微生物在不同条件下的基因表达变化，揭示其转录活性与功能状态的关联。同时，通过宏转录组学分析，我们可以了解肠道微生物如何通过调节其基因表达，来影响宿主的生理功能和代谢途径。此外，肠道微生物宏转录组学在肠道疾病（如炎症性肠病、代谢综合征等）的发病机制研究中具有重要作用，为疾病的早期诊断和个性化治疗提供新的思路和方法。

宏蛋白组学是蛋白质组学的一个子领域，专注于研究特定环境（如肠道）中，所有微生物表达的蛋白质总和。这些蛋白质是微生物基因功能的直接体现者，通过对其种类、丰度、修饰状态及相互作用的研究，可以深入了解微生物群落的生理状态、代谢途径及与宿主的关系。由于蛋白质是生物体功能的直接执行者，因此宏蛋白组学在揭示微生物功能方面具有重要价值。宏蛋白组学能够直接检测到肠道微生物的实际功能蛋白，从而揭示微生物在肠道环境中的代谢活动、营养需求及与其他微生物或宿主的相互作用。肠道微生物宏蛋白组学在肠道疾病（如炎症性肠病、代谢综合征）等的发病机制研究中具有潜在的应用价值，可为疾病的早期诊断和个性化治疗提供新的生物标志物和治疗靶点。此外，研究肠道微生物蛋白质的表达变化，有助于理解饮食对肠道微生物群落的影响，进而指导健康饮食和营养干预策略。

代谢组学关注肠道微生物代谢产物及其与宿主之间的相互作用。肠道菌群在人体肠道内进行着复杂而活跃的代谢过程，不仅为自身的生长和繁殖提供所需的能量和营养物质，同时也向人体释放了大量代谢产物。研究表明，人体血液中约 36% 的小分子物质，是由微生物的代谢活动产生或修饰而来的。肠道菌群的代谢底物主要来源于宿主无法消化或未及时消化的食物，以及肠道上皮细胞分泌的内源性黏液。经过肠道菌群的代谢作用，这些底物可以转化为多种对人体有益或有害的产物，如色氨酸、短链脂肪酸、氧化三甲胺和胆汁酸等。通过检测肠道内的小分子代谢产物（如短链脂肪酸、氨基酸、胆汁酸等），可以了解微生物的代谢活性和对宿主代谢的影响。

微生物测序（如 16S/ITS 扩增子测序和宏基因组测序），是肠道微生物研究中最常见的技术方法。这里以 16S rRNA 测序为例，介绍肠道微生物组学技术的主要实验流程和分析方法。

（1）样本采集与处理

进行人类粪便样本收集前必须获得受试者的知情同意，并经过伦理审查委员会的批准。这包括向受试者详细解释研究目的、流程、可能的风险及收益，并确保其自愿参与研究。为了减少外源因素对肠道微生物组的影响，建议在样本收集前一段时间内（通常为数天至一周），受试者需遵循特定的饮食指导（如低纤维、无抗生素等）并停止服用可能影响肠道菌群的药物。

从粪便或肠道内容物样本收集到保存的每一个环节，都必须严格遵守无菌操作原则，避免外源微生物的污染。这包括使用无菌工具、耗材和防护装备，以及在操作前对实验台面和设备进行消毒。在收集和处理样本时，应尽量减少对样本的机械损伤和化学刺激，以保持肠道微生物的原始状态。避免过度搅拌、挤压或加热样本，以防微生物群落结构发生变化。

（2）高通量测序分析

DNA 提取是从粪便样本中分离出微生物总 DNA 的关键步骤。由于微生物细胞壁结构的多样性，不同微生物的 DNA 提取方法可能存在差异。常用的 DNA 提取方法包括物理法（如研磨、超声破碎）、化学法（如 SDS 裂解、酚氯仿抽提）和酶解法（如溶菌酶处理）。选择提取方法须综合考虑样本类型、微生物种类以及后续实验的需求。提取过程须严格控制操作条件，如温度、时间、pH 值等，以确保 DNA 的完整性和纯度。提取完成后，须对 DNA 进行定量和定性分析，以评估提取效果。高质量的 DNA 是后续 PCR 扩增和测序成功的基础。

PCR 扩增是获取足够数量 16S rRNA 基因序列的关键步骤。由于 16S rRNA 基因在细菌和古细菌中高度保守且具有多个可变区域，因此可以选择特异的引物对目标区域进行扩增。常用的引物对包括 V3–V4、V4–V5 等区域，这些区域既具有足够的保守性以确保引物的特异性，又包含足够的变异信息以区分不同种类的微生物。16S rRNA 基因扩增常用的正向引物包括 27F、515F、355F、1114F，常用的反向引物包括 519R、342R、806R、926R、1064R、1392R、

1492R。V3–V4 区常用的引物对包括 341F/806R 和 515F/806R 等。这些引物能够扩增出 16S rRNA 基因的 V3 和 V4 可变区，这两个区域在细菌分类中具有较高的分辨率，因此被广泛用于微生物群落多样性的研究。V4 区常用的引物对包括 515F/806R（也称为地球微生物组计划推荐的引物对）和 530F/907R 等。V4 区因其适中的长度和较高的分类精度而备受青睐。除了 V3–V4 区和 V4 区，还有针对其他区域的引物，如 V1–V2 区、V6–V8 区等。这些引物的选择取决于具体的研究目的和实验条件。

同时，PCR 扩增过程须严格控制反应条件，如温度循环（包括变性、退火和延伸三个步骤）的设定、引物浓度、模板 DNA 量以及酶的使用量等。这些条件的优化对于提高扩增效率和特异性至关重要。扩增产物需经过电泳检测或测序前质控，以评估扩增效果并去除非特异性扩增产物和引物二聚体等杂质。

原始测序数据往往包含大量低质量序列、测序错误、嵌合体以及非特异性扩增产物等，这些杂质会严重影响数据分析的准确性和可靠性。因此，数据质控与清洗是必不可少的一步。序列比对是将测序得到的 16S rRNA 基因序列与已知的参考数据库进行比对的过程。通过比对可以确定每条序列在微生物分类体系中的位置，从而实现对微生物群落的分类和鉴定。比对过程通常采用基本局部比对搜索工具（Basic Local Alignment Search Tool，BLAST）算法对测序序列进行快速、准确的比对。比对完成后，需要根据比对结果对微生物进行分类，并将数据分类到物种或操作分类单元（Operational Taxonomic Units，OTU）的水平。OTU 是指将相似度较高（一般 97% 以上）的序列归类为一个单元，每个 OTU 可以认为是一个菌属。常用的分类方法包括基于序列相似性的阈值分类法（如 97% 相似性用于界定 OTU）、基于系统发育树的分类法以及基于机器学习的分类法等。通过分类可以将测序序列归属于不同的微生物种类或类群，从而揭示微生物群落的组成结构。

（3）生物信息学分析

面对海量的测序数据，生物信息学分析成为肠道微生物组学研究不可或缺的一环。生物信息学分析包括物种注释、功能预测和差异分析等步骤。通过构建复杂的算法和模型，研究者能够从数据中提取出有价值的生物信息，揭示肠道微生物群落的组成、结构和功能特征。物种注释将测序得到的序列与已知的微生物数据库进行比对，确定序列所代表的微生物种类和丰度。功能预测基于宏基因组测序数据，利用生物信息学工具预测肠道微生物群落的功能潜力，如代谢途径、酶活性等。差异分析比较不同样本或不同条件下的肠道微生物群落特征，识别出具有显著差异的微生物种类或功能类别。我们这里通过对 16S rRNA 测序数据分析流程进行示例阐述，以便读者更好地理解肠道菌群测序数据分析。

1）物种相对丰度柱状图分析

物种相对丰度柱状图能够直观地展示不同样本中微生物群落的物种组成。通过比较不同样本的柱状图，可以清晰地看到哪些菌属在不同样本中的相对丰度较高，哪些菌属则较低，将每个样本中不同菌属的相对丰度以柱状图的形式表示出来。通常，柱状图的横坐标表示样本名或分组名，纵坐标表示相对丰度。每个柱子代表一个样本，柱子中的不同颜色或图案代表不同的菌属，颜色的面积或图案的密集程度反映该菌属在该样本中的相对丰度。

2）α 多样性分析

在肠道微生物研究中，α 多样性指数主要用来评估肠道微生物群落的物种丰富度（richness）和物种均匀度（evenness）。常见的 α 多样性指数包括香农（Shannon）指数、辛普森（Simpson）指数、Chao1 指数和基于丰度的覆盖率估算（abundance-based coverage estimation，ACE）指数等。Shannon 指数是一种综合考虑物种丰富度和均匀度的多样性指数。其值越高，表示群落中的物种多样性越高。Simpson 指数也是一种反映物种多样性的指数，但其侧重点在于物种的优势度。Simpson 指数的值越大，表示群落中的物种多样性越低，因为此时群落中可能存在一种或少数几种优势物种。Chao1 指数和 ACE 指数主要用于估计群落中的物种丰富度，即群落中可能存在的物种总数。Chao1 指数和 ACE 指数都是基于样本中已知物种的相对丰度和频率，来估计群落中未知物种的数量的。它们的计算公式相对复杂，但基本思想是通过覆盖度插值或外推的方法，来估计物种丰富度。观测物种（Observed species）指数，又称物种丰富度指数（observed species richness），直接反映了研究样本中所能观察到的物种数目，该指数不涉及物种之间的相对比例或分布均匀性，而是简单地计数不同物种的数量。

3）β 多样性分析

β 多样性是生态学中的一个重要概念，由美国生态学家罗伯特·哈丁·惠特克（Robert Harding Whittaker）提出，用于描述不同群落间物种组成的差异。在微生物生态学中，β 多样性通常用于分析不同样本间微生物群落的差异，以揭示不同环境或生理状态下微生物群落的演变规律。β 多样性指数主要通过计算样本间物种组成的相似性或差异性来量化，常见的 β 多样性描述的距离算法包括布雷—柯蒂斯（Bray–Curtis）距离、雅卡尔（Jaccard）相似度、欧式距离以及 Unifrac 距离等。其中，Unifrac 距离由于考虑了物种的系统发育关系，因此在微生物群落研究中得到广泛应用。

Unifrac 距离是一种基于系统发育树的距离度量方法，通过比较两个样本在系统发育树上的位置差异，来评估其微生物群落的相似性。Unifrac 距离分为加权 Unifrac 距离（Weighted Unifrac）和非加权 Unifrac 距离（Unweighted Unifrac）两种。加权 Unifrac 距离考虑了物种的丰度信息，而非加权 Unifrac 距离则仅考虑物种的有无。根据选定的 Beta 多样性指数计算方法（如 Bray–Curtis 距离、Jaccard 相似度或 Unifrac 距离），计算各样本间的距离或相似度矩阵。这一步是 Beta 多样性统计分析的核心部分，直接关系到后续分析的准确性和可靠性。利用计算得到的距离或相似度矩阵，进行进一步的统计分析。常见的统计分析方法包括主坐标分析（principal coordinates analysis，PCoA）、非度量多维尺度分析（non-metric multidimensional scaling，NMDS）以及方差分析（analysis of variance，ANOVA）等。这些方法可以帮助我们更直观地展示不同样本间微生物群落的差异，并识别出具有显著差异的样本或分组。

PCoA 作为一种有效的多维数据分析方法，被广泛应用于肠道微生物群落差异的可视化研究。PCoA 是一种非线性的多维标度技术（multidimensional scaling，MDS），旨在通过降低数据维度的方式，将高维空间中样本间的关系映射到低维空间（通常是二维或三维），以便于可视化分析。与经典的主成分分析（PCA）不同，PCoA 不直接对原始数据进行降维，而是基于样本间的距离矩阵（如 Unifrac 距离、Bray–Curtis 距离等）进行降维处理。因此，PCoA 能够更好地保留样本间的原始关系，尤其适用于生态学和环境科学中的群落数据分析。

在肠道微生物研究中，通常将 PCoA 降维结果以散点图的形式展示，其中每个点代表一个样本，点的位置由其在低维空间中的坐标决定。通过观察散点图中样本点的分布情况，可以直观判断不同组别间微生物群落的相似性和差异性。此外，还可以结合样本的元数据（如疾病状态、饮食习惯等）进行分组着色或标注，以进一步揭示微生物群落结构与宿主特征之间的关联。根据 PCoA 散点图展示的结果，结合统计学检验的结果进行综合分析。如果不同组别间的样本点在散点图中形成明显的聚类或分离趋势，且统计学检验结果表明这种差异具有显著性，则可以认为这些组别间存在显著的微生物群落结构差异。进一步分析这些差异可能涉及的物种或功能类群，可以为理解肠道微生物在健康与疾病中的作用机制提供线索。

NMDS 是一种数据简化分析方法，用于多维数据的低维展示，特别是强调排序关系而非绝对差异。这种方法常用于微生物群落的 β 多样性分析，以及多变量样品（如多个物种丰度、多个基因表达）相似性水平的可视化。NMDS 基于相异矩阵或距离矩阵进行排序分析，通过将多维空间的研究对象简化到低维空间进行定位、分析和归类，同时保留对象间原始的关系。与 PCoA 分析不同，NMDS 分析不依赖于特征根和特征向量的计算，而是通过对样本距离进行等级排序，使样本在低维空间中的排序尽可能符合彼此之间相似距离的远近关系，而非确切的距离数值。这种分析弱化了距离矩阵中具体值的大小，更关注其排序关系，使用 NMDS 函数进行降维分析，设置降维轴的数目（如二维），并迭代优化直至应力系数（Stress）达到可接受的水平。分析通过 Stress 值评估模型质量，通常认为 Stress < 0.2 时二维图具有解释意义，Stress < 0.05 时具有很好的代表性。

4）*差异物种 LEfSe 分析*

线性判别分析效应大小（linear discriminant analysis effect size，LEfSe）作为一种新颖的生物标志物发现工具，被广泛应用于肠道微生物数据分析中，以揭示特定条件或状态下的差异物种，即标志物种（biomarker）。LEfSe 是一种基于基因组或宏基因组数据识别组间差异丰度特征的算法。该分析首先使用非参数克鲁斯卡尔—瓦利斯（Kruskal-Wallis）秩和检测不同分组间丰度差异显著的物种，然后使用威尔科克森（Wilcoxon）秩和检验上一步的差异物种在不同组间子分组中的差异一致性，最后采用线性回归分析（linear discriminant analysis，LDA）来估算每个组分（物种）丰度对差异效果的影响。LEfSe 分析的核心在于同时考虑分类层次结构中的效应大小和统计显著性。LEfSe 的分析结果主要包括两部分，分别是显著差异物种 LDA 值分布柱状图和物种分类学分枝图（Cladogram）。

5.4.3 肠道微生物组学在食品营养研究中的应用

肠道微生物组学技术的飞速发展极大地推动了食品营养研究的深入，为理解食品成分如何影响肠道健康及其整体生理效应提供了新的视角。以下是肠道微生物组学在食品营养研究中的几个主要应用领域。

5.4.3.1 食品成分与肠道微生物的相互作用

不同食品成分对肠道微生物群落具有不同的影响。肠道微生物组学技术可以揭示这些影响的具体机制，为食品的营养评价和功能开发提供科学依据。例如，膳食纤维作为饮食中不可或缺的一部分，其摄入量的增加被广泛认为对肠道健康有益。肠道微生物组学研究表明，不同类型的膳食纤维（如可溶性纤维、不溶性纤维、抗性淀粉等）在肠道内被不同种类的微生物发酵，产生短链脂肪酸（如乙酸、丙酸、丁酸）等有益代谢产物。这些代谢产物不仅为肠道上皮细胞提供能量，还具有调节肠道 pH 值、促进肠道蠕动、增强肠道屏障功能等多种生理作用，而高脂肪、高糖饮食则可能破坏肠道微生态平衡，增加患病风险。

此外，特定食物中的活性成分（如益生菌、益生元、多酚等）也被发现具有调节肠道微生物组成和功能的作用。益生菌和益生元是调节肠道微生态平衡的重要手段。益生菌是指对宿主健康有益的活性微生物，而益生元则是指能够促进益生菌生长和/或活性的非消化性物质。肠道微生物组学技术能够揭示益生菌和益生元如何改变肠道微生物群落的组成和功能，进而促进肠道健康。例如，某些乳酸菌和双歧杆菌被证实能够减少肠道内的致病菌数量，同时促进肠道黏膜屏障的完整性，从而降低肠道炎症和感染的风险；而某些益生元则能特异性地促进某些益生菌的生长，从而改善肠道环境。

5.4.3.2 肠道微生物与营养吸收和代谢

肠道微生物在营养物质的吸收、转化和代谢过程中，发挥着重要作用。肠道代谢综合征是一种包括肥胖、2 型糖尿病、高血压和高血脂在内的多种代谢性疾病的集合体。肠道微生物组学技术为研究特定食品成分对肠道代谢综合征的影响，提供了新的视角。例如，研究发现某些多酚类化合物（如绿茶中的儿茶素、红葡萄酒中的白藜芦醇）能够调节肠道微生物的组成和功能，降低肠道内有害代谢产物的生成，同时促进有益代谢产物的合成。这些变化有助于改善宿主的代谢状态，降低代谢综合征的发病风险。此外，通过肠道微生物组学技术，可以深入了解微生物如何影响宿主对营养物质的吸收和利用效率。例如，某些肠道细菌能够合成维生素、短链脂肪酸等有益代谢产物，而另一些细菌则可能参与胆固醇代谢、药物代谢等过程。这些发现不仅有助于揭示营养代谢的微观机制，还可能为营养干预和疾病治疗提供新策略。

5.4.3.3 肠道微生物与慢性疾病的关系

肠道微生物与多种慢性疾病（如肥胖、糖尿病、心血管疾病、肠道炎症等）的发生发展密切相关。肠道微生物组学技术为探索这些疾病的发病机制提供了重要手段。通过比较健康人群与疾病人群的肠道微生物群落特征，可以发现与疾病相关的特异性微生物标记物或代谢产物。进一步的研究还可以揭示这些微生物如何通过调节宿主免疫反应、能量代谢等途径，参与疾病的发生发展。

5.4.3.4 个性化营养方案的制定

基于肠道微生物组学的个性化营养方案是近年来备受关注的研究方向。每个人的肠道微生物群落都是独一无二的，这意味着不同人对同一食物的响应可能存在差异。通过检测个体的肠道微生物组成和功能状态，可以为其量身定制更加精准、有效的营养方案。例如，针对肠道微生物失衡的人群，可以设计富含特定益生菌或益生元的膳食方案；而对于需要控制血糖或血脂的人群，则可以推荐富含膳食纤维或低 GI 值的食物。这种个性化的营养干预策略有望成为营养健康领域的重要发展方向。

5.4.4 肠道微生物组学技术面临的挑战与发展趋势

尽管肠道微生物组学技术取得了显著进展，但仍面临着一些技术挑战。首先，测序技术的准确性和深度仍需不断提高，以更全面地揭示肠道微生物的多样性和功能。其次，生物信息学分析方法的复杂性和计算量较大，需要进一步优化算法和提高计算效率。最后，如何准确地将微生物群落特征与宿主的生理状态和疾病表型相关联，也是当前研究中的一大难题。

随着技术的不断进步和研究的深入，肠道微生物组学在食品营养研究中的应用前景极为广阔。未来，我们可以期待 4 个方面的发展：一是建立更加完善的肠道微生物数据库和模型，以支持更加精准和个性化的营养干预；二是开发新的肠道微生物调控策略，如通过饮食干预、益生菌 / 益生元补充等手段，优化肠道微生物群落结构，促进宿主健康；三是深入探索肠道微生物与宿主之间的相互作用机制，揭示其在营养代谢、疾病发生发展等方面的具体作用路径；四是推动肠道微生物组学技术与其他组学技术的融合，如与代谢组学、基因组学、表观组学等的联合应用，以更全面地解析宿主—微生物系统的复杂性。

总之，肠道微生物组学技术作为食品营养研究中的一把利器，正在逐步揭示肠道微生物与宿主健康之间的奥秘。随着技术的不断发展和研究的深入，我们有望在未来更好地理解食品成分与肠道健康、整体健康之间的关系，为营养健康领域的科学研究和实际应用提供新的思路和方法。

思 考 题

1. 食品营养中的组学技术有哪些?
2. 基因组学技术在营养研究中的应用有哪些?
3. 蛋白质组学在食物营养成分分析中的应用包括哪些方面?

参考文献

[1] Balkir P，Kemahlioglu K，Yucel U. Foodomics：A new approach in food quality and safety [J]. Trends in Food Science & Technology，2020 (108)：49–57.

[2] Clough E, Barrett T, Wilhite S E, et al. NCBI GEO: archive for gene expression and epigenomics data sets: 23-year update [J]. Nucleic Acids Research, 2023, 52 (D1): D138–D144.

[3] Frankish A, Carbonell-Sala S, Diekhans M, et al. GENCODE: reference annotation for the human and mouse genomes in 2023 [J]. Nucleic Acids Research, 2022, 51 (D1): D942–D949.

[4] Khodakov D, Li J, Zhang J X, et al. Highly multiplexed rapid DNA detection with single-nucleotide specificity via convective PCR in a portable device [J]. Nature Biomedical Engineering, 2021, 5 (7): 702–712.

[5] Klinge I, de Vet E. Research priorities and considerations for nutrition research: methods of sex and gender analysis for biomedical and nutrition research [J]. Proceedings of the Nutrition Society, 2024, 83 (2): 66–75.

[6] Korte R, Brockmeyer J. Novel mass spectrometry approaches in food proteomics [J]. Trends in Analytical Chemistry, 2017 (96): 99–106.

[7] Qin J, Li R, Raes J, et al. A human gut microbial gene catalogue established by metagenomic sequencing [J]. Nature, 2010, 464 (7285): 59–65.

[8] Rubio-Aliaga I, Kochhar S, Silva-Zolezzi I. Biomarkers of nutrient bioactivity and efficacy: a route toward personalized nutrition [J]. Journal of Clinical Gastroenterology, 2012, 46 (7): 545–554.

[9] Shi J, Liu Y, Xu Y-J. MS based foodomics: An edge tool integrated metabolomics and proteomics for food science [J]. Food Chemistry, 2024 (446): 138852–138861.

[10] Valdés R, Ortega M A, Casado F J, et al. Nutritional regulation of nucleoside transporter expression in rat small intestine [J]. Gastroenterology, 2000, 119 (6): 1623–1630.

[11] An Q, Lin R, Wang D M, et al. Emerging roles of fatty acid metabolism in cancer and their targeted drug development [J]. European Journal of Medicinal Chemistry, 2022 (240): 114613–114628.

[12] Colinas M, Fitzpatrick T B. Coenzymes and the primary and specialized metabolism interface [J]. Current Opinion in Plant Biology, 2022 (66): 102170.

[13] Li Z, Li Y, Chen W, et al. Integrating MS1 and MS2 scans in high-resolution parallel reaction monitoring assays for targeted metabolite quantification and dynamic ^{13}C-labeling metabolism analysis [J]. Analytical Chemistry, 2017, 89 (1): 877–885.

[14] Ling J, Zhang W, Yan X, et al. Sensitive detection and primary metabolism analysis of flualprazolam in blood [J]. Journal of Forensic and Legal Medicine, 2022 (90):

102388–102394.

[15] Li F，Ming J. Mulberry polyphenols restored both small and large intestinal microflora in db/db mice，potentially alleviating type 2 diabetes[J]. Food & Function，2024，15(16)：8521–8543.

[16] Ghaisas S，Maher J，Kanthasamy A. Gut microbiome in health and disease：Linking the microbiome-gut-brain axis and environmental factors in the pathogenesis of systemic and neurodegenerative diseases[J]. Pharmacology & Therapeutics，2016（158）：52–62.

[17] Wang J，Gao M，Wang J，et al. LGG promotes activation of intestinal ILC3 through TLR2 receptor and inhibits salmonella typhimurium infection in mice[J]. Virulence，2024，15（1）：2384553–2384567.

[18] Wei X，Ma N，Yang W，et al. Polyphenol extracts from ziziphus jujuba mill. "Junzao" attenuates ulcerative colitis by inhibiting the NLRP3 and MAPKs signaling pathways and regulating gut microbiota homeostasis in mice[J]. Molecular Nutrition & Food Research，2024，68（8）：e2300643–e2300657.

第6章 公共营养研究方法

耿 欣

学习目标

1. 了解公共营养的概念、特点及作用。
2. 掌握营养调查的主要内容和方法。
3. 了解《中国居民膳食指南》及食谱编制的方法。

公共营养是营养学的重要组成部分，它结合了营养学基础理论、方法和社会实践以及食物生产、经济贸易和社会公共政策等内容。公共营养对于解决群体营养和健康问题、促进国家或地区人民健康，具有重要的意义。

公共营养最初出现以预防人群的营养缺乏病为目的。1935 年国联卫生科营养专家委员会制定的“欧美人民之饮食标准”、1938 年中华医学会公共卫生委员会组织营养委员会制定的《中国民众最低营养需要量》和美国于 1941 年由国家科学院医学研究所食物与营养委员会发表的世界上最早的“推荐的每日膳食中营养素供给量”（recommended dietary allowance，RDA）等，是公共营养的基础。随着时代的进步，公共营养逐渐兴盛。1997 年，国际营养科学大会提出了公共营养的科学概念；2005 年，国际营养科学联盟发表了《吉森宣言》，提出了新营养学概念，在传统营养学的基础上，外延社会学和环境科学的内容，成为推动公共营养发展的有力支撑。目前，公共营养聚焦公众健康，监测人群膳食、营养和健康状况，开展食物和营养改善项目，在促进健康、预防疾病的政策制定、环境改善中发挥重要作用。

公共营养是“以人群营养状况为基础，有针对性地提出解决营养问题的措施。它揭示人群或社区的营养问题以及造成该问题的因素。与临床营养相比，其工作重点从个体水平转向群体水平，从微观营养研究转向范围广泛的宏观营养研究，如营养不良的消除策略、政策与措施等。”

公共营养作为营养学的一个分支学科，具有鲜明的特点。一是公共营养具有宏观性。从公共营养的科学概念可以看出，它的研究和服务对象不是某个人，而是整个地区或国家的某一群体；研究的也不是某个人的营养问题，而是人群共有的营养问题。二是公共营养具有实践性。营养学的研究成果要服务于社会和人群健康，采用的方法和措施要有可操作性，能解决具体的实际问题。三是公共营养具有社会性和政策性。公共营养除了涉及人群营养问题，还涉及经济发展、农业食物供给、环境生态、卫生健康政策法规等。四是公共营养具有多学科性。公共营养研究方法不是单一的，它从多方面分析和解决公共营养问题，不仅是膳食、饮食习惯、食物供应，还有社会经济、食品安全等。公共营养涉及的学科不仅有营养学、医学，还有统计学、遗传学、人类学、社会学和经济学等。

公共营养旨在发现人群基础上的膳食及营养问题，并解释这些问题的程度、影响因素、结果以及如何制定政策、采取措施予以解决这些问题。公共营养的最终目的是解决人群的营养问题，保障人类健康。

公共营养的内容主要包括：进行人群的营养调查和营养监测，制订修订人群的营养素需要量和膳食指南，促进营养干预和营养改善，制定相关营养政策法规与标准等。

6.1 营养调查

营养调查是运用科学方法调研某一人群或个人的膳食食物组成、膳食营养素摄入水平、营养状况、身体健康水平等，为改善不同地区不同人群的营养健康状况，防治营养缺乏和过剩疾病、进行营养监测、制定营养政策、规划社会食物生产消费等，提供基础资料和科学依据。

从20世纪50年代开始，世界上大多数国家陆续开展营养调查工作。我国于1959年、1982年、1992年、2002年、2010—2013年、2015—2017年分别进行了6次全国性营养调查。这些动态营养调查数据为我国疾病预防控制、卫生营养政策和食物发展计划制订，提供了重要依据。

营养调查主要包括了解不同地区、不同人群的膳食摄取情况及各类营养素的摄入量与膳食营养参考摄入量（DRI）之间的对比情况；了解与膳食营养紧密相关的人群体质与健康状况，发现与膳食营养不良相关的营养不平衡人群，分析营养相关疾病的病因和影响因素，为进一步营养监测和制定营养政策提供基础资料；了解发现问题并开展某些综合性或专题性科学研究，如地方性疾病或营养相关疾病与膳食营养的关系，某些生理常数和营养水平判定指标等。

营养调查是一项复杂精细的系统性工作，它可以是个人调查；也可以是类型调查，主要是为了了解某一社会成员或职业类型人群的营养健康状况；还可以是社区调查，主要是为了了解某一地区范围内全部居民的营养健康状况。

营养调查一般由四部分组成，包括膳食调查、人体体格测量、人体营养水平的生化监测和营养不良相关疾病的临床检查。

6.1.1 营养调查方法

6.1.1.1 膳食调查

膳食调查是调查一定时期内特定人群的膳食摄取情况，通过食物成分表或分析测定，计算能量和各种营养素的摄入量；对摄取的食物品种数量、能量及营养素的种类数量和比例进行评价，评定正常营养需求能得到满足的程度。

膳食调查方法有24小时回顾法、记账法、称重法、食物频率法和化学分析法等。每种方法都各具优缺点，因此需要根据实际情况，正确选择能反映调查对象食物摄取状况的方法，可以是单一的方法，也可以综合采用两种或多种方法互补不足，以提供更准确的结果。表6-1中显示全国营养调查使用的膳食调查方法。

表 6-1 全国营养调查使用的膳食调查方法

年份（年）	调查名称	调查时间	膳食调查方法
1959	第一次全国营养调查	1 年 4 次，每季度 1 次	称重记账法（5～7 天）
1982	第二次全国营养调查	秋季	称重记账法（5 天）
1992	第三次全国营养调查	秋季	全家称重记账法（3 天），连续 3 天 24 小时回顾法
2002	第四次全国营养调查暨第一次中国居民营养与健康状况调查	秋季	全家称重记账法（3 天，城市只称调味品）连续 3 天 24 小时回顾法，食物频率法
2010—2013	第五次全国营养调查暨中国居民营养与健康状况监测	秋季	全家称重记账法（3 天），连续 3 天 24 小时回顾法，食物频率法
2015—2017	第六次全国营养调查暨中国居民慢性病与营养监测	秋季	全家称重记账法（3 天），连续 3 天 24 小时回顾法，食物频率法
1989—2018	中国健康与营养调查（自然人群队列研究）	秋季	全家称重记账法（3 天），连续 3 天 24 小时回顾法，食物频率法

注：本表来源于《中国营养科学全书》。

（1）24 小时回顾法

24 小时回顾法，即 24 小时膳食回顾调查法，是询问法的一种，是通过询问被调查对象过去 24 小时内的膳食摄取情况，主要包括食物种类和数量，根据《食物成分表》计算出每种食物的能量和各种营养素的含量，然后分别相加得到被调查对象 24 小时内所摄取的总能量和各种营养素的总量，参照《中国居民膳食营养素参考摄入量》，评价膳食满足人体需要的程度。

24 小时回顾法适合于个体调查及特殊人群调查，但不适用于 7 岁以下儿童和 75 岁及以上老年人的单独调查。在实际工作中，一般选用连续 3 天 24 小时回顾法，不管是大规模的全国营养调查还是小型的研究课题，都可采用这一方法，来估计个体或群体的膳食摄入量。

24 小时回顾法优点就是简单方便，采用开放式询问短时间内食物摄取的方法，有较好的应答率和完成率，对饮食行为的影响很小。缺点是食物摄取数量的确定和短期记忆的误差，会导致结果欠缺准确。

（2）记账法

记账法是膳食调查最早和最常用的方法，适用于有伙食账目的集体单位或家庭。记账法是通过查阅或记录一定时期内各种食物的消费总量，根据同一时期的进餐人数，计算出平均每人每天的各种食物消耗量，再按照食物成分表计算摄入的能量和各种营养素的量。

查阅或记录的食物数量主要有库存量、进购量、废弃量，结存量等，还有每餐就餐人数等。如果就餐者在年龄、性别、劳动强度和生理状态差别较大，就需要折算成标准人（从事轻体力劳动60kg体重的成年男子）的每人每日各种食物摄入量，表6–2是就餐人员标准人折算表。

表6–2 就餐人员标准人折算表

就餐人员	标准人折算系数
成年男性	1.00
成年女性	0.83
1岁～	0.42
2岁～	0.50
4岁～	0.61
7岁～	0.61
10岁～	0.88
12岁及以上	1.00
孕妇	1.15
乳母	1.38

注：本表来源于《营养师基本技能与实践》。

记账法具有操作简单、费用低人力少的优点，适用于大范围或较长时期的膳食调查。局限性在于不能确切分析个体的膳食摄取情况。

（3）称重法

称重法是使用称量工具对个人、家庭或集体单位一天中消费的各种食物量进行称重，并根据实际就餐人数计算出平均每人摄取的生食物重量，根据食物成分表计算出调查对象在一定时间内摄入的能量和营养素的种类数量。由于每人每天摄取的食物种类不同，称重法应该连续调查3～7天，才能得到比较准确的食物摄入量。

称重法首先要称量各种食物烹调前可食部分的生重和烹调后相应的重量，计算食物的生熟比；其次要称重被调查对象摄取熟食的重量，按照生熟比计算出对应的生重；最后根据食物成分表计算出摄入的能量和各种营养素的量。食物成分表中有熟食的成分数据时可直接使用，不用换算成生重。

称重法的优点是能够得到准确的食物摄取量，因此得到的膳食调查结果也比较准确。缺点是对调查人员要求高，对调查对象的配合度要求高，需要花费大量的人力物力，不适合大规模人群调查，也不适合长期膳食调查。如果调查对象在年龄、性别、劳动强度和生理状态差别较大时，需要折算成标准人（从事轻体力劳动60kg体重的成年男子）的每人每日各种食物摄取量，见表6-2。

（4）食物频率法

食物频率法是指收集被调查对象过去一段时间（数日、周、月或年）内各种食物消费频率及消费量，得到个人长期食物和营养素平均摄入量的方法。它也是询问法的一种，以问卷的形式进行膳食调查。

食物频率法的问卷包括食物名单和食物消费频率（次数）两方面内容。食物名单一般根据调查目的，选择被调查对象经常食用的食物、含有所要研究营养成分的食物，或被调查对象之间摄取状况差异较大的食物。该方法通常被用于有针对性地研究膳食习惯模式和某些慢性疾病的定性或定量关系。

食物频率法的优点是能够迅速得到被调查对象的食物摄取种类和摄取量，挖掘长期营养素摄取模式，缺点是食物量化估计误差大，准确性差。

（5）化学分析法

化学分析法是指在实验室中用化学分析方法测定调查对象一天内全部食物的营养成分，而不是根据食物成分表计算，从而准确获得各种食物的摄取量和营养素的数量。

根据样品的收集方法不同分为双份饭法和双份原料法两种。前者是指制作两份完全相同的饭菜，一份供食用，另一份作为分析样品。后者是指收集调查时间内各种未加工的食物或从当地市场上购买相同食物作为分析样品。前者的准确性要好于后者。化学分析法由于费用高，仅适于简单的膳食调查，如了解某种或某几种营养素的体内吸收及代谢状况等。

化学分析法的优点是能可靠准确地获得食物中各种营养素的实际摄入量，缺点是操作复杂、花费高。

6.1.1.2 人体体格测量

人体体格测量是营养调查的组成部分之一，从各个维度测量体格的大小和生长速度。体格测量是评价人体营养状况的重要指标，18 岁以上人群主要测量身高、体重、上臂围、腰围、臀围及皮褶厚度等指标。它能综合反映能量和蛋白质等营养素的摄取、利用和储备情况；学龄前儿童的测量结果还通常被用于评价一个地区人群的营养状况。

（1）身高、体重和 BMI

身高和体重是人体体格测量中最基础的项目。

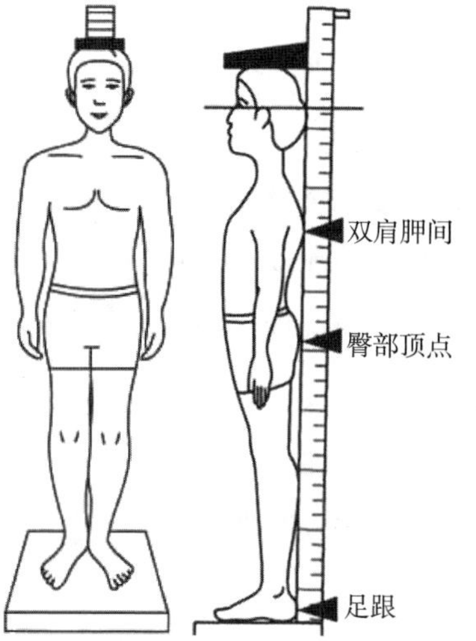

图 6–1　身高测量

注：本图来源于《人群健康监测人体测量方法》（WS/T 424—2013）。

身高是指从站立位足底到头部最高点的垂直距离。测量时，被测者足跟、双肩胛间和骶骨部与立柱式身高计的立柱相接触，两眼平视前方，眼眶下缘与耳廓上缘保持在同一水平；测量者将水平板轻滑至被测者头颅顶点，读数时以 m 或 cm 为单位，精确到 0.1cm，见图 6–1。身高测量一般在上午 10 点左右，此时身高为全天的中间值。

体重是裸体或穿着已知重量的衣服称量的人体重量。它反映人体骨骼、肌肉、皮下脂肪和内脏器官的发育状况，同时也反映人体的营养状况。成年人的体重随能量和营养素供应不足或过剩的变化比身高变化更灵敏，也会随着进食、运动、排泄甚至季节而变化。体重测量应在清晨、空腹、排泄完毕的状态下进行，室温 25℃左右。被测者穿贴身内衣裤平静赤足站立于秤台中央，两腿均匀负重，不能晃动。读数以 kg 为单位，精确到 0.1kg。

BMI 是衡量人体胖瘦程度和健康的一个指标，由身高和体重根据公式计算得到。BMI = 体重 / 身高 ^{2}，以 kg/m^2 为单位。

（2）腰围和臀围

腰围和臀围是营养调查中人体体格测量的常见指标。腰围指腋中线肋弓下缘和髂嵴连线中点水平位置处的体围周长，结合体脂率反映腹部皮下脂肪厚度与营养状态。臀围指经臀峰点水平位置处的体围周长，反映髋部骨骼和肌肉的发育情况，结合腰围能较好地评估腹型肥胖，对成年人的体质健康状况有重要意义。

腰围和臀围测定时被测者自然站立，两眼平视前方，自然均匀呼吸，腹部放松，两臂自然下垂，双足并拢。测量者执无伸缩性的标准软尺在腰围和臀围的测量点水平环绕一周进行测量，读数以 cm 为单位，精确到 0.1cm，分别见图 6-2（A）和图 6-2（B）。

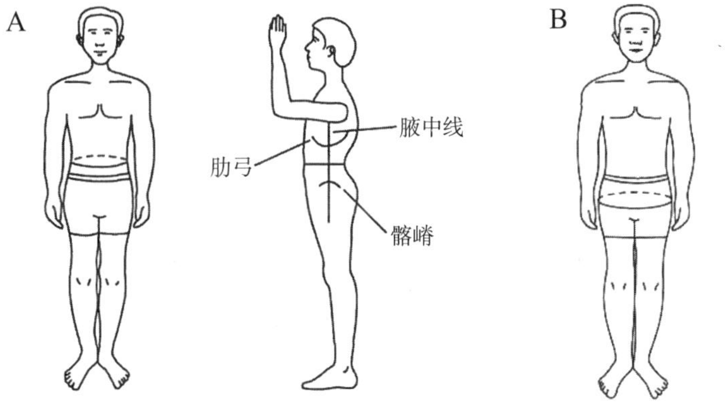

图 6-2 腰围测量（A）和臀围测量（B）示意

注：本图来源于《人群健康监测人体测量方法》（WS/T 424—2013）。

（3）皮褶厚度

皮褶厚度是体格测量中衡量皮下脂肪厚度的指标，可间接反映个体营养状况和肥胖程度。我国人体测量标准规定测定部位有上臂肱三头肌、肩胛下角和髂前上棘 3 个部位，分别代表肢体、躯干和腰腹的皮下脂肪情况。WHO 确定肱三头肌、肩胛下角和脐旁 2cm 处为 3 个测定部位。

皮褶厚度用皮褶测量卡尺或皮褶厚度计测量。未使用的皮褶计使用前需要校正零点和压力。测定肱三头肌和肩胛下角皮褶厚度时，被测者自然站立，双足并拢，两眼平视前方，充分裸露被测部位，肩部放松，两臂垂放在身体两侧，掌心向前。测量者站在被测者后方，测定肱三头肌皮褶厚度时，在右上臂肩峰与尺骨鹰嘴连线中点上方约 2cm 处，垂直于地面方向用左手拇指、食指和中指将皮肤和皮下组织捏提，右手握皮褶计钳夹部位距左手拇指 1cm 处，慢慢松开手柄后，迅速读取刻度盘上的读数，见图 6–3；测定肩胛下角皮褶厚度时，左手拇指和食指捏提起肩胛下角处皮肤及皮下组织，形成的皮褶延长线上方朝向脊柱，下方朝向肘部形成 45° 角。右手握皮褶计，钳夹部位距左手拇指 1cm 处，慢慢松开手柄后迅速读取读数，见图 6–4。

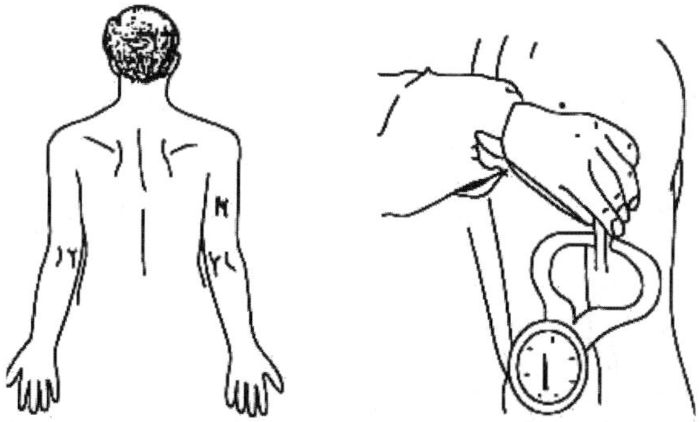

图 6–3　三头肌皮褶厚度测量

注：本图来源于《人群健康监测人体测量方法》（WS/T 424—2013）。

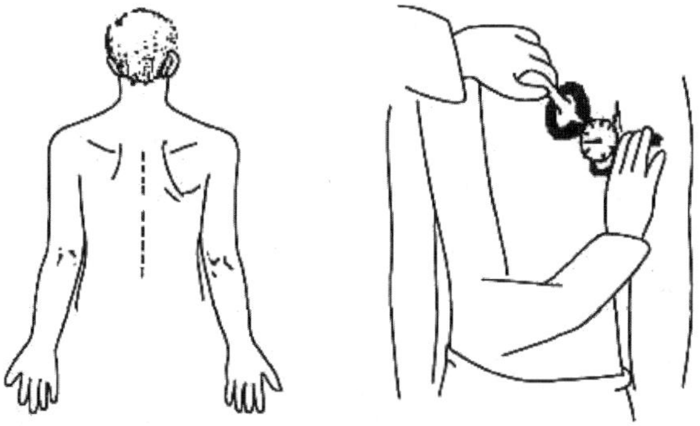

图 6–4　肩胛下角皮褶厚度测量

注：本图来源于《人群健康监测人体测量方法》（WS/T 424—2013）。

测定右侧髂前上棘皮褶厚度时，被测者自然站立，双足并拢，两眼平视前方，被测部位充分裸露，肩部放松，两臂垂放在身体两侧。测量者站在被测者右前方，左手拇指、食指和中指捏提右髂前上棘处皮肤及皮下组织，形成的皮褶延长线与身体长轴成45°角，右手握皮褶计，钳夹部位距左手拇指1cm处，慢慢松开手柄后迅速读取读数，见图6-5。

读数以mm为单位，精确到1mm。连续测量两次，若两次误差超过2mm，需测第三次，取两次最接近的数值求其平均值。

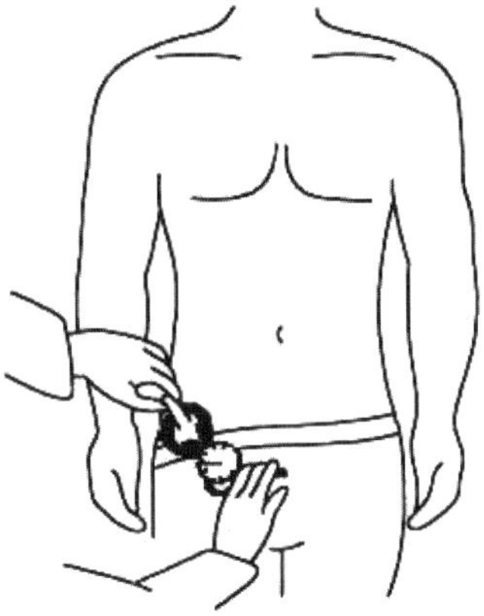

图6-5 髂前上棘皮褶厚度测量

注：本图来源于《人群健康监测 人体测量方法》（WS/T 424—2013）。

（4）上臂围和上臂肌围

上臂围是人体体格测量的指标之一，可以反映机体营养状况，且与体重密切相关。上臂围分为上臂紧张围和上臂松弛围，上臂紧张围是肱二头肌最大收缩时的围度，而上臂松弛围是肱二头肌最大松弛时的围度。二者差值越大，说明肌肉发育状况越好。

上臂围测量上臂肩峰至鹰嘴连线中点的臂围长。被测者自然站立，两腿均匀负重，两眼平视前方，肌肉放松，两臂自然垂放。测量者站在被测者身后，用无伸缩性的标准软尺在肩峰至鹰嘴连线中点处，水平围绕一周进行测量。读数以cm为单位，精确到0.1cm。

上臂肌围能较好地反映人体内蛋白质贮存情况，通常也用作营养状况好转或恶化的指标。上臂肌围 = 上臂围 −3.14 × 肱三头肌皮褶厚度，以cm为单位，精确到0.1cm。

6.1.1.3 人体营养状况的生化检验

人体营养状况的生化检验是营养调查的重要组成部分，是借助生理和生化实验手段检测相关指标，发现人体营养储备水平低下、营养不足或营养过剩等状况，以预防营养相关疾病的发生。它在评价人体营养状况中具有重要意义，因为在出现营养不良症状前，即亚临床状态时，一般会出现生理和生化的改变。

人体营养状况的生化检验测定受检者的血液、排泄物或者身体其他成分（如头发、指甲）中，各种营养素、营养素的代谢物或其他生理生化指标。检测的方法包括测定血液中的营养成分或其标志物水平，如维生素D_3；测定尿中营养成分的排出速率；测定尿中营养成分的代谢产物，如N′-甲基烟酰胺；测定血液或尿中营养素不足时出现的异常代谢产物，如同型半胱氨酸；测定与营养素摄取量有关的血液成分或酶活性的改变；进行负荷试验等。

（1）与宏量营养素相关的人体营养状况的生化检验

检测项目主要与蛋白质、脂类和碳水化合物的摄入和代谢相关。

与蛋白质摄入和代谢相关的检测指标常见的有血清中总蛋白、白蛋白等和尿中肌酸酐等；与脂类摄入和代谢相关的检测指标常见的有血清中总甘油三酯、总胆固醇、高密度脂蛋白胆固醇等；与碳水化合物摄入和代谢相关的检测指标常见的有血清葡萄糖、血浆胰岛素和血浆胰高血糖素等，详见表6–3。

表6–3　与宏量营养素相关的人体营养状况的生化检验指标

营养素	检测指标
蛋白质	血液：血清总蛋白、血清白蛋白、血清运铁蛋白、血浆前白蛋白、血浆视黄醇结合蛋白、血浆游离氨基酸、空腹血浆氨基酸总量 / 必需氨基酸量、血浆纤维结合蛋白 尿液：肌酸酐、肌酸酐 / 身高指数、3–甲基组氨酸、羟脯氨酸等
脂类	血清总脂、血清总甘油三酯、血清总胆固醇、血清游离胆固醇和胆固醇酯、血清高密度脂蛋白胆固醇、血清低密度脂蛋白胆固醇、血清极低密度脂蛋白胆固醇、血清游离脂肪酸、血酮等
碳水化合物	血清葡萄糖、血浆胰岛素、血浆胰高血糖素、葡萄糖耐量实验、胰高血糖耐量实验、尿糖定性和定量实验等

（2）与矿物质相关的人体营养状况的生化检验

与矿物质摄取和代谢相关的检测指标常见的有血红蛋白、全血 / 红细胞（GSH-Px）、尿碘等，详见表6–4。

表6–4　与矿物质相关的人体营养状况的生化检验指标

营养素	检测指标
钙、磷	血清钙、血清无机磷、血清钙磷乘积、血清碱性磷酸酶等
铁	血红蛋白、血清铁蛋白、血清运铁蛋白、血清运铁蛋白饱和度、血清铁、血清铁饱和度、血清总铁结合力、红细胞游离原卟啉、红细胞计数、红细胞比容、平均红细胞体积等
碘	血液：血浆无机碘、血清蛋白结合碘、血清游离甲状腺素、血清甲状腺素（四碘甲状腺原氨酸，T_4）、血清三碘甲状腺原氨酸、血清促甲状腺素、血清甲状旁腺激素、血清甲状腺球蛋白等 尿液：尿碘

续表

营养素	检测指标
锌	血清锌、红／白细胞锌、金属硫蛋白、碱性磷酸酶等
硒	血液：全血硒、血浆硒、全血／红细胞（GSH-Px）等 尿液：尿硒 头发：发硒
铜	全血铜、血清铜、血清铜蓝蛋白、红细胞 SOD
氟	血液：全血氟、血清氟 尿液：尿氟

（3）与维生素相关的人体营养状况的生化检验

与维生素摄入和代谢相关的检测指标常见的有血清视黄醇、红细胞转酮醇酶活性系数、血浆同型半胱氨酸、4 小时尿负荷还原型维生素 C 等，详见表 6-5。

表 6-5 与维生素相关的人体营养状况的生化检验指标

营养素	检测指标
维生素 A	血浆维生素 A、血清 β-胡萝卜素、血浆视黄醇结合蛋白
维生素 D	血浆 25-OH 维生素 D_3、血浆 1，25-（OH）$_2$ 维生素 D_3、血清碱性磷酸酶
维生素 E	血清维生素 E、红细胞维生素 E、红细胞过氧化氢溶血实验
维生素 K	血浆纤维蛋白原、凝血酶原前体蛋白、凝血酶原活力、血浆叶绿醌等
维生素 C	血液：全血维生素 C、血浆总维生素 C 等 尿液：尿维生素 C、4 小时 500mg 尿负荷还原型维生素 C
维生素 B_1	血液：血清维生素 B_1、白细胞维生素 B_1、红细胞转酮醇酶活性系数、红细胞转羟乙醛酶活力 尿液：尿维生素 B_1、尿中维生素 B_1 和肌酐含量的比值、4 小时 5mg 尿负荷维生素 B_1
维生素 B_2	血液：血清维生素 B_2、红细胞维生素 B_2、全血谷胱甘肽还原酶活性系数 尿液：尿维生素 B_2、4 小时 5mg 尿负荷维生素 B_2
烟酸	血液：红细胞辅酶Ⅰ和辅酶Ⅱ的比值 尿液：尿 N′-甲基烟酰胺、尿 2-吡啶酮和 N′-甲基烟酰胺比值、4 小时 50mg 尿负荷烟酸
维生素 B_6	血液：血浆吡哆醛 尿液：尿维生素 B_6、尿吡哆酸、尿黄尿酸等
叶酸	血清叶酸、红细胞叶酸、血浆同型半胱氨酸
维生素 B_{12}	血清维生素 B_{12}、血清维生素 B_{12} 结合钴啉、血浆同型半胱氨酸等

6.1.1.4 人体营养状况的体征检查

人体营养状况的体征检查是营养调查的重要组成部分，一般包括营养缺乏症的体征检查，也包括营养相关慢性病如糖尿病、高血压等的临床症状和体征检查。

与营养相关的疾病尤其是营养缺乏症的发生是渐进的过程。最先表现为体内营养水平的下降，如进一步缺乏会出现生理生化的改变，最后导致病理形态上的异常改变和损伤，出现特征性状况和体征。发生的原因主要有营养素摄入不足或过量、消化吸收代谢障碍紊乱和疾病等。目前研究较多的营养缺乏病症状及体征比较复杂，轻度的症状不典型，而且有些症状是非特异性的，因此需要结合营养状况的生化水平检测进一步判断。

检查与人体营养状况相关的体征时，首先通过观察被检查者的全身（如胖瘦、精神状态等），先对其营养状况有一个初步判断；然后通过视诊、触诊、听诊、叩诊，详细检查头、颈、胸、腹、脊柱、四肢、生殖器、神经系统等，进一步明确缺乏的营养素；最后结合实验室检查的结果，对大多数营养缺乏病做出诊断。人体营养状况的体征检查项目见表 6–6。

表 6–6 人体营养状况的体征检查项目

身体部位	检测项目
全身	身高、胖瘦、水肿、体形体态等
头发	光泽、稀疏、发干发脆等
眼	结膜干燥、结膜充血、毕脱斑、角膜干燥、角膜软化、睑缘等
口腔	口唇和口腔黏膜、牙龈充血肿胀、口角炎、唇炎、舌的颜色与表面等
颈部	甲状腺肿
皮肤	苍白、干燥、出血点、毛囊角化丘疹、糙皮性皮炎、脂溢性皮炎、阴囊皮炎等
指甲	匙状甲、凹形甲等
骨骼	方颅、鸡胸、肋串珠、漏斗胸、“O” 形或 “X” 形腿等
内脏	肿大等
神经系统	膝跳反射、腓肠肌压痛等

6.1.2 营养状况评价

营养状况评价是营养调查的一部分，运用科学的方法对营养调查结果进行分析评价，发现存在的问题，并提出合理化改善建议。

营养状况评价包括对膳食调查结果的营养分析评价、对人体测量结果的营养评价、人体营养状况的生化评价以及对体征的营养状况评价和营养缺乏症的判断。

6.1.2.1 膳食调查评价

膳食调查无论采用24小时回顾法、记账法、称重法、食物频率法或化学分析法中的一种或几种，都需要对摄取的食物品种数量、能量及营养素的种类数量和比例进行评价，评定其合理性并进一步指导膳食营养。评价的依据主要有《中国居民膳食指南（2022）》《中国居民膳食营养素参考摄入量（2023）》《国民营养计划（2017—2030）》《健康中国行动（2019—2030）》等。

（1）《中国居民膳食指南》

膳食指南是根据营养科学原则和人体营养健康需求，结合当地食物生产供应情况及人群生活实践，由政府或权威机构研究并提出的食物选择和身体活动指导意见。

国际上第一部膳食指南的正式出台是1968年。《中国居民膳食指南》第一部于1989年颁布实施，后历经1997年、2007年、2016年和2022年四次修订，对提高中国居民膳食质量、改善国民营养状况和体质、延长人均寿命做出了巨大贡献。《中国居民膳食指南（2022）》包括一般人群膳食指南和平衡膳食模式等内容，提出的八条平衡膳食准则为2岁以上健康人群合理膳食的遵循原则，平衡膳食模式则以膳食宝塔和膳食餐盘的形式提出。它强调食物多样和平衡的饮食模式，是评价膳食质量的科学标准之一。

八条平衡膳食准则分别为准则一：食物多样，合理搭配；准则二：吃动平衡，健康体重；准则三：多吃蔬果、奶类、全谷、大豆；准则四：适量吃鱼、禽、蛋、瘦肉；准则五：少盐少油，控糖限酒；准则六：规律进餐，足量饮水；准则七：会烹会选，会看标签；准则八：公筷分餐，杜绝浪费。

准则一食物多样，合理搭配的核心推荐为：①坚持谷类为主的平衡膳食模式；②每天的膳食应包括谷薯类、蔬菜水果、畜禽鱼蛋奶和豆类食物；③平均每天摄入12种以上食物，每周25种以上，合理搭配；④每天摄入谷类食物200～300g，其中包含全谷物和杂豆类50～150g、薯类50～100g。

准则二吃动平衡，健康体重的核心推荐为：①各年龄段人群都应天天进行身体活动，保持健康体重；②食不过量，保持能量平衡；③坚持日常身体活动，每周至少进行5天中等强度身体活动，累计150分钟以上；主动身体活动最好每天6000步；④鼓励适当进行高强度有氧运动，加强抗阻运动，每周2～3天；⑤减少久坐时间，每小时起来动一动。

准则三多吃蔬果、奶类、全谷、大豆的核心推荐为：①餐餐有蔬菜，保证每天摄入不少于300g的新鲜蔬菜，深色蔬菜应占1/2；②天天吃水果，保证每天摄入200～350g的新鲜水果，果汁不能代替鲜果；③吃各种各样的奶制品，摄入量相当于每天300mL以上液态奶；④经常吃全谷物、大豆制品，适量吃坚果。

准则四适量吃鱼、禽、蛋、瘦肉的核心推荐为：①鱼、禽、蛋类和瘦肉摄入要适量，平均每天120～200g；②每周最好吃鱼2次或300～500g，蛋类300～350g，畜禽肉300～500g；③少吃深加工肉制品；④吃鸡蛋不弃蛋黄；⑤优先选择鱼，少吃肥肉、烟熏和腌制肉制品。

准则五少盐少油，控糖限酒的核心推荐为：①成年人每天摄入食盐不超过5g，烹调油25～30g；②添加糖的摄入量，每天不超过50g，最好控制在25g以下；③反式脂肪酸每天摄入量不超过2g；④不喝或少喝含糖饮料；⑤儿童青少年、孕妇、乳母以及慢性病患者不应饮酒。成年人一天饮用的酒精量不超过15g。

准则六规律进餐，足量饮水的核心推荐为：①合理安排一日三餐，定时定量，不漏餐，每天吃早餐；②规律进餐、饮食适度，不暴饮暴食、不偏食挑食、不过度节食；③足量饮水，少量多次。在温和气候条件下，低身体活动水平成年男性每天喝水1700mL，成年女性每天喝水1500mL；④喝白水或茶水，不用饮料代替白水。

准则七会烹会选，会看标签的核心推荐为：①在生命的各个阶段都应做好健康膳食规划；②认识食物，选择新鲜营养素密度高的食物；③学会阅读食品标签，合理选择预包装食品；④学习烹饪、传承传统饮食，享受食物天然美味；⑤在外就餐，不忘适量与平衡。

准则八公筷分餐，杜绝浪费的核心推荐为：①选择新鲜卫生的食物，不食用野生动物；②食物制备生熟分开，熟食二次加热要热透；③讲究卫生，从分餐公筷做起；④珍惜食物，按需备餐，提倡分餐不浪费；⑤做可持续食物系统发展的践行者。

（2）膳食营养素参考摄入量（DRI）

膳食营养素参考摄入量是为了保证健康个体和群体合理摄入营养素，避免缺乏和过量，推荐的每日平均营养素摄入量的一组科学参考值或标准。它适用于健康个体，也包括没有明显健康问题的人。

1938 年，中华医学会公共卫生委员会组织营养委员会发布的“中国民众最低限度之营养需要”，被认为是我国最早的营养素需要量文件。中国营养专家在 1955 年开始制定“推荐膳食营养素供给量”，并历经多次修订之后经过 30 多位营养学家的努力，第一版《中国居民膳食营养素参考摄入量》在 2000 年出版发行。《中国居民膳食营养素参考摄入量（2013）》在第一版的基础上，提出预防非传染性慢性病的相关指标和数值，对于指导居民营养素摄入量是否达成目标、维护营养健康水平，具有重要作用。随着科学界对营养与健康研究的不断深入，膳食营养素参考摄入量主要内容也得到了不断拓展和完善。《中国居民膳食营养素参考摄入量（2023）》仍然保留 2013 版的 7 个指标，包括平均需要量、推荐摄入量、适宜摄入量、可耐受最高摄入量、宏量营养素可接受范围、预防非传染性慢性疾病的建议摄入量和特定建议值，对其中的一些指标做了适当的概念修改和推荐量的修改，使其更具有科学性和先进性。

《中国居民膳食营养素参考摄入量（2023）》主要涉及能量、宏量营养素、维生素和矿物质等 70 多个营养素和其他膳食成分的、20 个年龄组及孕妇乳母的不同参考摄入量，可用于衡量群体及个体的营养素摄入水平是否适宜，也是国家制订营养政策及食物发展计划、指导食品加工、编制膳食指南等的重要科学依据。

（3）膳食调查评价的指标

对膳食调查的结果通常围绕充足、均衡、控能、多样性等方面进行评价。

1）食物种类和数量

通过各种调查方法得到被调查者每日摄入食物的种类，是否达到平均每天摄入 12 种以上食物，每周 25 种以上；每天摄入食物的数量是否达到谷类食物 200 ～ 300g，其中全谷物和杂豆类 50 ～ 150g，薯类 50 ～ 100g；新鲜蔬菜 300g，深色蔬菜应占 1/2；新鲜水果 200 ～ 350g；相当于每天 300mL 以上液态奶；鱼、禽、蛋类和瘦肉 120 ～ 200g；食盐不超过 5g，烹调油 25 ～ 30g 等的推荐标准。

2）能量和营养素摄入量

每克蛋白质、脂肪和碳水化合物分别提供 4.0kcal、9.0kcal 和 4.0kcal 的能量，通过《食物成分表》计算得到的每日能量和营养素的摄入量是否满足《中国居民膳食营养素参考摄入量（2023）》中的推荐值。例如，通过膳食调查得到 22 岁在校男大学生平均每天能量摄入为 2300kcal，蛋白质摄入 60g，碳水化合物摄入 350g，钙摄入 600mg，锌摄入 10.0mg，维生素摄入 C 75mg，按照中国 18 ～ 29 岁中等体力活动水平成年男子的能量和营养素推荐摄入量进行对比分析，评价得出 22 岁在校男大学生平均每天除碳水化合物外，摄取的能量、钙、锌、维生素 C 都没有达到相应的推荐量，见表 6–7。

表 6–7　膳食调查结果评价表

能量和营养素	18 ～ 29 岁成年男性推荐摄入量	实际摄入量	占推荐量（%）
能量（kcal）	2550	2300	90.2
蛋白质（g/d）	65	60	92.3
碳水化合物（%E）	50 ～ 65	350[a]	60.9
钙（mg/d）	800	600	75.0
锌（mg/d）	12.0	10.0	83.3
维生素 C（mg/d）	100	75	75.0

注：a 表示该数值单位为 g。

3）能量、蛋白质的食物来源

根据《食物成分表》计算各类食物提供的能量并计算能量来源，评价三大产能营养素的供能比是否符合蛋白质 10% ～ 20%、碳水化合物 50% ～ 65%、脂肪 20% ～ 30% 的推荐比例；根据《食物成分表》计算各类食物提供的蛋白质量，评价动物性食物和大豆类食物蛋白质来源是否不低于 50%。

4）三餐能量分配比例

平衡膳食准则六指出合理安排一日三餐，定时定量、不漏餐、每天吃早餐，三餐能量分配为 25% ～ 30%、35% ～ 40%、30% ～ 35%。根据《食物成分表》计算平均每天早午晚各餐食物提供的能量，评价三餐比例是否符合推荐比例。

5）其他分析

在进行每日膳食评价时，还要注意是否有大豆类食物、坚果等的摄入；注意某些营养素的摄入量虽然达到推荐摄入量，但不能超过可耐受的最大摄入量等，并给出相应的合理建议。

6.1.2.2 人体测量结果的营养评价

对人体体格测量的评价可以判断机体的营养状况。评价的依据主要有中国成人体重判定、中国成年人 BMI、WHO 划分标准、营养状况指标参考值等。

（1）体重和 BMI

通常用标准体重反映和衡量一个人的胖瘦程度和健康状况。

标准体重（kg）= 身高（cm）–105

标准 BMI（%）=（实际体重 – 标准体重）/ 标准体重 ×100%

评价方法见表 6–8。

表 6–8　成人体重评价表

标准 BMI	评价结果
±10% 之间	正常
< –10%	瘦弱
< –20%	重度瘦弱
> 10%	超重
> 20%	肥胖

WHO针对亚洲成年人，建议：BMI < 18.5kg/m^{2}为体重过低，18.5 ～ 24.9kg/m^{2}为正常，25.0 ～ 29.9kg/m^{2}为超重，> 30.0kg/m^{2}为肥胖。

中国《成人体重判定》建议BMI衡量18岁以上成人胖瘦程度和健康状况的参考值为：BMI < 18.5kg/m^{2}为低体重，18.5 ～ 23.9kg/m^{2}为正常，24.0 ～ 27.9kg/m^{2}为超重，≥ 28kg/m^{2}为肥胖。

可以根据研究目的选择合适的BMI划分标准，例如比较我国与其他国家成年人超重肥胖状况时，可使用WHO对成年人BMI的划分标准。

（2）腰围和臀围

腰围是人体体格测量的一部分，作为肥胖诊断指标已得到广泛应用。它结合臀围能更好地判断中心性肥胖（腹型肥胖、内脏型肥胖），为评价成年人的体质状况和健康水平提供了理论依据。根据我国《成人体重判定》，男性腰围≥ 90cm，女性腰围≥ 85cm，属于中心型肥胖。腰臀比 = 腰围 / 臀围，男性腰臀比 < 0.9，女性腰臀比 < 0.85，超过此值为中心性肥胖。

（3）皮褶厚度

皮褶厚度一般不单独作为肥胖的标准，但可以间接评价体内脂肪的储备量。肱三头肌皮褶厚度标准参考值男性为12.5mm，女性为16.5mm；肩胛下皮褶厚度标准参考值男性为10 ～ 40mm，女性为20 ～ 50mm。评价皮褶厚度的标准参考值和评价方法见表6–9。

表6–9 成人皮褶厚度的标准参考值和评价方法

肱三头肌皮褶厚度（实测值 / 标准参考值）× 100（%）	评价结果	肩胛下皮褶厚度实测值（mm）	评价结果
> 120	肥胖	> 40（男）	肥胖
90 ～ 110	正常	> 50（女）	肥胖
80 ～ 90	轻度营养不良	< 10（男）	消瘦
60 ～ 80	中度营养不良	< 20（女）	消瘦
< 60	重度营养不良		

（4）上臂围和上臂肌围

目前，我国没有统一的成年人上臂围的标准参考值。上臂肌围的成年人正常参考值为男 25.3cm、女 23.2cm，评价方法见表 6–10。

表 6–10 成人上臂肌围的标准参考值和评价方法

（实测值 / 标准参考值）× 100%	评价结果
> 90	正常
80 ～ 90	轻度肌蛋白消耗
60 ～ 80	中度肌蛋白消耗
< 60	重度肌蛋白消耗

6.1.2.3 人体营养状况的生化检验评价

（1）人体营养状况的生化检验评价

与宏量营养素、矿物质和维生素相关的人体营养状况的生化检验指标的正常参考值见表 6–11、表 6–12 和表 6–13。

表 6–11 与宏量营养素相关的人体营养状况的生化检验指标的正常参考值

营养素	检测指标	正常参考值
蛋白质	血清总蛋白	60 ～ 80g/L
	血清白蛋白	35 ～ 55g/L
	血浆前白蛋白	250 ～ 400mg/L
	血清球蛋白	20 ～ 30g/L
蛋白质	空腹血浆氨基酸总量 / 必需氨基酸量	> 2
	游离氨基酸	40 ～ 60mg/L（血浆），65 ～ 90mg/L（红细胞）
	尿羟脯氨酸系数	> 2.5mmol/L 尿肌酐系数
脂类	血清总脂	4.0 ～ 7.0g/L
	血清甘油三酯	0.56 ～ 1.70mmol/L
	血清总胆固醇	2.84 ～ 5.68mmol/L
	血清游离胆固醇（其中胆固醇酯百分比）	1.1 ～ 2.0g/L（70 ～ 75%）
	血清高密度脂蛋白胆固醇	0.94 ～ 2.0mmol/L
	血清低密度脂蛋白胆固醇	2.07 ～ 3.12mmol/L
	血清游离脂肪酸	0.2 ～ 0.6mmol/L
	血酮	< 20mg/L
碳水化合物	血清葡萄糖	< 6.1mmol/L
	葡萄糖耐量实验（糖负荷后 2h 血糖）	< 7.8mmol/L

表 6–12　与矿物质相关的人体营养状况的生化检验指标的正常参考值

营养素	检测指标	正常参考值
钙、磷	血清钙（其中游离钙）	90 ～ 110mg/L（45 ～ 55mg/L）
	血清无机磷	30 ～ 50mg/L
	血清钙磷乘积	> 30
	血清碱性磷酸酶	45 ～ 125U/L（男），35 ～ 135U/L（女）
铁	血红蛋白	120 ～ 160g/L（男），110 ～ 150g/L（女）
	血清铁蛋白	15 ～ 200μg/L（男），12 ～ 150μg/L（女）
	血清运铁蛋白饱和度	0.33 ～ 0.35
	血清铁	10.6 ～ 36.7μmol/L（男），7.8 ～ 32.2μmol/L（女）
	红细胞游离原卟啉	< 70mg/L 红细胞
	平均红细胞血红蛋白浓度	320 ～ 360g/L
碘	血清总甲状腺素（TT_4）	65 ～ 180nmol/L
	血清游离甲状腺素（FT_4）	12 ～ 22pmol/L
	血清总三碘甲状腺原氨酸（TT_3）	1.3 ～ 3.1nmol/L
	血清促甲状腺激素（TSH）	0.27 ～ 4.2mU/L
锌	血浆锌	800 ～ 1100μg/L
	血清锌	750 ～ 1200μg/L
	红细胞锌	180.5 ～ 272.8μmol/10^{10} 个红细胞
	发锌	125 ～ 250μg/g（暂用：临界缺乏 < 110，绝对缺乏 < 70）
	尿锌	138 ～ 722μg/24h
硒	血清硒	（79 ± 30）μg/L
	红细胞 GSH-Px	2.96 ～ 83U/g 红细胞
	尿硒	16.9 ～ 88.6μg/L

表 6–13　与维生素相关的人体营养状况的生化检验指标的正常参考值

营养素	检测指标	正常参考值
维生素 A	血清维生素 A	200 ～ 500μg/L
	血清 β- 胡萝卜素	> 800μg/L
	血浆视黄醇结合蛋白	40 ～ 90μg/L
维生素 D	血浆 25-OH 维生素 D_3	36 ～ 150nmol/L
	血浆 1，25-（OH）$_2$ 维生素 D_3	62 ～ 156pmol/L
维生素 C	血浆总维生素 C	≥ 4mg/L
	尿维生素 C 和肌酐含量的比值	> 9mg（男），> 15mg（女）
	4 小时 500mg 尿负荷还原型维生素 C	5 ～ 13mg
维生素 B_1	红细胞转羟乙醛酶活力	< 16%
	尿中维生素 B_1 和肌酐含量的比值	≥ 66μg
	4 小时 5mg 尿负荷维生素 B_1	≥ 200μg

续表

营养素	检测指标	正常参考值
维生素 B_2	红细胞谷胱甘肽还原酶活性系数 尿维生素 B_2 和肌酐含量的比值 4 小时 5mg 尿负荷维生素 B_2	≤ 1.2 80 ～ 269μg 800 ～ 1300μg
烟酸	尿中 N′- 甲基烟酰胺和肌酐含量的比值 4 小时 50mg 尿负荷烟酸	1.6 ～ 4.2mg 3.0 ～ 3.9mg
叶酸	血浆叶酸 红细胞叶酸	3 ～ 16μg/L 130 ～ 628μg/L

（2）营养相关慢性病的生化检查诊断标准

随着经济发展和生活水平的提高，人们的饮食和生活方式发生了迅猛的变化。营养相关慢性病包括肥胖、高血压、糖尿病、心脑血管疾病、恶性肿瘤等非传染性疾病的发生率急速增长。依据生化检测，可以对营养相关慢性病进行诊断，对早期发现与治疗具有重要价值。肥胖诊断标准见表 6–8，高血压、糖代谢状态分类、糖尿病、高血脂诊断标准见表 6–14、表 6–15、表 6–16、表 6–17。

表 6–14　血压水平分类和定义

血压水平分类	收缩压（SBP，mmHg）	舒张压（DBP，mmHg）
正常血压	＜ 120 和	＜ 80
正常高值	120 ～ 139 和（或）	80 ～ 89
高血压	≥ 140 和（或）	≥ 90
1 级高血压（轻度）	140 ～ 159 和（或）	90 ～ 99
2 级高血压（中度）	160 ～ 179 和（或）	100 ～ 109
3 级高血压（重度）	≥ 180 和（或）	≥ 110
单纯收缩期高血压	≥ 140 和（或）	＜ 90

注：当 SBP 和 DBP 分属于不同级别时，以较高的分级为准；本表来源于《中国高血压防治指南（2018 年修订版）》。

表 6–15　糖代谢状态分类（WHO，1999 年）

糖代谢状态	静脉血浆葡萄糖（mmol/L）	
	空腹血糖	糖负荷后 2h 血糖
正常血糖	＜ 6.1	＜ 7.8

续表

糖代谢状态	静脉血浆葡萄糖（mmol/L）	
	空腹血糖	糖负荷后 2h 血糖
空腹血糖受损	≥ 6.1，< 7.0	< 7.8
糖耐量减低	< 7.0	≥ 7.8，< 11.1
糖尿病	≥ 7.0	≥ 11.1

注：空腹血糖受损和糖耐量减低统称为糖调节受损，也称糖尿病前期；空腹血糖正常参考范围下限通常为 3.9mmol/L；本表来源于《中国 2 型糖尿病防治指南（2020 年版）》。

表 6–16　糖尿病诊断标准

诊断标准	静脉血浆葡萄糖或 HbA_{1c} 水平
典型糖尿病症状	
加上随机血糖	≥ 11.1mmol/L
或加上空腹血糖	≥ 7.0mmol/L
或加上 OGTT 2h 血糖	≥ 11.1mmol/L
或加上 HbA_{1c}	≥ 6.5%
无典型糖尿病症状者，需改日复查确认	

注：典型糖尿病症状包括烦渴多饮、多尿、多食、不明原因的体重下降；空腹状态指至少 8 小时没有进食热量；随机血糖指不考虑上次用餐时间，一天中任意时间的血糖，不能用来诊断空腹血糖受损或糖耐量减低；本表来源于《中国 2 型糖尿病防治指南（2020 年版）》。

表 6–17　血脂异常诊断参考标准

分层	血浆 TC	血清 LDL-C	血清 HDL-C	血浆 TG
合适范围	< 5.2mmol/L（200mg/dL）	< 3.4mmol/L（130mg/dL）		< 1.7mmol/L（150mg/dL）
边缘升高	5.2 ～ 6.2mmol/L（200 ～ 240mg/dL）	3.4 ～ 4.1mmol/L（130 ～ 160mg/dL）		1.7 ～ 2.3mmol/L（150 ～ 1200mg/dL）
升高	≥ 6.2mmol/L（240mg/dL）	≥ 4.1mmol/L（160mg/dL）		≥ 2.3mmol/L（200mg/dL）
降低			< 1.0mmol/L（40mg/dL）	

注：本表来源于《中国营养科学全书》。

6.1.2.4　人体特征性症状和体征与可能缺乏的营养素关系

识别营养缺乏和营养过剩的症状和体征，对于评价和判断营养缺乏症和营养慢性病非常重要。虽然它不是特异性的，需要结合人体测量和营养水平检查，但对于初级预防和进一步营养治疗至关重要。人体特征性症状和体征与可能缺乏的营养素的相关性见表 6–18。

表 6–18　人体检查症状和体征与可能缺乏的营养素的关系

身体部位	症状和体征	有关障碍或可能缺乏的营养素
全身	消瘦、水肿、发育不良 贫血	能量、蛋白质、维生素、锌 蛋白质、铁、叶酸、维生素 B_{12}、维生素 B_6、维生素 C
头发	稀少、失去光泽	蛋白质、维生素 A
皮肤	干燥、毛囊角化 出血点（瘀点） 皮炎（红斑摩擦疹） 脂溢性皮炎、阴囊与会阴皮炎	维生素 A 维生素 C 烟酸 维生素 B_2
眼	角膜干燥、夜盲、毕脱斑 角膜边缘出血 睑缘炎、畏光	维生素 A 维生素 B_2 维生素 B_2、维生素 A
唇	口角炎、口角裂、口唇炎	维生素 B_2、烟酸
口腔	舌炎、舌猩红 地图舌 口内炎 牙龈炎、齿龈出血松肿	维生素 B_2、烟酸、维生素 B_{12} 维生素 B_2、烟酸、锌 维生素 B_2、烟酸、维生素 B_{12} 维生素 C
颈部	甲状腺肿大	碘
指甲	舟状甲	铁
骨骼	颅骨软化、方颅、鸡胸、串珠肋、"O" 形腿、"X" 形腿	维生素 D、维生素 C
神经	肌肉无力，四肢末端蚁行感，下肢肌肉疼痛	维生素 B_1、烟酸
其他	生长迟缓、伤口不愈合、第二性征发育不全 肥胖、糖尿病、血脂异常	锌 各种营养素失调

6.2 营养监测

营养监测不仅监测人群的营养健康状况，还对影响营养健康状况的原因如社会经济、农业生产、家庭生活条件、卫生保健等方面进行监测。FAO、

WHO 和 UNICEF 等国际组织将营养监测定义为对人群（尤其是按社会经济状况划分的亚人群）的营养状况进行连续动态的观察，针对营养问题制订计划，分析已制定的政策和计划所产生的影响，并预测其发展趋势。

国际上，美国、英国、韩国等国家较好地开展了营养监测，为健康相关政策的制定和评估提供数据支持。我国的食物营养监测体系始于 1988 年，由原中国预防医学科学院公共卫生信息中心和营养与食品卫生研究所与国家统计局联合试点工作。

营养监测和营养调查具有很大的不同，主要侧重分析造成营养状况的影响因素，并提出相应的社会性营养改善措施。因此，营养监测具有一定的特征。首先，突出以特定人群，特别是需要保护的人群如儿童等为对象，分析影响其营养状况的社会因素和探讨能采取的社会性措施。其次，营养监测强调研究、制定、修订和执行营养政策或实施营养干预。最后，营养监测可以以有限的人力和物力，分析掌握一个国家或地区全局的常年动态。

营养监测的目的和营养调查也有很大不同，主要目的是及时了解居民营养状况和食物消费的变化和趋势，为政府决策者提供信息，有针对性地调整食物生产和流通分配，保证社会发展过程中人群健康、食物生产、社会经济与环境的平衡发展和优化提高。

6.2.1 营养监测的分类

根据营养监测的目的，营养监测分为政策和规划性营养监测、效果评价性监测、预警性营养监测。

政策和规划性营养监测，即长期营养监测，对人群营养状况及其制约因素进行长期的动态的观察、分析和预测，从而制定营养政策和规划。

效果评价性监测通过监测营养指标的变化，对已制定的营养政策和规划在实施过程中或实施结果进行评价，确定是否改进目标、完善已实施的措施。如儿童营养和保健计划的评价监测。

预警性营养监测是为了预防可能发生的或减轻正在发生的食物短缺或摄入过量而进行的营养监测，是一项弥补和预防营养状况短期恶化的措施，如防止由于旱涝虫害低温等自然灾害或营养补充剂的过量供应和消费引起的食物危机及营养失调。

6.2.2 营养监测的内容和指标

营养监测涉及居民食物、能量和营养素摄入及相关健康状况的监测；居民营养知识和认知、膳食行为和生活方式的监测、食物成分和营养数据库变化的监测、食品供应情况及其影响因素的监测、社会经济发展水平的监测等。

营养监测指标随营养监测的目的不同而有差别，指标应该具有灵敏性、特异性与可行性；指标宜少不宜多，以便营养监测容易进行。营养监测指标包括社会经济、医疗保健和食物供应等方面的指标。

6.2.2.1 营养监测的社会经济指标

社会经济指标一般包含经济状况指标、环境指标和各种服务指标等，主要有国民生产总值、国内生产总值、人均收入及人均收入增长率、恩格尔（Engel）系数、收入弹性、食品深加工比值；反应供水、垃圾处理、拥挤情况等环境条件的指标；卫生机构等医疗状况的指标。

人均收入及人均收入增长率：人均收入 = 实际收入 / 家庭人口数；人均收入增长率（%）=［（第二年度人均收入 - 第一年度人均收入）/ 第一年度人均收入］× 100%。

恩格尔系数是指食物支出占家庭总收入的比重，它可以衡量一个国家或地区居民消费水平和贫困富裕。恩格尔系数在 60% 以上者为贫困，50% ～ 59% 为勉强度日，40% ～ 49% 为小康水平，30% ～ 39% 为富裕，30% 以下为最富裕。

收入弹性是食物购买力增长率（%）与收入增长率（%）的比值。收入弹性指标在贫困地区相当于 0.7 ～ 0.9，即如果收入增长 10%，用于购买食品的增长率增加 7% ～ 9%。在富裕的地区，收入弹性值减小。

食品深加工比值是人均食品工业净产值与人均农牧业食品原料产值的比值。经济发达国家食品深加工比值高，发展中国家食品深加工比值低。

6.2.2.2 营养监测的医疗保健指标

医疗保健指标通常包含新生儿死亡率、婴儿的母乳喂养率、新生儿体重、居民平均预期寿命、人体测量、营养素缺乏、慢性非传染性疾病指标等。

6.2.2.3 营养监测的食物保障指标

食物保障指标一般包含食物平衡表（反映一定时期食物供给的综合情况，显示出一种食物的供给来源和使用情况，这些食物包括初级农产品和加工品）、人均动物性食品增长率或销售额、谷类食品所占能量百分比与动物性食品所占能量百分比的消长、居民蛋白质平均摄入量等。

营养监测指标还包括饮食行为与生活方式指标，如吸烟、饮酒、身体活动、锻炼、生活规律以及知识、态度和行为的改变等。

6.2.3 营养监测方法

营养监测方法涉及监测系统的建立和监测数据的获取、分析、利用及相应干预。

营养监测系统是建立在多部门联合和合作基础上的，如卫生和健康、农业、发改、公信、教育、环境等部门。建立有效的营养监测系统首先要明确营养监测的目的；其次，选择营养监测的方式；再次，选择监测点和人群；再次，确定监测指标；再次，明确监测的工作程序；再次，营养监测人员的资格认定和培训；最后是监测系统的评价。

营养监测的目的主要有动态地观察人群营养状况的变化趋势、确定营养问题的分布情况及影响因素，为制定合理的干预措施提供科学依据以及确定国家或地区食物与营养发展政策和规划。

营养监测方式包括一般人群监测或者哨点监测以及主动监测或者被动监测。通常一般人群监测可以全面了解监测指标反映的情况和变化趋势，但花费人力财力较大，需要经常控制监测质量。哨点监测可以在选定的监测人群中系统地收集有关资料，并不会耗费大量人力物力。主动监测是采用较多的营养监测方式，根据监测指标能够主动地监测指标的变化。

监测点的选择通常采用分层多阶段整群随机抽样，也可以根据监测目的选择其他的抽样方法。决定分层的因素有地区经济情况、城乡、性别等。根据监测的目的，监测点可以是一个社区、一所学校、一个幼儿园等。

接下来是确定监测指标（见 6.2.2），之后是确定开展营养监测工作的主要内容。它主要包括资料数据收集、监测质量控制、资料核对、资料数据分析以及分析结果的发布。这些工作都应该在监测启动前，明确负责的人员和工作方式。因此，要对监测人员进行专业系统的培训，使其掌握监测系统的信息管理和分析工作。

通过营养监测获取的数据主要来自监测工作调查、膳食调查、农业人口普查等，也可以来自卫生机构、社会经济部门、行政管理部门等组织或政府机构。这些数据可以分为基本资料，如被监测社区的自然情况及家庭收支信贷教育耕种等情况；还包括分析资料，如被监测社区高危人群的营养状况及其卫生保健措施等；还有流程资料，如制定某些地区的食物平衡表，谷物或动物性食品所占能量百分比的消长等，见表 6–19。

表 6–19　营养监测数据来源

数据类别	数据来源	备注
食物供应	卫生经济调查（家庭层面）、食品供需表（国家层面）	包括国家和家庭食物供应
食物消费	成年人和儿童营养调查对健康调查中选定食物组（如蔬菜和水果）的数据有限	所有食品和饮料，包括强化食品或功能性食品、膳食补充剂和母乳等
膳食模式	营养调查数据	通过因子分析或饮食质量评分获得
营养素摄入	利用食物成分表进行营养调查	需要经常更新食物成分数据库
营养状况	成年人和儿童营养与健康调查	包括体格测量和生化测量
营养相关健康状况	健康与营养调查	包括缺血性心脏病、糖尿病、肥胖、高血压、血脂异常的发生率和患病率
食品安全	营养调查、健康食品定价、食物银行调查、效益统计	包括家庭食品安全的各个方面
食品文化	营养调查、在外食物消费调查、广告与市场调查	包括食物偏好、食物准备、饮食的社会环境、食物份大小、消费者知识、态度和行为、市场营销和广告等

续表

数据类别	数据来源	备注
变化阶段	营养调查	包括改变饮食的意图和尝试；改变饮食面临的困难或促进因素
其他风险或保护因素的链接	健康与健康行为调查	包括药物使用（尤其是酒精和烟草）、身体活动、婴儿护理（如母乳喂养）等

注：本表来源于《中国营养科学全书》。

营养监测数据资料分析方法一般有描述性分析、趋势性分析和干预性分析，通常借助计算机技术和各种统计学软件如统计分析系统（statistics analysis system，SAS）、社会科学统计软件（statistical package for the social sciences，SPSS）、EPI-Info，以文字或图片形式展示。监测数据分析的间隔时间，可以在每个月至每两年之间选择。

通过监测获得和分析的营养监测信息，可以通过监测系统、非正式报告、简报和出版物等发布和传播，为政府、卫生部门、非政府组织、学术机构、食品工业和一般群众所利用，如制定国家地区的营养指南、食品安全教育及开展相应的教学研究等，见表 6-20。

表 6-20　营养监测信息的使用

使用组织机构	使用目的
政府	营养：国家食品和营养指南、营养参考值、营养目标和指标、营养战略（如健康饮食—健康行动）、购买服务 卫生：卫生战略（如慢性病、不平等、人口亚群）、购买服务、健康促进、向高级卫生当局提供咨询 食品：制定、监测和执行食品规章和标准（如食品安全、组成和标签）、国际食品标准（法典），食品安全管理局的建议
卫生部门	课程（如营养教育、健康促进、食品安全）和服务、患者建议和教育
非政府组织	政策和方案，促进健康
学术机构	教学、研究方向、研究数据
食品工业	食品标签、食品营销
一般群众	信息、建议、教育

注：本表来源于《中国营养科学全书》。

6.3 营养干预与改善

面对营养缺乏和过剩而引起的健康问题，改善居民营养状况具有重要意义。营养干预和营养改善是其中重要的环节，它应是积极主动的多维举措，需要从不同层面采取措施，主要包括营养政策干预、营养教育和营养管理指导等方面。国内外众多例子表明，政策干预和营养教育使居民营养状况发生了巨大改变，由营养不良引发的非传染性疾病发病率和死亡率显著降低，如荷兰的心血管病改善计划、美国的饮食降血压（dietary approaches stop hypertension，DASH）计划、我国的克山病控制计划等。

6.3.1 营养政策干预

社会和经济的发展与营养健康状况密不可分。一个国家或地区的农业生产、资源、环境、卫生服务、收入等社会和经济发展状况，决定了营养健康状况。因此，许多国家制定宏观的营养相关政策和规划纲要。我国先后制定颁布了中华人民共和国《食品安全法》《食品安全国家标准—预包装食品营养标签通则》（GB28050–2011）《中国食物与营养发展纲要（2014—2020）》《国民营养计划（2017—2030）》《“健康中国 2030”规划纲要》等一系列营养政策干预的法律法规和指导性文件，为保障居民营养健康、促进社会经济发展保驾护航。国际上与营养干预相关的法律法规有很多，如美国的《学校午餐法》《儿童营养改善法》、日本的《营养师法》《食育基本法》等，为提高国民素质和提升国际竞争力起到了重要作用。

营养专项计划和活动也是营养政策干预的一个方面。例如，我国 1985—1995 年开展的儿童营养监测与改善项目、1996 年开始实施的国家大豆行动计划、2011 年开始实施的农村义务教育学生营养改善计划、2012 年实施的贫困地区儿童营养改善项目等，在各级政府部门的协作下，显著改善了居民的营养状况。

制定营养标准同样是营养政策干预的内容，我国的营养标准体系主要包括基础类标准、人体营养、膳食营养指导与干预指导、临床营养、食物营养、方法标准六个部分。目前，我国现行的30项营养标准均为推荐性行业标准，建立更加健全的营养标准体系，会更好地服务于营养改善工作。

6.3.2 营养教育

提高居民的营养知识水平、建立营养健康的正确态度，是改善营养状况的有效方式。营养教育被WHO定义为“通过改变人们的饮食行为而达到改善营养状况目的的一种有计划的活动”，主要通过营养知识传播和行为干预，帮助个人和群体掌握营养相关知识，建立健康的营养观念，自愿采纳有益于健康的饮食行为和生活方式，达到改善营养状况的目的。

6.3.2.1 营养教育的内容

营养教育的主要内容涉及食物与营养知识、中国居民膳食指南、中国居民平衡膳食宝塔、良好饮食行为和健康生活方式、世界和中国的膳食模式、中国居民营养健康状况、营养相关慢性疾病的现状和预防、营养相关的法律、法规和政策等。

营养教育的内容要根据营养教育的目的、对象的需要和接受能力整理材料。如果营养教育的目标人群是社区一般人群，可以介绍食物与营养基本知识、膳食指南、膳食宝塔、健康饮食和生活方式等。营养教育的内容尽量广泛丰富通俗易懂。

6.3.2.2 营养教育的形式

要使营养教育的内容恰如其分地表达出来、营养教育效果显著，营养教育的形式同样非常重要。人际传播是营养教育重要的形式，它包括语言传播、文字传播、电化传播和形象传播等方式。

语言传播是最简单有效的语言教育方式，是面对面的传播，可以通过演讲、报告、座谈、咨询、培训等方式进行。例如演讲，营养教育演讲属于知识讲座，是面向各行各业对营养相关知识有需求的人群、针对某一专题进行的营养教育。需要注意的是，要将演讲的内容（如学术论文、专著、教科书等里的学术理论）科普化。再例如咨询，营养教育咨询可以采用 SOAP（subjective、objective、access、project）营养咨询方法。通过主观询问、体格营养检查、营养评价和制订饮食营养计划，达到营养教育的目的。需要注意的是，要讲究咨询的开场结束技巧、说话听话和问话技巧。

文字传播是利用大众传播媒介（如报纸、杂志、宣传册等）进行营养教育的方式，可根据不同目的选择传播媒介，如在居民小区发放营养相关的宣传单，悬挂宣传横幅标语等。

电化传播也是利用大众传播媒介（如电视、广播、电影等）进行营养教育的方式。

形象传播是通过各种艺术形式（如将食物、营养和健康相关知识制作成歌曲、相声、小品等），进行营养教育的方式。

6.3.3 营养管理指导

营养干预还体现在直接的饮食干预，包括膳食管理与营养食谱、食品强化和膳食营养素补充剂等的开发。

6.3.3.1 膳食管理和食谱制定

遵循多样性和平衡性的原则，按照《中国居民膳食指南》的要求对膳食进行管理，可以有效避免营养素摄入的不足和过量。制定食谱是营养干预中普遍使用的方法，它可以应用于个人的精准营养管理或群体如幼儿园、学校、养老机构食堂和餐厅等的膳食管理。

制定食谱应遵循应季和顺时的原则选择食材，根据《中国居民膳食指南（2022）》《中国居民膳食营养素参考摄入量（2023）》《食物成分表》及各种相关的标准，结合目标人群的生理特点和工作环境设计食谱。要求设计的食谱能够满足能量和各种营养素的需求，食物种类满足每天不少于 12 种、每周不少于 25 种；每天深色蔬菜的量占蔬菜总量 50% 的要求；成人三餐能量占比为25%～30%、35%～40%、30%～35%；设计的食谱中强调蛋白质的质量和优质蛋白的摄入量，动物蛋白质和大豆蛋白质应占总蛋白摄入的50%以上。

制定食谱时，第一步首先依据目标人群确定每日能量需求量，其次依据三大宏量产能营养素的推荐摄入范围，确定宏量营养素每日应提供的能量，再次根据能量系数确定宏量营养素每日的需求量，然后通过每日三餐比例确定宏量营养素每餐的需求量；第二步确定食物的种类和数量，首先通过碳水化合物的需求量确定主食的品种和数量，根据膳食指南主食应包括谷类和薯类，其次确定副食的品种和数量，其中副食中蛋白质的量＝蛋白质每日推荐量－主食中蛋白质的量，副食中蛋白质量的2/3通常由动物性食物提供，1/3由大豆及豆制品提供，折算成畜禽肉、鱼、虾、乳制品类和豆类等食物，再次根据应季和顺时的原则以及与畜禽肉、鱼、虾和豆类配合的原则确定蔬菜、水果的品种和数量，然后确定每日烹调油用量＝脂肪每日推荐量－主副食中脂肪量；最后一步还要依据膳食指南和膳食营养素参考摄入量（2023）对制定的食谱进行评价和调整，以编制的食谱中营养素含量占膳食营养素参考摄入量的百分比进行评价。通常编制的食谱提供的能量达到推荐摄入能量的90%可以认为正常，其他营养素的量达到推荐摄入量的80%可以保障大多数人不至于发生营养缺乏，但不能长期使用，应及时调整修改食谱，确保其科学合理。

制定食谱时一般会用营养素计算法和食物交换份法。前者可以手动计算也可以用计算机软件计算，是经常使用的方法。后者以营养素计算法为前提，以能产生90kcal能量的食物为一份（粮谷杂豆类25g产生90kcal、薯类100g产生90kcal、蔬菜500g产生90kcal、水果200g产生90kcal、畜禽肉50g产生90kcal、蛋类60g产生产生90kcal、大豆20g产生90kcal、全脂液态奶150g产生90kcal等），在同类食物可以互换的基础上，可以更好地增加主食和菜肴的丰富性。例如，大米可与面粉或杂粮互换，馒头可与相应量的面条、烧饼、面包等互换；大豆可与相当量的豆制品互换；瘦猪肉可与等量的鸡、鸭、牛、羊、兔肉互换；鱼可与虾、蟹等水产品互换；牛奶可与羊奶、酸奶、奶粉或奶酪等互换（如100mL液态牛奶=100mL酸奶=12.5g奶粉=10g奶酪）。

6.3.3.2 营养保健食品开发

直接的饮食干预除了营养管理，还可以大力发展营养保健食品，主要包括食品强化、开发营养补充剂、功能性食品、特殊医学用途食品等。

食品强化是指向食品中添加天然或人工合成的营养素和其他营养成分，以提高食品的营养价值，使之更适合人类营养需求的一种食品加工方式。它以其低成本和可持续性为公共健康的改善发挥重要作用，如强化碘的食盐、强化铁的面粉。食品强化关键性技术问题是确定营养强化剂的适宜添加量。一些国际组织和部分国家制定了具体的食品强化标准。

与强化食品不同，营养补充剂一般以定量的剂型（如片剂或胶囊等）形态提供营养素或植物提取物，常见的如天然维生素 C 补充剂。营养补充剂不适于大规模人群的营养干预，适合严重营养不良或特殊人群的营养干预。

研发生产高钙、低盐、低糖、高蛋白等保健食品；开发具有辅助降血脂、改善便秘、有助于增强免疫力等作用的功能性食品；发展特殊医学用途配方食品等，也具有非常重要的营养干预作用。

思考题

1. 营养调查包括哪些方面及基本方法?
2. 膳食调查的主要方法是什么?
3. 怎样评价营养状况?

参考文献

[1] 杨月欣，葛可佑. 中国营养科学全书：第 2 版 [M]. 北京：人民卫生出版社，2019.
[2] 孙长颢，凌文华，黄国伟. 营养与食品卫生学：第 8 版 [M]. 北京：人民卫生出版社，2017.
[3] 孙远明，柳春红. 食品营养学：第 3 版 [M]. 北京：中国农业大学出版社，2019.
[4] 中国营养学会. 中国居民膳食指南. 2022 [M]. 北京：人民卫生出版社，2022.
[5] 中国营养学会. 中国居民膳食营养素参考摄入量：2023 版 [M]. 北京：人民卫生出版社，2023.

[6] 杨月欣. 中国食物成分表（2013 年）[M]. 北京：北京大学医学出版社，2013.
[7] 霍军生. 营养学 [M]. 北京：中国林业出版社，2008.
[8] 李铎. 食品营养学 [M]. 北京：化学工业出版社，2010.
[9] 马爱国. 营养师基本技能与实践 [M]. 北京：人民卫生出版社，2023.
[10] 乐国伟，施用晖. 食品营养学实验与技术 [M]. 北京：中国轻工业出版社，2021.

第 7 章 个性化食品营养研究方法

云少君　韩爱玲

学习目标

1. 掌握基因多态性对机体营养素处置的影响。
2. 掌握食品功能因子靶向递送体系，了解其构建的影响因素及常见的几类功能因子靶向递送。
3. 了解食品的智能制造，熟悉食品 3D 打印智能技术与装备。

7.1 遗传多态性对机体营养素处置的影响

在同一生物群体中，当同一基因位点上存在两种或多种不同的等位基因，且这些等位基因在群体中的频率超过 1% 时，则称为基因多态性（gene polymorphism）。基因多态性是遗传多样性的表现形式之一，其产生主要源于基因序列中的变异，包括单核苷酸多态性（single nucleotide polymorphism，SNP）、限制性片段长度多态性（restriction fragment length polymorphism，RFLP）和可变数目串联重复序列（variable number of tandem repeats，VNTR）等。对于人类，大约存在 30% 的基因多态性，这就是人类个体之间在许多方面很相似但又有差别的原因。如果基因多态性存在于与营养有关的基因之中，就会影响个体对营养素的吸收、代谢和利用。分析个体的基因多态性，有助于制定个性化的营养方案，以优化营养素的摄入和代谢。本节将从基因多态性对乳糖（lactose）代谢、胆固醇代谢、叶酸代谢、钙代谢、铁代谢的影响进行叙述。

7.1.1 基因多态性对乳糖代谢的影响

7.1.1.1 乳糖及乳糖酶

乳糖是由 1 分子葡萄糖和 1 分子半乳糖通过 β-1，4 糖苷键连接而成的还原性二糖，系统命名为 4-β-D 半乳糖苷 -l-β-D 葡萄糖。乳糖是哺乳动物乳汁中特有的糖类，在人体中发挥了很重要的生理功能，包括：①为机体提供能量，乳糖分解产生的葡萄糖是婴幼儿的主要能量来源，大约可以提供婴儿总能量需求的 50%；②促进大脑发育，乳糖分解产生的半乳糖是大脑和黏膜组织代谢的必需结构糖，对婴幼儿的大脑发育至关重要；③促进钙吸收，乳糖分解产生的葡萄糖能够增强小肠上皮细胞对钙离子等营养物质的通透性，提高机体对钙质及其他微量元素的吸收能力；④调节肠道菌群，乳糖在小肠末端乳糖转化为乳酸，形成酸性环境，在结肠内促进乳酸菌和双歧杆菌等有益菌的生长，同时抑制其他有害细菌的繁殖，对于维持肠道内的微生态平衡和防治婴儿痢疾有重要作用。

食物中的双糖和多糖在小肠中被分解为单糖，其中分解乳糖的乳糖酶（lactase），主要位于小肠黏膜。乳糖酶包括 β- 半乳糖苷酶、酸性 β- 半乳糖苷酶和异 β- 半乳糖苷酶，其中 β- 半乳糖苷酶对乳糖的分解作用最强。其主要功能是将乳糖水解为葡萄糖和半乳糖，水解后的单糖被小肠上皮细胞吸收并进入血液循环。乳糖酶的活性与机体发育阶段密切相关，一般随着机体发育成熟而降低。新生儿的乳糖酶活性处于高水平，到 5 岁左右乳糖酶活性开始降低，并且一直保持较低水平，表现为乳糖不耐受。某些特殊人群（如北欧游牧部落）的乳糖酶活性在成年时也可以保持较高水平，且不随着发育的成熟而降低，表现为乳糖耐受，此现象与该人群对奶制品的持续摄取有关。随着畜牧业的飞速发展，人体对于动物乳的摄取增加促使乳糖酶基因发生突变。与其他基因多态性不同，对人类有益的乳糖耐受表型是人类为了适应乳及乳制品的消费，而选择性地发生了乳糖酶基因突变的结果。因此，乳糖耐受是营养素影响基因结构及表达的典型例证，是人类为了生存而进化形成的一种适应性反应。

7.1.1.2 乳糖酶基因多态性与乳糖不耐症

（1）乳糖不耐症

机体由于小肠中乳糖酶活性低，导致摄入的乳糖不能被完全分解和吸收，从而出现腹胀、肠鸣、腹泻等症状，即为乳糖不耐症，亦称乳糖不消化症、乳糖不耐受。乳糖不耐症分为原发性乳糖不耐症、继发性乳糖不耐症和先天性乳糖不耐症三类，其中原发性乳糖不耐症的发病率最高。乳糖不耐症患者乳糖酶活性低，未被消化的乳糖进入大肠，被肠道细菌发酵产生大量的气体，引起腹胀，同时使肠腔内渗透压增高，周围的水分渗入大肠，造成腹泻。乳糖不耐症的另一个临床表现是大便的 pH 值降低，是由于结肠细菌发酵乳糖产生乳酸和短链脂肪酸。乳糖不耐症的症状在进食含乳糖食物后 2 小时内出现，摄入乳糖的量不同，患者表现出来的症状严重程度不同；相同摄入量在不同个体表现出的严重程度也不同。

（2）乳糖酶基因多态性与乳糖不耐症

乳糖酶的基因位于人类 2 号染色体上，由该基因编码的初始多肽链经过加工形成成熟的乳糖酶，其由四个相同的亚基组成，每个亚基包含 1023 个氨基酸残基。人类对乳糖耐受和不耐受的调控主要发生在转录水平上，即乳糖不耐症是乳糖酶基因表达下调的结果。通过对乳糖酶基因及其上游序列进行测序和相关性分析，发现与乳糖耐受关系密切的是乳糖酶基因上游 –13910C → T 和 –22018G → A 的突变，C/T–13910 和 G/A–22018 单核苷酸多态性参与乳糖酶基因的转录调节。携带杂合基因型 CT–13910、GA–22018 者，乳糖酶持续性等位基因 T–13910 和 A–22018 的表达水平升高，而非持续性等位基因 C–13910 和 G–22018 表达下降。因此，携带 CC–13910 和 GG–22018 基因型者的乳糖酶活性降低，携带杂合基因型 CT–13910、GA–22018 或携带纯合基因型 TT–13910 和 AA–22018 个体的乳糖酶活性，则能在成年后维持，表现为乳糖耐受。

运用遗传学手段检测乳糖酶基因 C/T-13910 和 G/A-22018 两种单核苷酸多态性，可作为乳糖不耐症的初筛手段。通过研究调节乳糖酶基因表达的发育调控蛋白，可研发特异性拮抗剂，为乳糖不耐症的治疗提供新靶点。

7.1.2 基因多态性对胆固醇代谢的影响

7.1.2.1 胆固醇与载脂蛋白

胆固醇是一种脂质分子，广泛存在于人体细胞膜中，在体内具有多种重要功能：①胆固醇是细胞膜的重要组成部分，维持细胞膜的流动性和稳定性；②胆固醇是合成类固醇激素（如皮质醇、性激素）和维生素 D_3 的前体；③胆固醇是胆汁酸的主要原料，对于调节机体脂类物质的吸收，尤其是脂溶性维生素的吸收以及钙磷代谢等均起着重要作用。人体内胆固醇以游离胆固醇和胆固醇酯两种形式存在，其中游离胆固醇占总量的 85% ～ 90%。胆固醇在血液中主要以脂蛋白的形式存在，这些脂蛋白包括极低密度脂蛋白（VLDL）、低密度脂蛋白（LDL）和高密度脂蛋白（HDL）。胆固醇在血液中的异常积累与动脉粥样硬化和心血管疾病密切相关。

胆固醇在体内的吸收与代谢受载脂蛋白（apolipoprotein，apo）的影响，载脂蛋白与胆固醇、甘油三酯等脂质结合，形成脂蛋白颗粒，使脂质能够溶于血液并被运输到机体各组织进行代谢和利用。根据在脂蛋白颗粒中的分布和功能，载脂蛋白主要分为 A 类载脂蛋白（ApoA）、B 类载脂蛋白（ApoB）、C 类载脂蛋白（ApoC）、E 类载脂蛋白（ApoE），其特征及主要功能见表 7-1。当编码载脂蛋白的基因发生点突变、缺失、插入或重排而使基因结构发生改变时，会形成不同等位基因型多态性，并表达成不同表型的载脂蛋白，进而影响脂质的代谢以及高脂血症、动脉粥样硬化、心脑血管疾病等的发生和发展。

表 7-1 人血浆主要载脂蛋白的特征及功能

载脂蛋白	分子量	分布	基因定位	主要功能
ApoA Ⅰ	28300	HDL	11q23	激活 LCAT，识别 HDL 受体
ApoA Ⅱ	17500	HDL	1q21 ～ 1q23	稳定 HDL 结构，激活 HL
ApoA Ⅳ	46000	CM	11q23	辅助激活 LPL

续表

载脂蛋白	分子量	分布	基因定位	主要功能
ApoB100	512000	LDL，VLDL	2p24	识别 LDL 受体
ApoB48	264000	CM	2p24	促进 CM 合成
ApoC Ⅰ	6600	VLDL，HDL，CM	19q13	激活 LCAT
ApoC Ⅱ	8800	VLDL，HDL，CM	19q13	激活 LPL
ApoC Ⅲ	9200	VLDL，HDL，CM	11q23	抑制 LPL，抑制肝 ApoE 受体
ApoD	22000	HDL	3q26 ～ qter	转运胆固醇脂
ApoE	34000	VLDL，HDL，CM	19q13	识别 LDL 受体，清除 CM 残粒
ApoJ	70000	HDL，VLDL	8p21	结合转运脂质，补体激活

注：LCAT 是卵磷脂胆固醇酰基转移酶（lecithin-cholesterol acyltransferase），HL 是肝脂肪酶（hepatic lipase），LPL 是脂蛋白脂肪酶（lipoprotein lipase）的英文简写。

7.1.2.2 载脂蛋白基因多态性对脂类代谢的影响

（1）ApoA 基因多态性对脂类代谢的影响

ApoA 是构成血浆 HDL 的重要组分，主要分为 ApoA Ⅰ、ApoA Ⅱ、ApoA Ⅳ和 ApoA Ⅴ 4 种亚类。其中，ApoA Ⅰ是 HDL 中的主要载脂蛋白，参与胆固醇的逆向转运过程，降低心血管疾病风险；ApoA Ⅱ是 HDL 中的次要成分，可维持 HDL 结构并调节脂酶活性。体内 ApoA 水平与 HDL-C 水平呈正相关关系，ApoA Ⅰ基因突变可导致 apoA Ⅰ蛋白质的合成异常，进而影响 HDL 的代谢。这些突变的纯合子患者表现出极低的 HDL-C 水平和早发冠心病。

ApoA Ⅰ的基因多态性主要包括①等位基因 Alu 缺失多态性：在 ApoA Ⅰ基因上游 5kb 处缺少一个 300bp 的 Alu 序列，该等位基因会使血浆 HDL-C 水平降低。② *Pst*-Ⅰ多态性：ApoA Ⅰ基因经限制内切酶 *Pst*-Ⅰ消化后存在 2.2 kb 片段（野生型，P1 等位基因）和 3.2 kb 片段（突变型，称为 P2 等位基因），P1 等位基因在正常人群中频率较高，P2 等位基因在低 HDL-C 患者及冠心病患者中的频率较高。③ *Eco*R Ⅰ位点多态性：ApoA Ⅰ基因经限制性内切酶 EcoR Ⅰ消化后存在 13.0kb 片段（野生型）和 6.5kb 片段（突变型），正常人群均为 13.0kb 片段的纯合子，在冠心病患者及其亲属中则发现 13.0kb/6.5kb 片段杂合子、6.5kb/6.5kb 片段纯合子。④ *Xmn* Ⅰ位点多态性：用 *Xmn* Ⅰ限制性内切酶消化 ApoA Ⅰ基因后，出现 8.3kb 片段和 6.6kb 片段，6.6kb 片段等位基因的存在可增加血浆 ApoA I 的平均水平，心肌梗死患者中该等位基因频率低于正常人。⑤ S-M 位点多态性：用 *Sst*-I 内切酶消化，野生型 S1 等位基因产生 5.7kb 和 4.2kb 两个片段，而突变型 S2 等位基因产生 5.7kb 和 3.7kb 两个片段，后者在心肌梗死患者中的频率增加。用 Msp Ⅰ内切酶消化，可出现 1.0kb 片段（野生型，M1）和 1.7kb 片段（突变型，M2），在心肌梗死、冠心病人群中，M2 等位基因的频率都有差异。

（2）ApoB 基因多态性对脂类代谢的影响

ApoB 是 LDL 的主要结构蛋白，也存在于 CM 及 VLDL 中，有 ApoB48 和 ApoB100 两种亚类。ApoB48 主要由小肠合成，存在于 CM 中，参与脂质的外源性代谢，不与其他脂蛋白分子交换；ApoB100 主要由肝脏合成，存在于 VLDL 和 LDL 中，介导脂蛋白与细胞受体的结合，促进胆固醇的运输和沉积。ApoB100 和 ApoB48 是同一基因的不同表达产物，ApoB100 C- 末端是与 LDL 受体结合的区域，并含有 3 个肝素结合区；而 ApoB48 无此区域，因而不能为 LDL 受体所识别、结合。ApoB 基因位于第 2 号染色体短臂，长约 43kb，包含 29 个外显子和 28 个内含子。ApoB 基因的多态性包括多种酶切 RFLP、3′ 端 VNTR 多态性和信号肽（signal peptide，SP）多态性。ApoB 基因的多态性可以引起人群个体间血脂代谢水平的差异，进而引起动脉粥样硬化易感性的差异，并与家族性高脂血症有一定的关联。

ApoB Xba Ⅰ多态性与血浆脂质水平升高及动脉粥样硬化密切相关，ApoB Xba Ⅰ基因有 X^-X^-（X1 型，无酶切位点）、X^+X^- 和 X^+X^+（X2 型，有酶切位点）3 种基因型。携带有酶切位点纯合子的人群体内 LDL 分解代谢速度最慢，而携带无酶切位点纯合子的人群体内 LDL 分解代谢速度最快，X2 等位基因型明显降低 LDL 与受体的结合力，以及受体介导的 LDL 降解率，使 LDL 清除延缓。因此，X2 个体血浆中 TC、LDL- C 和 ApoB 水平最高，杂合子次之，X1 个体则最低。ApoB *Eco*R Ⅰ的多态性与血脂水平也有关系，酶切位点缺失的等位基因携带者的血浆 VLDL 呈较高水平，而且冠心病患者中该等位基因比例也高，因而 ApoB *Eco*R I 酶切位点缺失等位基因可认为是动脉粥样硬化的危险因子。ApoB100 信号肽插入 / 缺失基因可影响血浆脂质水平，并与冠心病相关，插入纯合子基因型者甘油三酯水平较缺失纯合子基因型者高，而缺失纯合子型者血浆胆固醇水平明显升高。

ApoB 基因的某些无义突变或移码突变，可导致家族性 LDL 血症。这类患者大多携带一个正常的 ApoB 等位基因和一个变异的 ApoB 等位基因，纯合子以及复合杂合子患者少见。短 ApoB 变异携带者血浆中 ApoB 的浓度较低，而且含有短 ApoB 的 LDL 比含有 ApoB100 的 LDL 更易于被 LDL 受体摄取。因此，一部分短 ApoB 携带者，体内血浆 ApoB 及血浆胆固醇浓度低，发生冠心病及动脉粥样硬化的危险性降低。家族性高胆固醇血症的患者发生了家族性 ApoB100 变异，-10708bp G → A 导致第 3500 个氨基酸由精氨酸变为谷氨酰胺，-10800bp C → T 导致第 3531 个氨基酸由精氨酸变为半胱氨酸。这两个突变导致 LDL 与 LDL 受体的结合能力下降，引起 LDL 清除障碍，LDL 在血浆中蓄积，导致早发动脉粥样硬化和高胆固醇血症。

（3）ApoC 基因多态性对脂类代谢的影响

ApoC 是载脂蛋白中分子量最小的一类，主要存在于 CM、VLDL、LDL 中，有 ApoC Ⅰ、ApoC Ⅱ、ApoC Ⅲ 3 种亚类。ApoC 的主要功能包括：①同磷脂相互作用，维持脂蛋白结构；②调节脂蛋白的代谢，ApoC Ⅱ可以激活 LPL，促进 CM 和 VLDL 中甘油三酯水解，而 ApoC Ⅲ则抑制 LPL 活性，抑制甘油三酯水解。当 ApoC Ⅱ /C Ⅲ比值增加时，CM 和 VLDL 降解加快，反之降解被抑制。③影响脂蛋白的摄取：ApoC Ⅲ能够增强 VLDL 的组装和分泌，并抑制其在肝脏中的摄入。

ApoC Ⅰ和 ApoC Ⅱ基因位于第 19 号染色体长臂上，而 ApoC Ⅲ基因位于第 11 号染色体长臂上，均含有 4 个外显子和 3 个内含子。ApoC Ⅱ基因存在多种变异：① ApoC Ⅱ缺乏症：为常染色体隐性遗传病，杂合子携带者血浆 ApoC Ⅱ水平仅为正常人的一半，纯合子携带者血浆 ApoC Ⅱ完全缺乏，表现为Ⅰ型高脂蛋白血症，严重时可引起肝脾肿大，诱发急性胰腺炎。② ApoC Ⅱ Toronto 变异：在 ApoC Ⅱ第 69 ～ 74 位氨基酸之间被插入 4 个碱基，导致翻译提前终止，产生一个截短的 ApoC- Ⅱ蛋白，不能激活 LPL。③ ApoC Ⅱ第 55 位赖氨酸残基被谷氨酸取代：这种突变不影响激活 LPL 的功能。ApoC Ⅲ可抑制肝脏摄入富含甘油三酯的脂蛋白及其残粒，各型高脂血症患者血浆中

ApoC Ⅲ含量均明显高于正常人。高甘油三酯血症患者血浆中，ApoC Ⅲ含量与甘油三酯水平、LPL 活性的抑制程度呈正相关。

人类 ApoA Ⅰ、C Ⅲ和 A Ⅳ在第 11 号染色体上的位置相邻，排列顺序为 ApoA Ⅰ–C Ⅲ–A Ⅳ，ApoA Ⅰ–C Ⅲ–A Ⅳ基因丛内发现多种酶切 RFLP，用限制性内切酶 *Xmn* Ⅰ与 *Msp* Ⅰ检测出的等位基因与高血浆胆固醇、甘油三酯、ApoB 以及 LDL-C 水平有关，表明该基因丛参与调节血浆胆固醇及甘油三酯的代谢。ApoE、C Ⅰ和 C Ⅱ在 19 号染色体上的距离为 4000bp，ApoE–C Ⅰ–C Ⅱ基因丛内 Hpa Ⅰ RFLP 与易发Ⅲ型高脂血症有关。

（4）ApoE 基因多态性对脂类代谢的影响

ApoE 是一种含有 299 个氨基酸的单链多肽糖蛋白，主要分布于 VLDL、HDL 中，也分布于 CM 及 CM 残粒中。ApoE 可与 CM、VLDL、LDL 和 HDL 等结合形成脂蛋白，而且能与肝脏中的 ApoE 受体和全身组织中的 ApoE、ApoB100 受体结合，所以它可通过多种代谢途径参与机体的脂质代谢调节，是影响机体血脂水平的重要因素。ApoE 的主要功能是与脂蛋白和 LDL 受体相互作用，促进 CM、VLDL 及其残粒在循环系统中的清除，当 ApoE 变异导致其与 LDL 受体结合活性丧失或降低时，机体大多出现血脂异常。

ApoE 基因位于 19 号染色体长臂，全长约 3.7kb，包含 4 个外显子和 3 个内含子。ApoE 基因位点具有明显的多态性，存在 E2、E3、E4 3 种主要的等位基因，具有 6 种不同的基因型，即 3 种纯合子（E2/2、E3/3、E4/4）和 3 种杂合子（E2/4、E2/3、E3/4）。等位基因 E2、E3、E4 分别编码 ApoE2、ApoE3、ApoE4 3 种异构体。这 3 种异构体差异在于第 112 位半胱氨酸与第 158 位精氨酸的互换，E2 均是半胱氨酸，E3 分别是半胱氨酸、精氨酸，而 E4 均是精氨酸。由于半胱氨酸使 LDL 与相应的受体结合力减弱，故 E2/2 与受体结合活性只有 E3/3 的 2%；E4 与受体结合活性与 E3/3 相近，但由于代谢速度是 E3/3 的 2 ～ 3 倍，且存在过度表达，故其相对活性要高于 E3/3。因此，ApoE 的基因多态性可以导致脂蛋白代谢的差别，引起人群个体间血脂代谢水平的差异，进而引起高脂血症及动脉粥样硬化发生、发展的差异。

正常人群血浆胆固醇浓度由高到低的顺序是 E4/4、E4/3、E4/2、E3/3、E3/2、E2/2，因而 E4 等位基因与血浆胆固醇和 LDL 胆固醇升高有关，携带

ApoE4 等位基因的人群易出现高 TC、高 LDL 胆固醇。正常人群血浆中 TG 浓度的顺序是 E2/2、E2/3、E3/4、E2/4、E4/4、E3/3，而 E4/4 的 HDL 浓度远低于 E3/3。因而，E2 等位基因携带者常伴有高甘油三酯血症，易出现Ⅲ型高脂蛋白血症。无论其血浆 TC 浓度的高低，都伴有 VLDL 结构异常，IDL 浓度升高，而 LDL 浓度降低。膳食胆固醇摄入量由高向低变化时，ApoE 不同等位基因型携带者的反应也不相同，携带 ApoE4 等位基因人群的反应最明显，受试者血清 TC 和 LDL 胆固醇明显减少。因此，ApoE4 基因型携带者可从低脂膳食干预中获得最大益处。

7.1.3 基因多态性对叶酸代谢的影响

7.1.3.1 叶酸

叶酸是一种水溶性 B 族维生素，广泛存在于绿叶蔬菜、动物肝脏、酵母等食物中。叶酸为黄色或橙黄色结晶性粉末，由蝶啶杂环、对氨基苯甲酸及谷氨酸三部分构成，溶于水、乙醇、丙酮、乙醚或氯仿。叶酸在机体中发挥了重要的生理功能：① DNA 合成与修复，叶酸在 DNA 合成中起关键作用，参与嘌呤和胸苷酸的从头合成；②叶酸是甲基化反应的重要辅酶，参与 S- 腺苷甲硫氨酸的合成；③预防神经管缺陷，孕早期补充叶酸可显著降低胎儿神经管缺陷的发生率；④促进红细胞生成，叶酸是红细胞生成的必需营养素，缺乏叶酸会导致巨幼红细胞性贫血。

叶酸在人体内不能自行合成，必须通过饮食摄入或肠道菌群合成获得。食物中的叶酸主要以多谷氨酸叶酸形式存在，需经小肠内壁上的酶水解为单谷氨酸叶酸后，才能被吸收。被吸收后的叶酸在二氢叶酸还原酶作用下，还原为四氢叶酸。机体内的四氢叶酸可与多种一碳基团结合成亚甲基四氢叶酸，在亚甲基四氢叶酸还原酶（methylene tetrahydrofolate reducase，MTHFR）的作用下生成 5- 甲基四氢叶酸、5- 甲基四氢叶酸作为甲基供体，促进血液中同型半胱氨酸再次甲基化生成甲硫氨酸，以维持正常的血浆同型半胱氨酸水平。关键酶 MTHFR 的严重缺乏会导致高同型半胱氨酸血症，同时增加一些疾病发病的危险性。例如，在胎儿和儿童时期出现神经管缺陷、严重的生长发育迟缓，严重时在1周岁内导致死亡；在成年时期可显著增加心肌梗死、脑卒中、外周血管疾病和静脉栓塞的危险性。

7.1.3.2 酶基因多态性对叶酸代谢的影响

（1）*MTHFR*基因多态性对叶酸代谢的影响

*MTHFR*基因位于第1号染色体，全长1980bp。该基因存在多种突变类型，最常见的突变位点是 –677C → T 和 –1298A → C。–677C → T 产生了CC、CT和TT 3种基因型，同时所编码的氨基酸由Ala（丙氨酸）变为Val（缬氨酸），即产生了3个相应表型：Ala–Ala（野生型）、Ala–Val（杂合型）、Val–Val（突变纯合型）。这种突变使酶的热稳定性和酶活性降低，导致同型半胱氨酸向蛋氨酸的转化发生了障碍，同型半胱氨酸在血液中和尿中浓度增加。–1298A → C 导致编码后的谷氨酸被丙氨酸取代，从而使MTHFR活性减弱，突变后MTHFR活性较野生型降低40%。但是，其纯合和杂合突变个体的血浆同型半胱氨酸和叶酸均无明显变化，只有 –1298A → C/–677C → T 复合突变的杂合突变个体，才表现出与TT纯合突变个体相同的代谢紊乱，即血浆中同型半胱氨酸浓度升高，叶酸浓度下降。

对比不同基因型携带者血液中叶酸和同型半胱氨酸的水平，发现CC基因型携带者的叶酸水平最高，同型半胱氨酸水平最低；CT基因型携带者的叶酸水平较高，同型半胱氨酸水平较高；TT基因型携带者的叶酸水平最低，同型半胱氨酸水平最高。因此，叶酸摄入不足对TT基因型人群的影响较大。为使其同型半胱氨酸代谢正常，他们应比一般人群摄入更多的叶酸。随着对叶酸代谢途径中关键酶多态性的研究，人们可以知道基因多态性既决定了个体对营养素需要量的不同，又决定了个体对营养素及营养相关疾病易感性的不同。因此，制定膳食供给量要充分考虑不同基因型对营养素吸收和代谢的影响，治疗叶酸代谢疾病更应考虑个体基因差异对药物剂量的影响。

（2）还原性叶酸载体对叶酸代谢的影响

叶酸受体、还原性叶酸载体（reduced folate carrier，RFC）等叶酸结合蛋白的基因表达异常，也会影响叶酸的正常代谢过程。*RFC1*基因点突变同样可引起叶酸转运缺陷，进而导致与叶酸相关出生缺陷发生的危险性增加。*RFC1*

基因位于 21 号染色体，包含 5 个外显子，第 2 外显子第 80 位碱基具有高频率的 A → G 碱基突变，产生 AA、AG、GG 3 种基因型。*RFC1* 对处于发育状态的胚胎，特别是叶酸穿过胎盘的运输过程具有重要影响，*RFC1* 基因低水平表达能影响正常组织发育，导致出生缺陷发病危险性增加。受试者 RFC1 基因型检测结果表明，纯合 GG 可使同型半胱氨酸中度升高。如果将 GG 基因型看作导致神经管畸形等缺陷的突变基因，人群中 *RCF1* 突变基因 GG 与叶酸、同型半胱氨酸水平之间，可能存在生态学相关性。这一发现对叶酸代谢相关疾病病因研究具有重要意义。

7.1.4 基因多态性对钙代谢的影响

7.1.4.1 维生素 D 受体基因多态性

维生素 D 受体（vitamine D receptor，VDR）特异性结合维生素 D 的活性形式 1，25- 二羟基维生素 D3［1，25（OH）$_2$D$_3$］，通过调控基因表达参与多种生理过程：①调节钙磷平衡，VDR 通过调控肠道对钙的吸收，维持血钙平衡，促进骨骼健康；②免疫调节，VDR 在免疫系统中发挥重要作用，能够影响 T 细胞和 B 细胞的功能；③ VDR 在胚胎期和成年大脑组织的不同区域均有表达，对中枢神经系统具有重要调控作用；④ VDR 通过调控细胞分化和抑制肿瘤细胞增殖，具有抗肿瘤特性。

VDR 基因位于人类第 12 号染色体上，研究发现 *VDR* 基因存在多个多态性位点：① *Bsm* Ⅰ和 *Apa* Ⅰ多态性位点，这两个多态性位点存在于外显子 8 和 9 之间的第 8 内含子中，不能被限制性内切酶 *Bsm* Ⅰ和 *Apa* Ⅰ识别者，被分别标记为 B 和 A 基因型；能被识别者被分别标记为 b 和 a 基因型。② *Taq* Ⅰ多态性位点，*Taq* Ⅰ限制性内切酶位点变异存在于外显子 8 中的第 352 密码子上，该位点变异使密码子 ATT 置换为 ATC，这两个密码子翻译的蛋白质均为异亮氨酸，为同义改变。不能被限制性内切酶 *Taq* Ⅰ识别者，被标记为 T 基因型；能被识别者被标记为 t 基因型。③ *Fok* Ⅰ多态性位点，该多态性位点位于外显子 2 中的转录起始位点，外显子 2 中有两个转录起始位点，在第一个转录起始位点中存在一个点突变（T → C），携带有 T 等位基因的单倍体能被

Fok Ⅰ酶识别标记为 f 基因型，携带有 C 等位基因的单倍体没有酶切位点，被标记为 F 基因型。④多聚核苷酸［(A)n］多态性，在 VDR 的 3′ 端非翻译区存在一个 VNTR 多态性，其长度变化为 13 ～ 24 个多聚腺苷酸，因此共有 12 个等位基因，被分为短型等位基因（S，携带 13 ～ 17 个腺苷酸重复序列的个体）和长型等位基因（L，携带 18 ～ 24 个腺苷酸重复序列的个体）。

7.1.4.2 *VDR* 基因多态性对钙代谢的影响

钙的吸收主要发生在小肠，分为两种机制：①主动吸收，当机体对钙的需求量高或摄入量较低时，肠道通过主动吸收机制完成钙的吸收，这一过程需要钙结合蛋白的参与，以及 1，25（OH）$_2$D$_3$ 和 VDR 的调节。②被动吸收：当钙摄入量较高时，大部分钙通过被动的离子扩散方式吸收，这一过程主要取决于肠腔与浆膜间钙浓度的梯度。有研究应用同位素钙研究不同基因型携带者对钙的吸收情况，结果表明携带 BB 和 tt 基因型者的钙吸收明显低于 bb 和 TT 基因型者，携带 AABBtt 基因型者的钙吸收显著低于 aabbTT 和 AaBbTt 者。*VDR* 基因的 *Fok* Ⅰ酶切多态性也与钙吸收有显著相关性，不同基因型携带者对钙的吸收率从高到低依次为：FF 基因型、Ff 基因型、ff 基因型，FF 纯合子基因型比 ff 纯合子基因型的吸收率高约 41.5%。VDR 基因多态性和钙吸收的关系也受到膳食钙摄入量的影响。对受试者进行 2 周低钙膳食（< 300mg/d）后，BB 基因型携带者的钙吸收率低于 bb 基因型携带者；而进行 2 周高钙膳食（1500mg/d）后，两基因型之间钙的吸收率无明显差异。这是由于低钙膳食时，小肠吸收钙是通过 1，25（OH）$_2$D$_3$ 和 VDR 介导的主动转运机制完成；高钙膳食时，机体则可通过被动转运方式吸收钙，所以受 VDR 介导的主动转运机制影响变小。

钙的排泄主要通过肾脏和肠道进行，尿钙是钙排泄的主要途径之一，是肠钙吸收、骨钙吸收、肾小球滤过、肾小管重吸收等多种生理过程的最终结果。研究发现 VDR 基因型可能影响尿钙的排泄，健康人群中携带 bb 基因型的尿钙排泄量显著高于 BB 基因型者，对高尿钙症患者进行的研究发现，携带 b 等位基因的频率为 61.7%，携带 B 等位基因的频率为 38.3%，因此 b 等位基因在高尿钙的发生中可能发挥了作用。*Fok* Ⅰ酶切多态性也影响尿钙的排泄，不同基因型携带者尿钙排出量从高到低依次为：FF 基因型、Ff 基因型、ff 基因型，而且肾结石患者中携带 F 等位基因的频率显著高于携带 f 等位基因者。

由此可见，VDR 基因多态性不仅影响钙的吸收，对钙的排泄也有一定的作用。等位基因 b、T 和 F 可能更有利于钙的吸收，同时这些等位基因也具有较高的钙排泄率。

7.1.5 基因多态性对铁代谢的影响

7.1.5.1 稳态铁调节因子基因多态性

铁是维持人类生命的重要微量元素，参与氧气运输、细胞呼吸、DNA 合成和能量代谢等多种关键生理过程。机体内对铁有着严格的调控机制，铁的吸收、转运、储存、再利用和排泄过程，使体内和细胞内的铁水平尽量维持在一个平衡状态。尽管如此，仍有许多由铁稳态的失衡而引起的疾病，如遗传性血色素沉着症（hereditary hemochromatosis，HH）、无铜蓝蛋白血症、无转铁蛋白血症、神经铁蛋白病、性连锁铁粒幼红细胞性贫血等，均表现为不同的铁代谢紊乱症状。其中，对稳态铁调节因子（homeostatic iron regulator，HFE）基因突变引发的 HH 研究最为广泛和深入。HH 是一种以铁过载为特征的疾病，小肠铁吸收调节缺陷、血浆转铁蛋白饱和度增加，导致铁在肝脏、胰腺、心脏等器官中大量沉积，引起相应器官功能障碍。

HFE 基因位于 6 号染色体短臂，在两个不同位点可能发生错义突变，使 HFE 蛋白分子 282 位的半胱氨酸被酪氨酸取代（简写作 C282Y）和 63 位的组氨酸被天冬门氨酸取代（H63D）。因此，*HFE* 基因可出现 3 种等位基因，产生 6 种基因型：野生型（–/–）、C282Y 纯合子（C282Y/C282Y）、H63D 纯合子（H63D/H63D）、C282Y 杂合子（C282Y/–）、H63D 杂合子（H63D/–）和 C282Y 与 H63D 的双杂合子（C282Y/H63D）。

7.1.5.2 *HFE* 基因多态性对铁代谢的影响

HFE 基因编码 HFE 蛋白，表达于人体整个消化道上皮细胞。HFE 蛋白既不结合铁也不转运铁，但可以与 β2 微球蛋白及转铁蛋白受体 2 形成复合物，

感知血清中转铁蛋白结合铁的水平，进而调节铁调素的表达，影响小肠细胞对转铁蛋白结合铁的摄取，调节细胞内铁水平。HH 患者的主要特征是小肠上皮细胞总表现为铁缺乏状态，没有对血清中铁蛋白浓度升高做出下调吸收膳食铁的反应，导致小肠铁吸收过多。绝大多数的 HH 患者都是 C282Y 纯合子，C282Y 与 H63D 双杂合子在 HH 患者中出现的频率也较高，H63D 纯合子的临床症状比 C282Y 纯合子要轻。

关于 C282Y 突变导致小肠铁吸收增加的机制尚不清楚，目前普遍认为，HFE 蛋白成熟后被转运到细胞表面，与含量丰富的 β2 微球蛋白相结合，然后再与转铁蛋白受体形成三重复合体，对转铁蛋白结合铁的转运过程起正向调控作用，即增加铁的摄取。十二指肠隐窝细胞转铁蛋白受体依赖型铁摄取途径是隐窝细胞感受其周围毛细血管中转铁蛋白结合铁浓度的关键，通过该途径可调控小肠表面绒毛细胞对膳食铁的吸收。C282Y 突变发生在 HFE 蛋白 α3 结构域中形成二硫键的部位，破坏了正常的套锁结构。突变蛋白存留于内质网和高尔基体中，生成后可迅速降解，不能完成向小肠细胞基底侧膜表面的转运过程，也不能与 β2 微球蛋白缺陷及转铁蛋白受体形成复合体，从而失去了对铁吸收的正向调控能力，使小肠细胞对其周围毛细血管中转铁蛋白结合铁的摄取下降。患者小肠及十二指肠细胞总表现为铁缺乏，同时铁调节蛋白的含量增加，铁蛋白水平下降。这种铁缺乏的信息促使小肠表皮细胞在分化为成熟的绒毛细胞后，细胞顶端的二价金属离子转运蛋白和细胞基底部膜铁转运蛋白 1 的表达增加，从而造成对膳食铁的过量吸收。结果显示，即使在体内铁充足的情况下，HH 患者小肠细胞对膳食铁的吸收也增加，不断地从食物中摄取铁。

7.2 食品功能因子的靶向递送

随着现代社会的快速发展，人们更加注重自身的健康状况，而食品与健康之间存在着密切的联系。人体所摄入的食物质量、种类与机体的健康状况密不可分。食品功能因子能够通过激活酶的活性或其他途径调节人体机能，在功能食品中起着重要的生理调节作用。因而，食品中的功能因子是实现精准营养的重要物质基础。

食品功能因子多存在溶解性不好、稳定性差和生物利用度低等缺点，严重限制了其在食品产业中的应用。针对上述问题，建立稳态化靶向递送体系，有助于改善功能因子的稳定性并提高其生物利用度，实现靶向作用位点控制释放，进而为精准营养提供营养干预的途径和方法。

7.2.1 食品功能因子靶向运送体系

食品功能因子主要包括蛋白质、氨基酸、多肽、功能脂质、多糖、寡糖、萜烯类、多酚类、类胡萝卜素、类黄酮、益生菌、矿物质、维生素等。功能因子除具有基本营养的作用，还可为机体提供额外的健康益处，对于提高食品品质、调整机体生理机能及防治疾病等方面，具有重要的意义。由于其易受到环境因素的影响，选择合适的运载体系对其进行递送，有助于其功能的发挥。

食品功能因子的靶向递送可通过多种运载体系完成，而载体材料多具有生物可降解性、生物相容性、生物活性及安全性高等优点。根据载体的特点，靶向运载体系主要有纳米粒子、固体脂质颗粒、微胶囊、聚合物胶束、凝胶体系、乳液体系等。

7.2.1.1 纳米粒子

纳米粒子可由天然或合成的聚合物制备得到，封装功能因子后，通常具有良好的稳定性和分散性。纳米粒子对功能因子的靶向递送功能可通过对载体分子的设计而实现。由于肠道通常是营养素吸收的主要部位，因此确保功能性成分成功进入肠道而不是在口腔或胃过早释放，是至关重要的。多糖，尤其是膳食纤维，通常可以抵抗早期水解，使被包被的生物活性化合物在肠道释放，进而被小肠上皮细胞吸收。例如，采用羧甲基魔芋葡甘露聚糖包被的醇溶蛋白纳米颗粒包封岩藻黄质，具有良好的稳定性及结肠靶向功能。

此外，利用蛋白质载体与其特异的受体相互作用的特点，亦可使功能因子达到靶向递送。如铁蛋白以非常保守的球形结构存在于几乎所有生物体中（酵母菌除外），其内径通常为7～8nm，外径为12～13nm，厚度为2.0～2.5nm，

24 个亚基之间可形成 12 个二重轴通道、8 个三重轴通道和 6 个四重轴通道，负责铁蛋白与外部环境之间的物质交换。铁蛋白笼形的蛋白质外壳和特殊的中空结构，使其在纳米包埋领域具有重要的作用，利用铁蛋白在酸性或碱性条件下（pH ≤ 2.0 或 pH ≥ 11.0）解聚，而在中性条件下（pH 值为 6.5 ～ 8.0）自组装的特性以及尿素、盐酸胍、温度、超声处理等方式，在铁蛋白空腔内实现了多种生物活性小分子的包埋。例如，利用植物铁蛋白的笼形外壳目前已经实现了对花青素、原花青素、芦丁、叶黄素以及表没食子儿茶素没食子酸酯（epigallocatechin gallate，ECGG）等生物小分子的包埋。此外，转铁蛋白受体 1（Transferrin receptor 1，TfR1）是人重链铁蛋白进入细胞的重要受体分子之一，而大多数癌细胞在生长增殖的过程中会过度地表达 TfR1。二者之间较高亲和力的结构基础，主要源于人重链铁蛋白的 AB loop 及其周围结构。利用这一特性，潘多尔菲（Pandolfi）等在碱性条件下解离人重链铁蛋白后成功封装了姜黄素，制备得到的铁蛋白—姜黄素纳米粒子具有良好的水溶性，且可通过 TfR1 介导的内吞作用，将姜黄素靶向递送到乳腺癌细胞，进而通过抑制 Akt 的磷酸化杀伤癌细胞。

7.2.1.2 固体脂质颗粒

固体脂质颗粒（solid lipid particles，SLPs）主要利用固体油脂在冷却或相分离过程中固化、结晶形成固态结构的特性，将活性组分包埋在脂质结构中。由于 SLPs 是以固体油脂作为基质，将生物活性成分分散于油相中，并且在乳化剂的条件下与水相混合均质而成，因而通常可作为脂溶性分子的一种递送系统。相对于传统乳液、脂质体等载体，SLPs 最大的特点是以固体油脂取代了液态油脂对活性成分进行包埋，且由于活性物质在固体油脂中的流动性通常较低，因而 SLPs 可以很好地控制脂溶性物质的释放。例如，利用 SLPs 将亲水性和亲脂性的药物包裹起来，可延长所包封活性物质的释放，而通过携带的蛋白或肽可将活性物质释放到靶向器官，以实现特殊的调节功能。

此外，在食品领域研究较多的还有固体脂质纳米粒（solid lipid nanoparticles，SLNs），SLNs 与纳米结构脂质载体（nanostructure lipid carries，NLC）粒径通常小于 500nm，二者均可递送脂溶性营养物质。油相的脂质类型是区分二者的重要特征，SLNs是以一定比例的固体脂质为结构核心，并伴有表面活性剂稳定水包油的固态结构载体；而NLC是将部分固态脂质替换为液态脂质形成混合脂质，并在室温和体温下维持载体的固态结构。固体脂质结晶可形成独特的固态结构网络，有利于包埋脂溶性营养物质，并具备良好的生物相容性。SLNs和NLC还可以作为优异的氧屏障，故而在营养物质递送中起到重要的作用。

7.2.1.3 微胶囊

微胶囊又称为微囊，指生物活性物质与生物可降解材料经过一定的分散包埋技术制得的微小胶囊，属于微粒递送系统。通常粒径在1～250μm之间的称为微囊，而粒径在0.1～1.0μm之间的称为亚微囊，粒径在10～100nm之间的称为纳米囊。微胶囊由天然或合成高分子材料制备而成，可以提高生物活性物质的稳定性和生物可及性，因此常用于功能性成分的保护、靶向递送和控制释放。

生物活性物质的微胶囊化壁材通常有多糖、蛋白质以及复合材质的壁材。多糖来源主要有植物、动物和微生物，基于多糖的微胶囊因其良好的生物相容性和生物可降解性，而具有广阔的应用前景。多糖是由单糖通过糖苷键连接而成的聚合物，具有聚合物链的柔性结构、葡萄糖单元的末端羟基诱导的高亲水性，以及大量羟基、游离羧基、伯氨基、乙酰氨基等活性官能团的诸多优点，故而易对其进行硫酸化、酰胺化、酯化等修饰，进而改善其理化及功能特性。蛋白质同样具有良好的生物相容性和生物可降解性，还具备优良的溶解性、乳化性和凝胶性，因而亦被广泛用于微胶囊的壁材，如乳清蛋白、明胶和大豆蛋白等。此外，蛋白质可在油相和水相均质化过程中形成界面层，通过降低界面张力促进其均质化，保证其包封效率和芯材的安全。蛋白质和多糖作为载体材料各有优缺点，蛋白质对pH值、盐、热等环境刺激的稳定性相对较差，而多糖则对环境应力通常具有良好的稳定性，但其乳化活性一般较差。为了制备出更为理想的壁材，多糖与蛋白的复合受到广泛关注。例如，有研究利用多糖—蛋白复合物作为壁材制备微胶囊，对益生菌进行递送，可实现益生菌在胃肠道的稳定性。

7.2.1.4 聚合物胶束

聚合物胶束的粒径通常在 10nm ～ 100nm 之间，是由两亲性嵌段共聚物在水溶液中自组装形成的核壳结构。胶束的外壳由嵌段共聚物的亲水链段组成，其核心有一个疏水环境，嵌段共聚物的疏水链段对于聚合物胶束递送难溶性活性物质至关重要。目前应用较为广泛的亲水链段有聚乙二醇、聚氧乙烯等，而聚乙二醇因具有良好的水溶性和生物相容性，常被用作聚合物胶束的亲水性外壳，其与纳米载体的结合可使纳米载体长期循环且不被网状内皮系统识别。

聚合物胶束由可生物降解的两亲性聚合物组成，而合理选择和设计聚合物可以提高其负载及靶向递送能力。例如，有研究设计合成了甘草次酸修饰的羧甲基壳聚糖—酮缩硫醇—大黄酸包埋雷公藤红素的聚合物胶束，结果显示该聚合物胶束在血液中具有缓释行为，而在肿瘤中可快速释放且具有肝癌靶向作用。

7.2.1.5 凝胶体系

食品凝胶递送体系有多糖基、蛋白质基等构建而成的水凝胶、凝胶珠、乳液凝胶等形式，可实现对多酚、维生素、益生菌等功能性成分的递送。凝胶通常可由分散介质中的胶体粒子或高分子溶质，通过物理或化学交联方式形成复杂的三维网络结构。食品凝胶通常是指少量的多糖或蛋白等大分子相互交联缠结，将大量的水、油或气体束缚在三维网络结构中形成可食性软物质。在适宜的条件下，食品凝胶通过三维网络有效地包裹水分、油脂、气体等小分子成分，并赋予食品独特的质构及感官特性。食品凝胶安全性通常较高，因此常被用于递送各类营养素或生物活性成分。例如，利用瓜尔豆胶制备具有 pH 值和离子响应特性的功能性水凝胶，在递送姜黄素的过程中，不仅提高了姜黄素的稳定性，而且在胃肠道消化下表现出连续释放特性。

除上述凝胶体系外，油凝胶体系在脂溶性营养素的递送上，同样具有重要的作用。油凝胶将液态油脂限制或固定在一个热可逆的三维网络结构中，可通过在油相中加入凝胶剂或稳定剂后制备而成。油凝胶是一种具有特定结构和功能的类固体物质，其结构特性可通过调整油相与凝胶剂来调控，其结构为生物活性物质的递送提供了良好的基质。例如，有研究利用乙基纤维素和富含胡萝卜素的芥花籽油制备油凝胶，结果表明凝胶网络具有较高的机械强度且具备缓慢释放的能力。油凝胶能够保护和稳定营养物质，并可通过调控凝胶结构实现精准释放，因而其作为载体在生物活性物质的递送方面具有巨大的潜力。

7.2.1.6 乳液体系

传统的乳液通常由油相和水相构成，一相以液滴的形式存在于另一相，可分为水包油（O/W）和油包水（W/O）型，而多重乳液通常有油包水包油（$O_1/W/O_2$）和水包油包水（$W_1/O/W_2$）型。乳液的界面膜厚度及流变性等主要由乳化剂性质来决定，因此通过选用合适的乳化剂，可以调节乳液的特性。纳米乳液是由两个不相容的相位通过表面活性剂的作用而得到的分散相，其粒径通常为10～100nm。目前，纳米乳状液运载体系已广泛应用于功能食品开发、保护营养物质和封装体系等方面，其在食品功能因子靶向递送方面亦展现出广阔的应用前景。例如，有研究制备得到的纳米乳能够有效降低深海鱼油的腥味，防止其被过早氧化。

多层乳液通常由两种以上的乳化剂，经静电吸附，在乳液中形成一定的界面厚度。由于其界面层更厚、更致密，因而可以极大地改善乳液的稳定性。此外，多层乳液界面电荷浓度高，故而其絮凝和聚合稳定性也得到提高。多层乳液的界面较为复杂，其多层边界的形成取决于液滴所携带的电荷和乳化状态。例如，较为常用的层—层（layer-by-layer，LBL）静电沉积法，即是以一种生物高分子作为乳化剂在乳液液滴上形成第一个界面层，使电荷相反的聚电解质与第一个界面层发生交互作用，进而形成双层界面，即双层乳液。多层乳液具有优良的物理化学稳定性，通常能够避免pH值、热处理与速冻等因素对食品造成的损害，因而对生物活性物质具有较强的保护作用。例如，有研究采用乳清分离蛋白与阿拉伯胶制成双层乳液，结果表明该乳液能够在一定程度上抵御胃部的酸性环境。还有研究采用美拉德反应制备大豆分离蛋白—葡聚糖复合物，稳定乳液后可提高乳液的冻融稳定性。此外，乳铁蛋白—海藻酸盐双层乳液能够更好地保护所负载的白藜芦醇。因此，逐层包装的乳液通常表现出更高的稳定性，其在营养物质的递送上展现出广阔的应用前景。

7.2.2 食品功能因子靶向递送系统构建的影响因素

功能因子的递送效果与靶向递送体系密切相关，而靶向递送体系构建的影响因素主要有递送体系的壁材、结构及粒径与电位等。

7.2.2.1 靶向递送体系材料的选择

靶向递送体系材料的选择与其递送功能密切相关，合适的壁材可以延长功能因子在特定吸收或代谢位点的停留时间，进而有效发挥其功能调节作用。食品生物大分子如蛋白质、多糖与脂质等，均可用作靶向递送体系的载体。

蛋白质具有乳化、胶凝以及结构化特性，如大豆分离蛋白、玉米醇溶蛋白、明胶等均可作为功能因子的递送载体。多糖除具有乳化、胶凝、增稠和结构化特性以外，其通常可以抵抗极端pH值、温度和离子强度等条件。基于不同壁材的消化特性，在进行靶向递送时，基于蛋白质的材料可设计为胃靶向释放活性物质的载体。一些功能性多糖通常在到达结肠之前保持结构完整，之后被肠道菌群分解，故而在实现结肠靶向递送的同时还可发挥其固有的生理调节功能。例如，有研究设计了一种负载姜黄素的莲藕支链淀粉—壳聚糖复合水凝胶，结果表明该复合水凝胶可实现姜黄素的靶向肠道递送。脂质递送体系通常用于封装疏水性活性物质，但其递送效果与脂质壁材的熔点、极性和氧化稳定性等密切相关。

7.2.2.2 递送体系的结构

递送体系的结构特征可以影响功能性成分在胃肠道中的停留时间，进而影响其递送效果。以乳液为例，由蛋白质和多糖的复合物作为乳化剂通常可以改善单一蛋白质作为乳化剂的效果。例如，由带相反电荷的蛋白质和多糖通过逐层静电沉积过程形成的多层乳液，通常在胃液中具有一定的稳定性，但会在肠道中发生分解。

此外，多重乳液具有两膜三相的结构，通过构建多重乳液可以延长功能成分的释放和作用时间，进而提高其生物可及性。例如，以聚甘油多聚蓖麻醇酸酯（polyglyccrol polyricinoleate，PGPR）与葡聚糖—铁蛋白作为乳化剂，制备负载绿原酸、虾青素及白藜芦醇的多重乳液，结果表明该多重乳液对所递送的功能因子起到了保护作用，使其在模拟胃肠液消化中达到了缓释效果，进而提高了其生物可及性。此外，蛋白质和多糖交联后，还可制备得到具有响应特性的水凝胶基质，可在特定 pH 值和离子强度等条件下，释放功能成分。

载体结构多种多样，将多种载体复合起来，可以使递送系统更加稳定和可控。例如，将负载白藜芦醇的皮克林（Pickering）乳液注射到果胶水凝胶珠中，其生物利用度和稳定性均得以提升，而且利用载体的 pH 值响应性，还达到了结肠靶向递送的效果。

7.2.2.3 递送体系的粒径与电荷

递送载体的粒径与整个体系的消化特性密切相关，递送载体负载功能性成分后，其尺寸若小于黏液网间距（200nm），则容易被上消化道吸收。较小尺寸的颗粒由于其表面积过度暴露于脂肪酶，故而其消化速度通常较快，而研究表明较小粒径的纳米乳液还具有更高的细胞摄取效率。

递送载体的电性能同样影响其递送效果。递送体系的 ζ 电位受到 pH 值、离子强度以及界面组成等因素的影响，当其绝对值超过 30mV 时，强排斥力可以抵抗粒子聚集。此外，利用糖基化黏蛋白基团具有负电荷的特性，可设计带正电荷的递送载体与其发生静电作用，进而实现功能物质的靶向递送用于炎症性肠病的治疗。

总之，食品功能因子的靶向递送受到多种因素的综合影响，如载体的材料、结构、粒径和电位以及形状与硬度等，而递送体系的合理构建对于提高功能因子生物利用度及实现其靶向递送至关重要。

7.2.3 常见食品功能因子的靶向递送

功能因子可以通过激活酶的活性或其他途径调节人体机能，利用食品功能因子稳态化与靶向递送体系进行精准营养干预，对于缓解亚健康和疾病症状具有重要意义。食品功能性成分种类繁多，化学成分和功能各不相同。根据功能成分的性质选择合适的递送载体在提高其稳定性和生物利用度的同时，能够在目标位点可控释放所封装的功能分子，对于靶向递送及精准营养的实现至关重要。本部分主要介绍 3 类常见的食品功能因子的靶向递送体系。

7.2.3.1 多酚的靶向递送

多酚类化合物包括酚酸类、黄酮类和非黄酮类，具有抗氧化、抗炎、抗癌等多种生物活性，故而在营养干预中起到了广泛的作用。然而，多酚类物质的水溶性低、稳定性较差等特性，极大地限制了其生物利用度。通过合适的载体对多酚类物质进行递送，对于其功能特性的发挥至关重要。

多酚类物质中，酚酸具有羧基、苯环以及羟基和 / 或甲氧基，易受到光、酸和温度等环境的影响。纳米粒子、水凝胶和纳米乳液等均可以递送酚酸，如用麦角甾醇稳定的乳液递送绿原酸，可提高绿原酸的稳定性及生物可及性。黄酮类化合物可通过纳米粒子、脂质体、乳液等进行包封递送。此外，通过在载体表面修饰合适的配体，可实现黄酮类化合物的靶向递送，如负载槲皮素的纳米颗粒结合叶酸后，可进一步靶向癌细胞。非黄酮类化合物（如白藜芦醇和姜黄素）亦存在水溶性及稳定性差的特点，而纳米粒子、微胶囊、乳液等多种递送体系均可用于递送此类物质。例如，以铁蛋白为载体制备含有白藜芦醇的纳米颗粒，其在模拟胃肠道消化中表现出比游离白藜芦醇更高的生物可及性；而采用葡聚糖—铁蛋白作为乳化剂制备得到乳液体系，也可使封装在铁蛋白空腔中的白藜芦醇生物可及性有所提高。

多酚类物质具有多种生物学效应，因而实现其靶向递送受到了广泛的关注。例如，有研究为了提高姜黄素的肝脏靶向性，化学合成了姜黄素海藻酸酯，该体系可在肝匀浆（pH 值为 4.5 ～ 9.0）中发生水解；还有研究利用壳聚糖和果胶，通过静电自组装制备花色苷纳米颗粒，结果表明该纳米颗粒可以逃脱胃酸环境的干扰，在结肠液中缓慢释放。

7.2.3.2 类胡萝卜素的靶向递送

类胡萝卜素主要结构为含有双键的多异戊二烯结构，主要分为两大类：一类为胡萝卜素，属于纯碳氢化合物；另一类为叶黄素类，结构中含有羟基、醛基等含氧基团。类胡萝卜素普遍存在于动物、高等植物、真菌及藻类中，具有较强的抗氧化和抗炎活性，因而在人类健康中发挥着重要的作用。然而，由于高度不饱和结构的存在，类胡萝卜素在实际应用中易发生物理或化学变化，进而影响其生物利用度。

目前，基于脂质的运载体系（乳液、脂质体等）及基于聚合物的递送体系（如纳米分散体系、纳米颗粒等），已被广泛用来包埋类胡萝卜素。例如，辛格（Singh）等构建了番茄红素纳米结构脂质载体，结果表明载有番茄红素的纳米结构脂质载体具有一定的缓释特性，且具有良好的肠道渗透性，进而可提高番茄红素的生物利用度。虾青素属于类胡萝卜素中的叶黄素类，因极强的抗氧化活性受到了广泛的关注，但是虾青素亦存在稳定性差及生物利用度低等问题，因而许多研究通过构建各种载体对其包封后，以提高其生物可及性。例如，利用葡聚糖修饰后的铁蛋白作为乳化剂制备水包油乳液，在油相中负载虾青素，可显著提高其稳定性及生物可及性。于（Yu）等通过两步乳化法制备负载虾青素的双重乳液凝胶，结果显示该凝胶稳定性较好且能够在肠道靶向释放。

类胡萝卜素的器官或细胞 / 细胞器的靶向递送同样受到广泛关注。例如，叶黄素具有较强的视网膜保护特性，有研究构建了壳聚糖—海藻酸钠—油酸杂化纳米载体，将该体系饲喂大鼠后，叶黄素在眼中的积累量明显高于肝肾。此外，基于细胞 / 细胞器对生物活性成分进行靶向递送，对于精准营养亦为至关重要。例如，线粒体在提供细胞的能量代谢中起着重要的作用，而线粒体功能障碍与许多疾病的发生密切相关。因此，目前已有研究针对类胡萝卜素进行了线粒体的靶向递送。在递送类胡萝卜素的体系中，载体材料的特性会影响类胡萝卜素的生物可及性，通常基于脂质的递送系统更适合封装类胡萝卜素。类胡萝卜素对机体的营养干预具有重要的意义，通过构建合适的载体，可以在提高其稳定性及生物利用度的同时，实现靶向递送，进而发挥其功能调节作用。

7.2.3.3 益生菌的靶向递送

益生菌能够通过调节肠道菌群发挥生理调节活性，在糖尿病、高血压、肥胖等多种慢性病的防控中起着重要的作用。然而，益生菌经过口腔及胃肠道后，其活力通常会降低。因而，通过递送体系进行封装有助于其功能特性的发挥。

在递送益生菌的过程中，蛋白质基的载体易受到胃肠道环境的破坏，而通过多糖与蛋白质的复合则可以设计出较为理想的益生菌递送载体。此外，食品级的递送体系在保护益生菌免受胃肠道恶劣条件影响的同时，还可以为封装的益生菌提供营养。益生菌能够改善结肠微生物的平衡，故而开发益生菌结肠靶向递送载体亦受到了广泛关注。例如，有研究采用生物膜包裹益生菌，结果表明其在肠道中的定植率比游离益生菌高 17 倍；另有研究利用寡糖—蛋白质水解物偶联物制成的核壳颗粒靶向递送益生菌，结果显示该体系能够改善结肠微生物菌群的组成。在益生菌的靶向递送中，载体的特性同样影响其递送效果。例如，带正电荷的递送体系可以与带负电荷的结肠黏蛋白相互作用，从而增强递送体系与结肠炎症区域的相互作用时间。

总之，功能性成分的补充是实现营养调节的重要途径，建立稳定的靶向递送体系有助于提高功能因子的生物利用度，实现靶向可控释放。聚焦于食品功能因子靶向递送的精准营养研究，具有重要的实际意义。随着其研究的深入，精准营养产业将有望带给消费者更加完善且个性化的营养解决方案。

7.3 食品的智能制造

随着生活水平的提高，个性化的饮食受到广泛的关注。依据不同群体或个体的营养需求，制定科学合理的个性化饮食指南，对于个性化健康管理具有重要的意义。而随着电子技术和移动互联网技术的发展，以精准营养为目标，以工业化、自动化与智能化为发展方向的个性化营养健康食品智能制造，同样具有广阔的应用前景。

7.3.1 “工业 4.0”食品智能制造

我国传统食品的制作最初主要为手工制作，之后实现了机械化与自动化，而现在正向智能化迈进。营养食品智能化制造可通过科学配膳满足不同人群或个体的个性化需求，有利于改善居民的营养状况，实现我国的传统产业转型升级。

7.3.1.1 “工业 4.0”

“工业 4.0”是以智能制造为主导的第四次工业革命，是由德国推出的概念。其所描绘的制造业是建立在以互联网和信息技术为基础的互动平台上，通过科学地整合生产要素，实现自动化与智能化，使生产制造个性化、定制化成为新常态。

“工业 4.0”在我国称为“中国制造 2025”，二者都指向“智能制造”。“中国制造 2025”于 2014 年 12 月首次被提出。2015 年 5 月 8 日，国务院正式印发《中国制造 2025》，其中提出要通过“三步走”实现制造强国的战略目标：第一步，到 2025 年迈入制造强国行列；第二步，到 2035 年中国制造业整体达到世界制造强国阵营中等水平；第三步，到新中国成立一百年时，综合实力进入世界制造强国前列。

在工业 4.0 的发展背景下，构建食品行业的智能制造体系至关重要，将工业 4.0 引入食品加工业，将食品加工业与互联网 + 深度融合，有助于实现整个食品加工业的转型升级。

7.3.1.2 “工业 4.0”与食品工业生产

在工业 4.0 发展的基础上，将工业 4.0 的经验应用于食品加工企业，有助于实现食品工业生产的智能化。食品智能制造的核心是生产环节集感知、分析、推理、决策和控制为一体，并与消费者需求的信息化进行结合，从而实现在线个性化定制。

食品工厂的智能制造主要包括生产、设备、能源管理及供应链管理的智能化。其中，生产智能化主要指有机结合信息化的机械、知识、管理和技能等要素，进而自动制订出科学的生产计划；设备智能化指生产设备中配备的传感器，实时抓取数据并进行传输，对生产进行实时监控；能源管理智能化指以最经济的方式部署加工中的节能减排以及综合利用的智能化系统架构，形成绿色产品生命周期管理的循环；供应链管理智能化指将食品加工企业的成品库存与供应商需求相结合，从而最小化成品库存，降低库存带来的风险及生产成本。

此外，生产追溯性如原料追溯、质量追溯和工艺追溯等，是食品加工中一个重要的环节，用智能设备代替人工，可提高生产追溯的准确性和可行性，有利于快速方便地进行食品的生产追溯。

7.3.2 食品 3D 打印智能技术

3D 打印技术是一种以数字三维 CAD 模型设计文件为基础，运用高能束源或其他方式，将液体、熔融体、粉末、丝、片、板、块等特殊材料进行逐层堆积黏结，最终叠加成型，直接构造出物体的技术，其被誉为“工业 4.0”时代变革的重要技术手段。食品 3D 打印技术因具备个性化定制、加工精度高、绿色生产等优势，故而具有广阔的应用前景。

7.3.2.1 食品 3D 打印技术的类型

常见的食品 3D 打印技术主要有挤出型、烧结型、喷墨型和粉体凝结型 4 种类型。

（1）挤出型食品 3D 打印技术

该技术是 3D 打印半固态材料中应用最广泛的技术之一，主要通过控制数字化的挤出过程，逐层地按照预先设计好的路径进行打印。此类技术可分为以下 3 种。

①基于热熔挤出的 3D 食品打印：其打印原理是将已经加热溶解的材料或者利用打印机自身加热系统将材料加热溶解，通过活塞的挤压将材料从喷头挤出，逐层堆叠成 3D 模型。此类食品 3D 打印需要材料具有热塑性的特点，目前能应用于此类打印的材料主要有糖果、巧克力等。

②基于常温挤出的 3D 食品打印：其打印原理与热熔挤出型 3D 打印类似，利用活塞的挤压将材料从喷头处挤出。此类技术通常要求材料为半流体状态，且具有一定的黏性，打印成型的食品在打印结束之后通常还需要进行熟化处理。目前，能够应用于此类打印的食品材料主要有鸡蛋、面粉及肉类等。

③基于凝胶挤出的 3D 食品打印：该类技术的打印原理与上述两种类似。由于凝胶的摩擦属性低，具有材料渗透性和生物相容性等特点，将凝胶混入打印材料，可使材料具备较高的流动性、黏性甚至热塑性。在实际应用的时候，可选择合适的凝胶浓度配比进行打印。

（2）烧结型食品 3D 打印技术

该技术主要利用激光或热风对打印材料进行小范围高温加热，能够打印出复杂精致的结构，赋予食品独特的口感和质构。打印时，首先铺设一层原料，然后利用热源根据预先设计的路径对材料进行烧结，烧结材料会变形，而未烧结部分则起支撑作用。经过逐层烧结后，最终通过吹干和修整等得到产品。

（3）喷墨型食品 3D 打印技术

该技术是在注射器中借助活塞压力，直接滴出液体材料，在液体材料自由落体的作用下完成沉积。打印采用由局部扩大到整体的方式，具有成本低、打印快、后处理少、可用材料广等特点，可应用于装饰或图案填充。该技术目前主要应用于蛋糕、饼干等食品中。

（4）粉体凝结型食品 3D 打印技术

该技术的成型原理与喷墨型食品 3D 打印相似。打印时，将粉末状原料铺设在打印平台上形成一层粉末床，然后使用打印头喷射结合剂选择性地结合凝固粉末颗粒，之后逐层堆积形成最终食品。该技术目前主要用来加工可食用的粉末状材料，如糖粉、蛋白粉等。

7.3.2.2 食品 3D 打印常用的材料

3D 打印机工作原理各异，因此选择合适的食品材料对于食品 3D 打印具有重要的意义。食品 3D 打印常用的材料有淀粉、蛋白质及脂肪等材料。

淀粉类材料具有价格低廉、易于获取及过敏性低等特点。在食品 3D 打印中，淀粉类材料具有良好的可塑性和流变学性能，适合挤出和成型。但淀粉类材料由于机械性能相对较弱，使打印后的产品相对较软，进而影响口感。此外，淀粉的吸水性和膨胀性可能导致打印精度下降，故而在实际打印中可通过添加其他材料或改进加工技术等方法进行改善。

蛋白质具有独特的分子结构和凝胶特性，作为一种天然高分子材料，蛋白质能够在 3D 打印过程中保持优良的流变学特性，确保其打印的产品具有较高的精确度和分辨率，因此在食品 3D 打印领域展现出广阔的应用前景。

脂肪类材料具有口感丰富、润滑及成型能力强等特点，因而在打印过程中可以减少摩擦，提高打印效率和精度，而且打印出的产品通常具有嫩滑、酥脆等良好的口感。此外，脂肪在特定温度下会固化，有助于打印的食品保持形状。然而，脂肪类材料易变质且在使用中可能存在一定的健康问题，如过量使用可能导致肥胖和心血管疾病等。因而，实际打印的过程需要综合考虑以保证食品的营养及安全性。

除上述材料外，高内相乳液、水凝胶等材料同样成为食品 3D 打印领域的研究热点。此外，为丰富食品的色彩和风味以及营养化需求，食品 3D 打印还涉及天然色素、香料以及各种矿物质、维生素等营养素。

随着传统的食品加工技术向多元化的创新型技术转变，食品 3D 打印在食品加工领域展现出广阔的应用前景。食品 3D 打印有助于改善居民的膳食营养结构，可为人们提供绿色安全的食物来源，同时可最大限度地满足个性化营养健康需求。食品 3D 打印技术的应用将有助于提高居民生活质量，推动食品加工业向定制化智能制造转变，进一步加速我国食品加工业的发展。

思考题

1. 试述基因多态性在机体各营养素处置过程中的影响？
2. 试述常见的食品功能因子靶向递送体系的种类及构建的影响因素。
3. 食品 3D 打印技术主要有哪几种类型？简述其特点及常用的材料。

参考文献

[1] 郭元昊，王雅欣，董鹏飞，等. 葡聚糖—铁蛋白—白藜芦醇纳米粒子稳定多重乳液体系的构建及其对亲水 / 疏水性物质的共递送作用［J］. 食品科学，2024，45（22）：17–25.

[2] 姜燕蓉，刘锴锴，齐筱莹，等. 虾青素的生物功效及其运载体系研究现状［J］. 食品与发酵工业，2019，45（13）：250–256.

[3] 刘博文，孙洋，康宇，等. 食品凝胶递送体系的应用及研究进展［J］. 食品与发酵工业，2024，50（13）：377–387.

[4] 毛丽娟，简俊丽，高彦祥，等. 固体脂质颗粒及其在食品中的应用与研究现状及展望［J］. 食品科技，2015，40（4）：66–70.

[5] 宁德山，罗其昌，陈阳，等. 生物活性物质微胶囊化应用研究进展［J］. 食品研究与开发，2024，45（14）：193–200.

[6] 庞国芳，孙宝国，陈君石，等. 中国食品安全现状、问题及对策战略研究（第二辑）：第 1 版［M］. 北京：科学出版社，2020.

[7] 史雄喜，李江，邝艳婷，等. 聚合物胶束在纳米载药体系的应用研究进展［J］. 化学与生物工程，2024，41（5）：19–24.

[8] 孙长颢，王舒然，赵丹. 分子营养学：第 1 版［M］. 北京：人民卫生出版社，2006.

[9] 谭明乾，崔国馨，于潇婷，等. 食品功能因子稳态化靶向递送与精准营养［J］. 中国食品学报，2022，22（7）：1–20.

[10] 童强，佟垚，吴豪，等. 3D 打印技术在食品领域中的研究进展［J］. 食品与发酵工业，2025，51（7）：396–404.

[11] 王喜文. 工业 4.0（图解版）：通向未来工业的德国制造 2025［M］. 北京：机械工业出版社，2015.

[12] 王胜男，杨皓瑜，何丽霞，等. 铁蛋白—白藜芦醇包埋物的制备、表征及其抗氧化性分析［J］. 食品科学，2023，44（12）：34–41.

[13] 姚庆博，梁艳彤，吴佳敏，等. 食品功能因子靶向运载体系及其在食品中的应用［J］. 中国食品学报，2024，24（6）：445–454.

[14] 云少君，王胜男，吕晨艳，等. 人体铁吸收及植物铁蛋白补铁特性研究进展［J］. 2022，38（5）：328–336.

[15] 赵家和，刘媛媛，姚丹，等. 固体脂质纳米颗粒与纳米脂质载体的研究进展［J］. 中国油脂，2024（10）：72–79.

[16] Banerjee A，Qi J，Gogoi R，et al. Role of nanoparticle size，shape and surface chemistry in oral drug delivery［J］. Journal of Controlled Release，2016，238：176–185.

[17] Boonlao N，Shrestha S，Sadiq M B，et al. Influence of whey protein-xanthan gum stabilized emulsion on stability and *in vitro* digestibility of encapsulated astaxanthin［J］. Journal of Food Engineering，2020（272）：109859.

[18] Bose P，Priyam A，Kar R，et al. Quercetin loaded folate targeted plasmonic silver nanoparticles for light activated chemo-photothermal therapy of DMBA induced breast cancer in Sprague Dawley rats［J］. RSC Advances，2020，10：31961–31978.

[19] Chen Y, Mcclements D J, Peng X, et al. Starch as edible ink in 3D printing for food applications: A review [J]. Critical Reviews in Food Science and Nutrition, 2024, 64 (2): 456–471.

[20] O'Sullivan C M, Davidovich-Pinhas S, Wright A J, et al. Ethylcellulose oleogels for lipophilic bioactive delivery-effect of oleogelation on *in vitro* bioaccessibility and stability of beta-carotene [J]. Food & Function, 2017, 8 (4): 1438–1451.

[21] Dutta P, Mukherjee K, Saha A, et al. Colonic delivery of surface charge decorated nanocarrier for IBD therapy [J]. Journal of Drug Delivery Science and Technology, 2022 (76): 103754.

[22] Feng K, Wei Y, Hu T, et al. Colon-targeted delivery systems for nutraceuticals: A review of current vehicles, evaluation methods and future prospects [J]. Trends in Food Science & Technology, 2020 (102): 203–222.

[23] Fernandes S S, Coelho M S, de las Mercedes Salas-Mellado M. Bioactive Compounds as Ingredients of Functional Foods: Polyphenols, Carotenoids, Peptides from Animal and Plant Sources New [M]. UK: Woodhead Publishing, 2019: 129–142.

[24] Gómez-Guillén M C, Montero M P. Enhancement of oral bioavailability of natural compounds and probiotics by mucoadhesive tailored biopolymer-based nanoparticles: A review [J]. Food Hydrocolloids, 2021 (118): 106772.

[25] Guo J X, Gu X Y, Meng Z. Customized 3D printing to build plant-based meats: Spirulina platensis protein-based Pickering emulsion gels as fat analogs [J]. Innovative Food Science & Emerging Technologies, 2024 (94): 103679.

[26] Guo Y H, Wang Y X, Dong P F, et al. Glycosylation of a ferritin nanocage with dextran as a novel emulsifier for the construction of dual-compartmental pickering emulsions to co-encapsulate hydrophobic bioactive compounds [J]. Journal of Food Engineering, 2024, (374): 112035.

[27] HaqAsif A, Karnakar R R, Sreeharsha N, et al. pH and salt responsive hydrogel based on guar gum as a renewable material for delivery of curcumin: A natural anti-cancer drug [J]. Journal of Polymers and the Environment, 2021 (29): 1978–1989.

[28] Jenning V, Thünemann A F, Gohla S H. Characterisation of a novel solid lipid nanoparticle carrier system based on binary mixtures of liquid and solid lipids [J]. International Journal of Pharmaceutics, 2000, 199 (2): 167–177.

[29] Jiang Z W, Li M T, McClements D J, et al. Recent advances in the design and fabrication of probiotic delivery systems to target intestinal inflammation [J]. Food Hydrocolloids, 2022 (125): 107438.

[30] Kang H, Lee N K, Rhee J. Food 3D printing using Beeswax Oleogels [J]. The FASEB Journal, 2021, 35 (S1): 04487.

[31] Li Y, Wu B, Li Y, et al. pH-responsive Pickering emulsions-pectin hydrogel beads for loading of resveratrol: Preparation, characterization, and evaluation [J]. Journal of Drug Delivery Science and Technology, 2023 (79): 104008.

[32] Lim A S L, Roos Y H. Stability of flocculated particles in concentrated and high hydrophilic solid layer-by-layer (LBL) emulsions formed using whey proteins and gum Arabic [J]. Food Research International, 2015 (74): 160–167.

[33] Liu G, Feng S, Sun Y, et al. Colonic macrophage-targeted curcumin nanoparticles alleviate DSS–induced colitis in mice through the NF-kappa B pathway [J]. Food Bioscience, 2021 (41): 101089.

[34] Liu K, Huang R L, Zha X Q, et al. Encapsulation and sustained release of curcumin by a composite hydrogel of lotus root amylopectin and chitosan [J]. Carbohydrate Polymers, 2020 (232): 115810.

[35] Mantihal S, Prakash S, Godoi F C, et al. Optimization of chocolate 3D printing by correlating thermal and flow properties with 3D structure modeling [J]. Innovative Food Science & Emerging Technologies, 2017 (44): 21–29.

[36] McClements D J. Recent progress in hydrogel delivery systems for improving nutraceutical bioavailability [J]. Food Hydrocolloids, 2017 (68): 238–245.

[37] Meng Q, Zhong S, Gao Y, et al. Advances in polysaccharide-based nano/microcapsules for biomedical applications: A review [J]. International Journal of Biological Macromolecules, 2022 (220): 878–891.

[38] Milsmann J, Oehlke K, Schrader K, et al. Fate of edible solid lipid nanoparticles (SLN) in surfactant stabilized o/w emulsions [J]. Colloids and Surfaces A-physicochemical and Engineering Aspects, 2018 (558): 615–622.

[39] Mohammadi K, Sani M A, Azizi–Lalabadi M, et al. Recent progress in the application of plant-based colloidal drug delivery systems in the pharmaceutical sciences [J]. Advances in Colloid and Interface Science, 2022 (307): 102734.

[40] Mor N, Raghav N. Design and development of carboxymethylcellulose ester of curcumin as sustained release delivery system in liver [J]. International Journal of Biological Macromolecules, 2023 (231): 123296.

[41] Paliwal R, Paliwal S R, Kenwat R. Solid lipid nanoparticles: a review on recent perspectives and patents [J]. Expert Opinion on Therapeutic Patents, 2020, 30 (3): 179–194.

[42] Pandolfi L, Bellini M, Vanna R, et al. H-ferritin enriches the curcumin uptake and improves the therapeutic efficacy in triple negative breast cancer cells [J]. Biomacromolecules, 2017, 18 (10): 3318–3330.

[43] Peled S, Livney Y D. Oligosaccharide-lactoferrin shell–crosslinked particles for selective targeting of proteins to probiotic bacteria in the colon[J]. Food Hydrocolloids, 2021(120): 106973.

[44] Prezotti F G, Boni F I, Ferreira N N, et al. Oral nanoparticles based on gellan gum/pectin for colon targeted delivery of resveratrol [J]. Drug Development and Industrial Pharmacy, 2020, 46 (2): 236–245.

[45] Santonocito D, Puglia C. Applications of lipid–based nanocarriers for parenteral drug delivery[J]. Current Medicinal Chemistry, 2022, 29 (24): 4152–4169.

[46] Singh A, Neupane Y R, Panda B P, et al. Lipid based nanoformulation of lycopene improves oral delivery: Formulation optimization, ex vivo assessment and its efficacy against breast cancer[J]. Journal of Microencapsulation, 2017, 34(4): 416–429.

[47] Toragall V, Jayapala N, Vallikannan B. Chitosan-oleic acid-sodium alginate a hybrid nanocarrier as an efficient delivery system for enhancement of lutein stability and bioavailability [J]. International Journal of Biological Macromolecules, 2020 (150): 578–594.

[48] Walia N, Chen L. Pea protein based vitamin D nanoemulsions: Fabrication, stability and in vitro study using Caco-2 cells[J]. Food Chemistry, 2020 (305): 125475.

[49] Wang L, Wei Z, Xue C. Effect of carboxymethyl konjac glucomannan coating on the stability and colon–targeted delivery performance of fucoxanthin-loaded gliadin nanoparticles [J]. Food Research International, 2022 (162): 111979.

[50] Wang X, Shi G, Fan S, et al. Targeted delivery of food functional ingredients in precise nutrition: design strategy and application of nutritional intervention [J]. Critical Reviews in Food Science and Nutrition, 2024, 64 (22): 7854–7877.

[51] Wang Y X, Guo Y H, Dong P F, et al. Water-in-oil Pickering emulsion using ergosterol as an emulsifier solely [J]. Food Research International, 2024 (186): 114374.

[52] Xiong Y, Zhang P, Warner R D, et al. Sorghum grain: From genotype, nutrition, and phenolic profile to its health benefits and food applica–tions [J]. Comprehensive Reviews in Food Science and Food Safety, 2019, 18 (6): 2025–2046.

[53] Xu C, Ban Q, Wang W, et al. Novel nano-encapsulated probiotic agents: Encapsulate materials, delivery, and encapsulation systems [J]. Journal of Controlled Release, 2022

(349): 184–205.

[54] Yang Z, McClements D J, Li C, et al. Targete delivery of hydrogels in human gastrointestinal tract: A review [J]. Food Hydrocolloids, 2023 (134): 108013.

[55] Yao M, Xie J, Du H, et al. Progress in microencapsulation of probiotics: A review [J]. Comprehensive Reviews in Food Science and Food Safety, 2020, 19 (2): 857–874.

[56] Yin Z Y, Zheng T, Ho C T, et al. Improving the stability and bioavailability of tea polyphenols by encapsulations: A review [J]. Food Science and Human Wellness, 2022, 11 (3): 537–556.

[57] Yu H, Wang H, Su W, et al. Co-delivery of hydrophobic astaxanthin and hydrophilic phycocyanin by a pH-sensitive water-in-oil-in-water double emulsion-filled gellan gum hydrogel [J]. Food Hydrocolloids, 2022 (131): 107810.

[58] Zhang H, Liang S, Quintero L E E, et al. The structure design and application of oxidized polysaccharides delivery systems for controlled uptake and release of food functional ingredients [J]. Current Opinion in Food Science, 2022 (43): 199–205.

[59] Zhao X, Zhang X, Tie S, et al. Facile synthesis of nano-nanocarriers from chitosan and pectin with improved stability and biocompatibility for anthocyanins delivery: An *in vitro* and *in vivo* study [J]. Food Hydrocolloids, 2020 (109): 106114.

[60] Zhang Z Y, Wang X B, Yu J, et al. Freeze-thaw stability of oil-in-water emulsions stabilized by soy protein isolate-dextran conjugates [J]. LWT–Food Science and Technology, 2017 (78): 241–249.

第 8 章

营养流行病学研究方法

陈山泉

学习目标

1. 理解营养流行病学的定义、发展历程及其在公共卫生中的应用。
2. 掌握常见的流行病学研究方法（如横断面研究、病例对照研究、队列研究）及其在营养学中的具体应用。
3. 认识当前营养流行病学领域的挑战与发展趋势，特别是在膳食评估与数据分析方面的进展。

8.1 营养流行病学的由来与发展现状

8.1.1 定义

营养流行病学是流行病学中的一个相对年轻但极具活力的分支学科。作为流行病学的一个重要分支，营养流行病学专注于探究饮食与健康之间的关系，从而为营养科学的发展提供了深刻的见解和实证数据。它通过系统地研究饮食习惯和营养摄入对各种疾病发生的影响，致力于揭示饮食因素如何在公共卫生中发挥作用，从而将这些发现转化为有效的预防实践和公共健康策略。

具体而言，营养流行病学的贡献体现在：首先，它提供了精确的饮食评估方法，以帮助研究人员和公共卫生工作者了解个体和人群的饮食模式及其变化；其次，它致力于描述和分析不同营养暴露水平对健康的影响，进而识别出潜在的营养风险因素；最后，营养流行病学还应用先进的统计建模技术，建立饮食与疾病之间的关系模型。这些模型不仅有助于揭示特定营养成分与疾病发生的关联，还为制定科学的饮食干预措施和政策，提供了坚实的数据基础。

总的来说，营养流行病学通过这些研究和分析，为预防医学提供了宝贵的知识和工具，推动了公共卫生领域的进步，并为改善个体和群体的健康提供了有效的策略。目前，营养流行病学使用最广泛的是描述性研究方法和分析性研究方法。膳食模式分析（dietary pattern analysis，DPA）作为一种研究设计方法，相比单一营养素和食物的分析，更侧重于研究整体膳食模式对健康的影响。虽然膳食模式分析在研究中应用广泛，但仍具有一定的局限性。该方法可以分为 3 类：假设驱动方法、探索性方法和混合方法。假设驱动方法依赖于当前已有的先前研究信息。这些信息涉及已明确的饮食成分，以及它们与健康促进或主要饮食相关疾病之间的关系。假设驱动的膳食模式分析方法使用评分系统，将分数分配给预定义的饮食成分。这些分数，通常被称为饮食指数，反映了饮食质量或与国家饮食指南（如健康饮食指数）的一致性，也可以基于对健康饮食习惯的假设，如有助于预防高血压的饮食方法或地中海饮食（Mediterranean Diet，MED）。

8.1.2 起源

在 1747 年的一次航海中，詹姆斯·林德（James Lind）船长发现他的船员们死于一种神秘的疾病，然而食用橙子和柠檬后很快康复了，这种疾病在后来被定义为坏血病。由此，众多科学研究开始探索饮食模式（或特定食物和营养素）与健康或疾病之间的关联。然而，使用随机化研究饮食结构对长期健康的影响是一项严峻的挑战。伦理原则不允许将个人随机分配到根据科学证据可能产生有害影响的饮食中。参与者仅能被随机分配至维持原有饮食模式的组别，或采用对研究中关注的健康结局尚不明确的饮食方案组别。即便如此，从观察性研究中可以得出，饮食在预防冠心病方面发挥着重要作用，反式脂肪、饱和脂肪和高血糖指数会促进心脏病的发病，而富含纤维、鱼油和多不饱和脂肪的饮食会降低心脏病的发病风险。生物学上讲，营养素可能具有抗致癌和致癌作用，因为它们可能影响氧化、甲基化、DNA 修复和其他能力——可能影响癌症的发生和发展。

迄今为止，这些营养的理论特性还未能转化为可检测的效果。然而，心脏病和Ⅱ型糖尿病病因与癌症病因的一个重要区别，是肿瘤发展的潜伏期长。最初的恶性转化和临床表现的癌症可能相隔几十年。要使饮食因素在这个漫长的过程中发挥作用，长期饮食和生命早期的营养可能很重要。

很多现有的饮食与疾病关系的统计模型通常专注于单一食物或营养素的作用，然而这种方法可能过于狭隘，因为食物和营养素并不是孤立地被摄入的。实际上，饮食是由多种食物和营养素组成的，这些食物和营养素的摄入量因个人喜好和饮食习惯而异。因此，单独考虑某一种食物或营养素的影响，可能无法全面反映其对健康或疾病的实际作用。

此外，食物成分之间的相互作用也可能对健康和疾病产生重要影响。例如，某些食物成分可能会增强或抑制其他成分的作用，从而改变其对健康的综合效果。营养流行病学目前主要关注成年期的饮食对健康的影响，而很少有研究考虑早期饮食对健康的潜在影响。实际上，慢性疾病的根源可能在儿童时期就已经开始形成，而早期的营养状况可能会对个体的健康产生长期的影响。在成长发育期间，组织和器官可能特别容易受到营养的影响，而饮食的影响可能是累积性的，长期效果可能需要几十年后才会显现出来，进而转化为各种疾病。

因此，对生命各个时期的饮食进行系统的研究，并进行长期的随访是非常有必要的，特别是在癌症研究领域，这对于揭示早期饮食对健康的长期影响至关重要。通过这种方法可以更全面地理解饮食对健康的复杂作用机制，并为疾病的预防和干预提供更为有效的策略。

8.1.3 现状

当前，科学家正在积极寻求一种精准的营养数据评估和分析方法，以便更加全面和细致地了解饮食在生命不同时期的具体作用及影响。这样的分析方法不仅能够揭示个体在不同生命阶段的营养需求，还能帮助人们理解饮食在各个年龄段对健康的作用机制。此外，科学家针对饮食习惯差异显著的人群，正在进行系统的研究，以识别其中的共性和差异，从而为制定更具针对性的营养建议提供依据。

制定营养建议是一个复杂的过程，需要在营养素或特定食物的益处与潜在风险之间进行平衡和权衡。这不仅涉及因果关系的判断，还需要考虑诸多科学因素。因果标准无疑是进行此类判断的核心特征，但要做到全面和精确，还必须强化其他科学考量因素。例如，研究设计的严谨性、统计测试的可靠性、偏差的最小化、混淆因素的控制以及测量的准确性都是至关重要的。

为了确保营养建议的科学性和有效性，相关标准也应纳入多个方面的考量。这些标准包括但不限于一致性，即不同研究之间的结果是否一致；关联强度，即饮食和健康结果之间的关系有多强；剂量反应，即随着营养素摄入量的变化，健康结果是否呈现相应的变化；合理性，即所观察到的现象是否在理论上有解释；以及时间性，即因果关系是否符合时间顺序等。这些标准共同构成了一个科学且全面的营养数据评估体系，为制定准确、可靠的营养建议提供坚实的基础。

8.2 营养流行病学研究方法

8.2.1 横断面研究

8.2.1.1 研究方法介绍

横断面研究亦称现况研究，是营养流行病学中的一种核心观察性研究方法。这类研究方法主要通过在某一特定时间点收集特定人群的健康状况、饮食行为及其潜在影响因素的数据，从而揭示这些变量之间的关联性。在公共卫生领域中，横断面研究因其经济高效、实施便捷等特点，尤其适用于大规模健康和营养监测项目。研究者通常使用问卷调查、身体测量和生物标志物检测等方法收集数据，确保涵盖膳食模式、营养素摄入量、疾病状况、生活方式等广泛变量。膳食频率问卷（food frequency questionnaire，FFQ）便是其中一种常用工具，常用于系统评估参与者的长期饮食习惯。通过标准化的数据收集和分析方法，研究者能够描绘出特定时间内人群的健康与营养状况，并识别出哪些因素可能与慢性病的发生或进展有关。

在开展横断面研究时，研究者需遵循系统的研究步骤，以确保结果的科学性和可靠性。首先，明确研究目的至关重要，它为整个研究提供了方向并确定了研究者所要解决的主要问题。在明确目的后，研究者需要对样本量进行估计，以确保研究结果具备代表性和统计学意义。研究的代表性直接影响其结果是否可以被推广到更大的人群中，这一环节显得尤为关键。一旦确定了样本量，研究者便着手制定研究内容，设计调查问卷。在这一过程中，调查表设计必须涵盖所有关键变量，问题设计合理且测量工具需经过验证，以确保数据的可靠性。接着，研究进入数据收集阶段。在这一阶段，研究者通过标准化的方式收集数据，以尽量减少偏倚，保证数据的质量和准确性。数据收集完毕后，研究者将通过适当的统计方法对数据进行分析，揭示变量之间的潜在关联性。分析方法的选择很多，包括描述性统计、相关分析、回归分析等。研究人员需根据研究目的的不同，选择适合的方法进行数据处理。

然而，横断面研究设计本身也存在固有的限制。因为疾病状态与膳食暴露是同时收集的，因此很难明确膳食与疾病的因果关系。例如，在特定时间点的膳食暴露数据可能无法准确反映受试者的长期饮食模式。此外，由于健康问题，一些慢性疾病患者可能会改变他们的饮食习惯，这将进一步混淆膳食暴露与疾病之间的关联性。例如，一位患有心血管疾病的患者可能因为健康建议而减少高脂食物的摄入，导致研究结果无法准确反映出其原始的饮食行为。因此，横断面研究的一个主要局限是难以区分饮食是否是导致疾病的因素，抑或疾病已经影响了饮食模式，这种反向因果关系常常使研究结果难以解释。

尽管如此，横断面研究在营养流行病学中的重要性仍然不容忽视。它在描述某一时间点人群的疾病流行情况、膳食模式和健康状况方面，具有不可替代的作用。正因为其设计简便且可在相对较短的时间内完成大规模人群的调查，横断面研究往往是公共卫生政策制定的重要数据来源。例如，若某项横断面研究显示某一特定人群中钙摄入量不足且骨质疏松症的发病率较高，卫生政策制定者可以根据这些数据推行补钙措施或开展相关健康宣传，以提高居民的钙摄入量，进而改善其骨骼健康状况。这样的研究结果为政府或公共卫生机构制定健康干预措施提供了数据支持，从而有效应对人群中的营养健康问题。

但需要注意的是，横断面研究只能提供某一特定时间点的“快照”数据，无法捕捉随时间变化的健康行为或疾病进展。这意味着它难以评估行为变化或长期健康干预措施的效果。比如，某一群体的饮食模式可能随着时间而发生变化，而横断面研究无法揭示这些动态变化。因此，在评估长期饮食模式对健康的影响时，横断面研究显得相对不足。此外，横断面研究往往依赖于自我报告数据，而这种数据收集方式容易受到记忆偏倚和社会期望偏倚的影响。例如，受试者可能会高估自己健康的饮食习惯或低估不健康的行为，从而影响数据的准确性。因此，在设计问卷和数据收集时，研究者需要特别小心，以减少这些偏倚的影响。

总体而言，横断面研究尽管存在着因果关系解释的局限性，但在营养流行病学研究中仍然具有重要的应用价值。它为研究者和公共卫生政策制定者提供了关键的初步数据，帮助识别潜在的健康风险因素。在实际应用中，横断面研究通常是更大规模研究项目的第一步。研究者可以根据横断面研究的结果进行初步假设，然后设计纵向研究或随机对照试验等更具解释性的研究，进一步探讨变量之间的因果关系。通过结合多种研究设计方法，营养流行病学领域的研究者能够在更广泛的背景下理解膳食行为与健康结果之间的复杂关系，并推动该领域的深入发展。

8.2.1.2 研究案例

北京大学医学部公共卫生学院基于 2009 年中国健康与营养调查（China Health and Nutrition Survey，CHNS）开展了一项重要的横断面研究，旨在探讨高嘌呤食物摄入与高尿酸血症之间的关联性。横断面研究通过在特定时间点对特定人群的数据进行采集和分析，为研究人员提供了评估膳食行为与健康结局之间联系的机会。在本研究中，研究团队重点考察了高嘌呤食物的摄入对尿酸水平的潜在影响，尤其是在中国广泛的城乡人口中，系统性地揭示了不同饮食习惯与高尿酸血症风险的关联。

研究对象涵盖了来自中国不同地区的城市和农村人口，研究者在设计上对多样化的社会、经济和文化背景进行了充分考量，以确保数据的广泛适用性。通过将受试者分为高尿酸血症组与非高尿酸血症组，研究者能够在膳食模式和健康状况方面进行深入的比较分析。研究特别使用了膳食频率问卷，能够准确捕捉受试者的膳食行为，包括高嘌呤食物如肉类、海鲜和豆类的摄入量。为了确保数据的系统性和一致性，问卷不仅调查了食物摄入的频率，还通过摄入量分析来评估个体膳食行为对其健康状况的影响。

除了收集详细的膳食数据，研究人员还收集了受试者的社会人口统计学信息，包括性别、年龄、职业、收入和教育水平等潜在混杂变量，这些变量可能会影响受试者的膳食选择和健康状况。为了更加准确地衡量个体健康状况，研究结合了客观的实验室数据，尤其是通过血液样本测量血清尿酸水平。这一方法确保了受试者高尿酸血症的判定具备科学依据，进而为分析膳食行为与高尿酸血症风险之间的关系奠定了坚实的基础。BMI 也被纳入分析模型，作为潜在的混杂因素加以控制，以进一步确保结果的准确性。

在分析数据时，研究人员使用了多变量 logistic 回归模型，来评估高嘌呤食物摄入与高尿酸血症之间的关联性。通过调整诸如年龄、性别、BMI 等混杂因素，研究者能够更精确地量化高嘌呤食物的摄入对高尿酸血症风险的独立影响。结果表明，摄入大量高嘌呤食物，尤其是动物性食物和豆类，显著增加了高尿酸血症的风险。这一发现与全球范围内的类似研究结果相一致，进一步支持了高嘌呤饮食与尿酸升高及相关疾病风险之间的联系。具体来说，摄入大量肉类和海鲜的个体，其患高尿酸血症的风险远高于那些摄入量较低的个体，而高豆类摄入者也面临相似的风险。尽管豆类食品通常被认为是健康饮食的一部分，但其高嘌呤含量在某些情况下可能对高尿酸血症的发展产生不利影响。

该研究的结果对于公共卫生政策的制定具有重要的指导意义。有研究揭示了通过控制高嘌呤食物摄入来预防高尿酸血症的潜在路径，这对于疾病的预防和健康的维护至关重要。特别是在中国这样的发展中国家，随着经济发展和生活水平的提高，食物供应的多样化导致了更多高嘌呤食物的消费，从而引发了慢性疾病的上升。因此，该研究不仅为个人膳食选择提供了依据，也为制定以降低高尿酸血症和相关疾病为目标的公共卫生干预措施，提供了宝贵的数据支持。研究人员建议，特别是在高尿酸血症的高危人群中，应当加强高嘌呤食物摄入的管理，并推广适度饮食的理念，以降低患病风险。

然而，正如所有横断面研究一样，本研究也存在一定的局限性。由于横断面研究只能在单一时间点上收集数据，无法确定因果关系。因此，尽管研究发现了高嘌呤食物摄入与高尿酸血症之间的显著关联，但无法明确这种关联的因果方向。换言之，无法确切判断究竟是长期摄入高嘌呤食物直接导致了尿酸水平升高，还是高尿酸血症患者本身的膳食行为发生了改变（比如因患病而调整了高嘌呤食物的摄入模式）。此外，由于研究依赖于受试者的自我报告，数据可能会受到记忆偏倚和社会期望偏倚的影响。特别是在膳食行为的回忆过程中，受试者可能会低估或高估某些食物的摄入量，这种偏差可能对结果的准确性产生一定影响。

尽管如此，这项研究仍为营养流行病学领域提供了重要的见解。它不仅揭示了高嘌呤食物摄入与高尿酸血症之间的显著关联性，还强调了控制膳食行为在慢性疾病预防中的重要作用。通过识别和控制高尿酸血症的潜在饮食风险因素，研究为未来制定更加有效的公共卫生政策提供了依据。同时，这项研究也为未来的纵向研究奠定了基础。未来的研究可以通过追踪个体的膳食习惯和健康变化，更深入地探讨膳食暴露与疾病进展之间的因果关系。这样一来，研究人员将能够制定出更加有效的膳食干预措施和预防策略，从而降低慢性疾病的发生率。

这项研究通过揭示膳食与慢性疾病的关系，展示了横断面研究在公共卫生研究中的独特优势。虽然它无法提供因果关系的直接证据，但通过识别与疾病发生有关的膳食因素，横断面研究能够为制定干预措施和指导个人健康行为提供重要的科学依据。特别是在应对高尿酸血症这一全球性健康问题时，研究为公共卫生政策的制定者提供了宝贵的参考资料。研究人员建议，未来的公共卫生政策应将膳食因素纳入疾病预防和健康维护的策略，以有效降低高尿酸血症和其他相关疾病的发生风险。

通过对中国健康与营养调查数据的深入分析，本研究为理解膳食因素如何影响高尿酸血症的发生提供了坚实的证据。研究不仅为公共卫生政策的制定者提供了重要的科学支持，也为公众的健康饮食选择提供了明确的指导。这一研究强调了平衡膳食的重要性，并为今后进一步研究膳食与慢性疾病的复杂关系指明了方向。

8.2.2 病例对照研究

8.2.2.1 研究方法介绍

病例对照研究作为流行病学中经典而有效的研究设计方法，因其独特的适用性和灵活性，已被广泛应用于探索各种疾病的潜在危险因素，尤其是在罕见疾病或慢性病的研究中。其基本设计思路在于通过回顾性分析，研究那些已经确诊为某种疾病的病例与未患该病的对照个体在特定暴露因素上的差异，从而尝试确定某些暴露是否增加了疾病的风险。尽管这种方法已经取得了诸多成果，但其设计、实施与结果解读过程中的复杂性与挑战性也不容忽视。

在病例对照研究中，选择合适的病例与对照是整个研究设计的基石。病例组通常由确诊患有研究疾病的个体组成，他们的确诊途径多为临床医生的诊断或其他明确的医学检验。对照组的选择则更加复杂和重要，因为对照组的个体必须与病例在多个方面保持相似，以确保研究的可信度。这些方面不仅仅包括基础的人口统计学变量如年龄、性别、种族和社会经济地位，还可能涵盖生活方式、地理位置和暴露环境等潜在影响因素。为确保病例组和对照组的可比性，研究者通常会采用匹配设计。例如，个体匹配方法能够为每一位病例找到一位或多位在人口学变量上相似的对照个体，而频率匹配则是在总体水平上确保病例与对照在某些变量上的分布相似。

样本量的估算在病例对照研究中也起着至关重要的作用。样本量过少可能导致研究的效能不足，使研究结果难以区分偶然因素与真实关联；而样本量过大则可能导致资源的浪费。为了确保研究具有足够的统计效能，研究者通常依赖于效应大小、暴露比例、显著性水平（α）和统计效能（power）等参数，来进行样本量的计算。效应大小即研究者预期的暴露因素与疾病之间的关联强度，而暴露比例则是研究人群中预计暴露于该因素的人数比例。合理的样本量设计不仅能确保研究结果的稳健性，还能降低统计误差，从而提高研究的科学性。

数据收集是病例对照研究中的另一关键步骤，它直接影响到研究的可靠性与结果的解释。在数据收集过程中，研究者不仅要收集关于病例与对照的基础信息，还需详细记录两组个体的暴露信息。为了确保数据的准确性和完整性，研究者通常采用多种数据收集方式，包括面谈、问卷调查、查阅医疗记录以及使用生物样本等。特别是在涉及饮食、生活方式等复杂变量的研究中，问卷调查（如 FFQ）的设计显得尤为重要。然而，问卷调查结果的准确性可能受到参与者回忆能力、理解水平和回答习惯的影响，研究者在设计和实施问卷时需尽量减少这些潜在的偏倚。

数据分析阶段是病例对照研究得出结论的关键步骤。在这一阶段，研究者首先通过描述性统计对研究对象的人口学特征、暴露情况等进行总结，接着使用适当的统计模型来评估暴露因素与疾病之间的关联。比值比（odds ratio，*OR*）是病例对照研究中最常用的效应估计量，它用于衡量某一特定暴露因素与疾病之间的关联强度。*OR* 可以帮助研究者以量化的方法评估暴露与疾病的相关性。例如，如果 *OR* 大于 1，说明该暴露因素可能增加疾病发生的风险；相反，如果 *OR* 小于 1，说明该暴露因素可能具有保护作用。然而，在进行统计分析时，研究者还需警惕混杂因素的影响。混杂因素是那些与暴露和疾病都相关的变量，它们可能掩盖或夸大暴露与疾病之间的真实关联。为了减少混杂因素的影响，研究者可以采用多变量回归分析等统计方法，对可能的混杂因素进行调整。

尽管病例对照研究具有显著的优势，特别是在资源有限、时间紧迫的情况下，但是它的局限性也不容忽视。首先，回顾性设计意味着研究者依赖于参与者对过去暴露情况的回忆，这使回忆偏倚成了病例对照研究中一个不可避免的问题。参与者可能因为时间的推移或其他原因而记忆模糊，从而导致暴露信息的失真。回忆偏倚尤其在涉及生活方式或环境暴露的研究中，表现得尤为突出。此外，由于病例对照研究通常在疾病发生之后进行，因此研究者在解释结果时需要谨慎，因为其设计难以直接证明因果关系。即使研究发现某一暴露与疾病之间存在显著关联，也不能简单地断定该暴露是疾病的直接原因，因为因果关系的确定需要更多前瞻性研究的支持。

随着科技的进步，病例对照研究在现代流行病学中的应用变得更加广泛。

特别是在癌症流行病学和营养流行病学领域，病例对照研究为揭示复杂的病因机制提供了强有力的工具。例如，研究者可以通过病例对照研究探索饮食模式与癌症、心血管疾病以及糖尿病等慢性病之间的关联。此外，随着生物信息学和大数据技术的普及，研究者现在能够处理和分析更大规模的数据集。这使病例对照研究在识别疾病风险因素和制定公共卫生政策方面，发挥着越来越重要的作用。

近年来，病例对照研究的设计和方法学也在不断演进，以应对其固有的局限性。例如，倾向评分匹配技术的应用能够更好地控制混杂因素，从而提高研究结果的有效性和可信度。此外，现代统计学方法如贝叶斯分析、多层次模型以及机器学习技术的引入，也为病例对照研究的分析和结果解释提供了新的工具。这些新方法不仅帮助研究者更有效地处理复杂的数据，还提高了研究结果的稳健性和适用性。

随着流行病学研究的深入，病例对照研究将继续在多个领域中发挥重要作用。未来的研究可以结合现代数据技术和新兴的统计方法，进一步提高病例对照研究的信效度。在疾病预防、健康政策制定以及临床干预等领域，病例对照研究有望为科学家提供更多的洞见和指导。尤其是在研究罕见疾病、复杂慢性病以及多因素导致的疾病时，病例对照研究无疑是不可或缺的研究工具。总而言之，病例对照研究的灵活性与多样性使其在流行病学中的重要性日益凸显，并将在未来医学研究中继续贡献其力量。

8.2.2.2 研究案例

莫拉迪（Moradi）在对 2 型糖尿病的研究中，采用了病例对照研究方法，选取 110 名 2 型糖尿病患者（病例组）和 111 名健康个体（对照组）作为研究对象。这些病例组患者全部来自糖尿病中心，而对照组的健康个体则随机从同一地区挑选，以确保两组在地理和社会经济条件上的匹配。这种样本选择策略和严格的匹配标准有助于减少选择偏倚，从而提高研究结果的可信度。

数据收集主要通过结构化问卷进行，问卷内容涵盖了广泛的人口统计信息和生活方式因素，如饮食习惯、身体活动、压力应对方式和吸烟情况。具体而言，饮食习惯使用饮食频率问卷进行评估，而身体活动、压力应对和吸烟情况等则依赖参与者的自我报告。虽然自我报告可能带来主观偏差，但研究人员可以通过详细的问卷设计和标准化的问题，尽可能地减少了这种偏差。此外，通过查阅医疗记录来验证参与者的健康状况和疾病史，从而提高数据的准确性。

数据分析使用了统计数据分析软件（Statistical Analysis System 14，STATA 14）和社会科学统计软件（Statistical Package for the Social Sciences 23，SPSS 23），采用逻辑回归和线性回归模型。逻辑回归模型适用于估算暴露因素（如生活方式因素）与 2 型糖尿病之间的关系，并通过 *OR* 来表达关联的强度。线性回归模型则用于评估连续变量（如 BMI）和血糖水平与生活方式因素之间的关系。结果显示，不良的生活方式因素如不健康的饮食、低水平的身体活动、吸烟和差的压力应对能力，与 2 型糖尿病的发生显著正相关关系，而健康的生活方式如规律的运动和均衡的饮食，则表现出一定的保护作用。

具体来说，研究结果展示了 2 型糖尿病患者在饮食、身体活动、心理健康和压力管理方面的显著差异。例如，糖尿病患者的饮食习惯更倾向于高热量、高脂肪和低纤维饮食，这种饮食结构可能增加胰岛素抵抗和肥胖的风险。病例组的身体活动水平普遍较低，这进一步突出了生活方式干预的重要性。除此之外，糖尿病患者在压力应对和心理健康方面表现不佳，长期慢性压力与糖尿病的发生密切相关。吸烟在病例组中的比例显著高于对照组，进一步增加了糖尿病的发病风险。

研究还表明，糖尿病患者在应对压力和心理健康方面的表现不佳。长期的慢性压力已经被证实与糖尿病的发生密切相关，这可能是因为压力会引起体内皮质醇的分泌增加，进而影响胰岛素的功能。吸烟在病例组中的比例显著高于对照组，这不仅增加了糖尿病的发病风险，还可能导致其他健康问题，如心血管疾病。

基于这些发现，生活方式干预在糖尿病的预防中显得尤为关键。公共卫生政策应当重视这些干预措施，尤其是在高风险人群中。通过教育、行为干预和社区支持，个体可以获得更多的健康资源，从而更有效地预防 2 型糖尿病。而对高危个体进行定期筛查，则有助于早期识别具有不良生活方式的个体，特别是在肥胖、高血压和血糖控制不佳的人群中，通过有针对性的干预措施可以有效降低糖尿病的发病率。

为了进一步减少糖尿病的发生，公共卫生政策应该重点关注生活方式的干预措施，特别是在高风险人群中。教育、行为干预和社区支持可以为个体提供更多的健康资源，从而更有效地预防2型糖尿病。在高危个体中进行定期筛查，特别是在肥胖、高血压和血糖控制不佳的人群中，有针对性的干预措施可以显著降低糖尿病的发病率。

尽管这项研究提供了生活方式因素与2型糖尿病之间关联的有力证据，但仍存在一些局限性。第一，作为一项回顾性病例对照研究，数据的收集依赖于参与者的自我报告，这容易受到回忆偏倚的影响。第二，研究无法确立因果关系，虽然生活方式因素与糖尿病的关联性显著，但无法确定这些因素是否直接导致了疾病的发生。因此，最终结果可能需要通过前瞻性队列研究进一步验证。

总体而言，这项研究揭示了生活方式因素与2型糖尿病之间的显著关联，特别是饮食、身体活动和心理健康对疾病发生的影响。未来的研究可以继续深入探讨这些因素之间的因果关系，并通过干预措施验证其有效性。随着技术的进步，应用更为精确的测量工具和数据分析方法，可能会进一步揭示生活方式与糖尿病之间的复杂机制。

此外，该研究强调了多种生活方式因素在糖尿病预防中的重要性。饮食方面，建议减少高热量、高脂肪和低纤维食物的摄入，鼓励多摄入蔬菜、水果和全谷物食物。身体活动方面，鼓励人们进行规律的中等强度运动，如快走、骑自行车和游泳，以提高身体的代谢功能和胰岛素敏感性。心理健康和压力管理方面，建议通过心理咨询、冥想和其他放松技术来减轻压力，增强心理韧性。

在吸烟方面，建议实施更严格的公共卫生政策，如增加烟草税、禁烟广告和公共场所禁烟等措施，以减少吸烟率。对于已经吸烟的个体，提供戒烟辅导和药物辅助治疗，以帮助他们成功戒烟。

未来的研究可以进一步探讨生活方式干预的具体方法和效果。例如，可以设计随机对照试验来验证不同干预措施的有效性，并探索这些干预措施在不同人群中的适用性。此外，先进的技术手段如可穿戴设备和移动健康应用，可以更精确地监测个体的生活方式行为，为干预措施提供数据支持。

总之，生活方式因素在2型糖尿病的发生和预防中扮演着关键角色。通过改进饮食习惯、增加身体活动、改善心理健康和减少吸烟等措施，可以显著降低糖尿病的发病风险。公共卫生政策和个体干预相结合，将有助于更有效地预防 2 型糖尿病的发生，提高人群的整体健康水平。

8.2.3 队列研究

8.2.3.1 研究方法介绍

队列研究是一种从因到果的研究方法，通过选择特定暴露因素的群体作为暴露组，并选择没有暴露的群体作为对照组，进行系统性的长期观察和分析。在队列研究中，研究人员首先确定一个或多个感兴趣的暴露因素，例如某种饮食习惯、生活方式、环境因素或特定的医学干预措施。然后，研究人员选择一个或多个暴露组，这些组内的个体在基线时暴露于所研究的因素。与此同时，研究人员还会选择一个或多个对照组，这些组内的个体在基线时不暴露于所研究的因素。这种设计可以有效地比较暴露组和对照组在随访期间的健康结局，进而分析暴露因素与疾病发生之间的关联性。

研究开始时，研究人员会收集所有参与者的基线资料，包括人口统计学信息、健康状况、生活方式、膳食习惯、职业暴露等。这些基线数据不仅有助于确定研究对象的基本特征，还可以作为以后分析中的调整变量，以控制潜在的混杂因素。基线调查通常非常全面和细致，以确保后续分析的准确性和可靠性。在随访期间，研究人员会定期对参与者进行健康检查和数据收集。这些随访数据可以包括医疗记录、问卷调查、实验室检验结果等。通过定期随访，研究人员可以记录暴露组和对照组在不同时间点的健康变化，追踪疾病的发生、发展和转归。随访时间取决于研究目标和所研究疾病的潜伏期，可能从几年到几十年不等。

为了确保研究结果的可靠性和科学性，队列研究需要确保样本量足够大。充足的样本量不仅可以提高统计效能，还可以减少随机误差的影响，提高研究结果的精确性。通常，研究人员会在设计阶段进行样本量估算，确保研究有足够的统计能力，来检测预期的效应大小。实际执行阶段还需要考虑参与者的依从性、失访率等因素，以保证最终分析中样本量的有效性。

质量控制是队列研究成功的关键之一。为了保证数据的准确性和可比性，研究人员需要在数据收集、处理和分析的每个环节，都采取严格的质量控制措施。在数据收集阶段，研究人员需要经过专业培训，严格按照标准操作程序进行数据采集，确保数据的准确性和一致性。在数据处理阶段，研究人员需要对数据进行清理、核对和校正，以排除错误和遗漏。在数据分析阶段，研究人员需要选择合适的统计方法，进行合理的调整和校正，以控制混杂因素的影响。

队列研究的优势之一在于能够同时探讨多种慢性疾病的病因。由于队列研究通常涉及大量参与者和全面的基线调查，研究人员可以在一个研究中同时分析多种暴露因素和多种健康结局之间的关系。例如，一项大型的队列研究可以同时研究饮食、身体活动、吸烟、饮酒等生活方式因素与心血管疾病、癌症、糖尿病等多种慢性病之间的关联。这种多方面的分析不仅可以提高研究的效率，还可以揭示不同疾病之间的共同病因，为公共卫生干预和疾病预防提供重要依据。

此外，队列研究的另一个显著优势在于，能够进行动态的随访和重复调查。如果在基线调查后定期进行膳食因素等暴露因素的重复调查，研究结果将更具说服力。例如，在一项研究膳食与心血管疾病关系的队列研究中，如果能够每隔若干年对参与者的膳食习惯进行重新评估，研究人员就可以更准确地评估膳食模式的变化对心血管健康的长期影响。这种动态的随访可以提高暴露评估的准确性，减少信息偏倚，从而提高研究结果的可信性。

与病例对照研究相比，队列研究能够提供更广泛和深入的疾病病因信息。病例对照研究通常是回顾性的，通过比较患病病例和健康对照之间的暴露情况，来推断暴露与疾病之间的关联。然而，由于数据回溯收集，病例对照研究往往存在信息偏倚和选择偏倚问题，限制了因果推断的能力。相比之下，队列研究是前瞻性的，从一开始就收集暴露和健康结局的数据，减少了回忆偏倚和选择偏倚的问题，因而具有更强的因果推断能力。而且，队列研究可以通过多时间点的随访数据，揭示暴露因素与健康结局之间的时间关联，有助于理解疾病的发生和发展过程。

综上所述，队列研究作为一种从因到果的研究方法，通过选择和随访特定暴露因素的群体，系统性地分析暴露与疾病发病率之间的关系。通过收集全面的基线资料和随访数据，并采取严格的质量控制措施，确保数据的准确性和可比性，队列研究具有较高的科学性和可靠性。它不仅能够探讨多种慢性病的病因，还可以通过动态随访提高研究结果的说服力。与病例对照研究相比，队列研究能够提供更广泛和深入的疾病病因信息，为公共卫生和临床医学的干预措施提供科学依据。

8.2.3.2 研究案例

队列研究方法在营养流行病学中的重要性不可忽视，尤其是在揭示长期饮食习惯与健康结局之间的因果关系方面。通过跟踪同一人群在长时间内的饮食、生活方式和健康变化，队列研究能够提供关于饮食模式与疾病关系的深入洞察。这种方法不仅能够帮助识别引发慢性疾病的危险因素，还能够评估不同饮食干预对健康的潜在影响，从而为公共卫生政策提供科学依据。

在队列研究中，研究人员通过对特定人群进行长时间随访，定期收集他们的饮食、生活方式及健康数据，分析这些因素与疾病发生之间的关系。这种方法能够有效排除短期研究中可能存在的偏倚，并提供因果推断的证据。与横断面研究相比，队列研究能够更好地捕捉饮食和疾病发展之间的时间顺序，避免了回忆偏倚和瞬时关联的局限性，因此在饮食与健康关系的研究中具有独特的优势。

易卜生（Ibsen）等人的研究是食物替代模型在营养流行病学中应用的典型示例[3]。该研究通过观察性队列数据，详细探讨了食物替代模型在分析饮食与健康关系中的作用。研究者利用单次和多次饮食数据，构建了不同的食物替代模型，评估了用一种食物替代另一种食物对健康结局的影响，并通过能量摄入的调整来控制潜在的混杂因素。通过使用这种方法，研究能够系统性地揭示饮食中的特定成分如全谷物、家禽和不饱和脂肪，对慢性疾病（如心血管疾病和 2 型糖尿病）发生风险的具体影响。

队列研究方法的重要性在于其能够通过动态随访，有效评估饮食长期变化的健康效应。例如，在易卜生（Ibsen）等人的研究中，研究者不仅通过基线数据分析饮食与疾病的关系，还通过多次随访数据，深入分析了长期饮食替代模式对健康结局的影响。研究发现，长期坚持健康的饮食替代模式（如用植物蛋白替代动物蛋白，用不饱和脂肪替代饱和脂肪），显著降低了慢性疾病的发生率。这种动态随访设计使研究能够捕捉到饮食习惯变化对健康的累积效应，进一步加强了队列研究方法在揭示饮食模式与慢性疾病关系中的独特优势。

此外，队列研究方法通过对多种混杂因素的控制，确保了结果的科学性和可靠性。易卜生（Ibsen）等人的研究充分利用了年龄、性别、BMI、吸烟、饮酒和身体活动等变量，使用多元回归分析调整了这些潜在混杂因素的影响，增强了研究结论的准确性。这种控制混杂因素的能力使队列研究成为研究饮食与疾病关系时，最为可靠的研究设计之一。

队列研究的另一个显著优势是其能够提供关于饮食改变对健康结局长期影响的证据。在现实中，人们的饮食习惯通常随着时间的推移而发生变化，而队列研究恰恰能够捕捉这种变化对健康的长期影响。易卜生（Ibsen）等人的研究通过多次收集饮食数据，强调了饮食习惯的持续改变与慢性疾病风险之间的密切关系。这种长期跟踪不仅验证了健康饮食替代模式的益处，还为制定有效的公共卫生干预措施提供了依据。

尽管队列研究方法具有诸多优势，但也存在一定的局限性。例如，由于样本通常来源于特定人群，研究结果的普适性可能受到限制。易卜生（Ibsen）等人的研究以丹麦中老年人为样本，尽管样本量庞大，但其结果可能无法完全代表不同文化和社会经济背景下的群体。此外，队列研究的结果可能受到测量误差的影响，尤其是饮食数据通常依赖自我报告，可能存在回忆偏倚。为此，未来的研究可以考虑结合生物标志物等客观测量方法，进一步提高数据的准确性，并通过跨文化研究验证结果的普适性。

总的来说，队列研究方法在探索饮食与慢性疾病关系中扮演了至关重要的角色。它通过长期随访和多次数据收集，提供了更为全面和准确的健康结局评估，尤其在饮食替代模型的应用中展现了其独特的优势。易卜生（Ibsen）等人的研究为我们展示了队列研究在营养流行病学中的广泛应用，并为制定以科学证据为基础的公共卫生政策提供了重要参考。未来，随着研究方法的不断完善和技术的进步，队列研究将继续为公共健康领域提供宝贵的理论依据和实践指南。

思考题

1. 营养流行病学如何为公共卫生政策提供科学依据，预防慢性病？

2. 横断面研究、病例对照研究和队列研究在营养流行病学中的应用各有什么优势和局限性？
3. 当前营养流行病学面临的主要挑战是什么，如何应对这些挑战以推动该领域的发展？

参考文献

[1] Aihemaitijiang S, Zhang Y, Zhang L, et al. The Association between Purine-Rich Food Intake and Hyperuricemia: A Cross-Sectional Study in Chinese Adult Residents [J]. Nutrients, 2020, 12 (12): 3835.

[2] Epstein D E, Sherwood A, Smith P J, et al. Determinants and consequences of adherence to the dietary approaches to stop hypertension diet in African-American and white adults with high blood pressure: results from the ENCORE trial [J]. Journal of the Academy of Nutrition and Dietetics, 2012, 112 (11): 1763–1773.

[3] Ibsen D B, Laursen A S D, Würtz A M L, et al. Food substitution models for nutritional epidemiology [J]. The American Journal of Clinical Nutrition, 2021, 113 (2): 294-303.

[4] Lind J. A Treatise on the Scurvy [M]. New York:Andrew Milla, 1757.

[5] Michels K B. The contribution of the environment (especially diet) to breast cancer risk [J]. Breast Cancer Research : BCR, 2002, 4 (2): 58–61.

[6] Moradi F, Ziapour A, Abbas J, et al. Comparing the associated factors on lifestyle between type 2 diabetic patients and healthy people: a case-control study [J]. Community Health Equity Research & Policy, 2023, 43 (3): 293–299.

[7] Margetts B M, Nelson M. Design Concepts in Nutritional Epidemiology (2nd ed.) [M]. New York: Oxford University Press, 1997.

[8] Panagiotakos D B, Pitsavos C, Arvaniti F, et al. Adherence to the Mediterranean food pattern predicts the prevalence of hypertension, hypercholesterolemia, diabetes and obesity, among healthy adults; the accuracy of the MedDietScore [J]. Preventive Medicine, 2007, 44 (4): 335–340.

[9] Potischman N, Weed D L. Causal criteria in nutritional epidemiology [J]. The American Journal of Clinical Nutrition, 1999, 69 (6): 1309S–1314S.

[10] Schulz C A, Oluwagbemigun K, Nöthlings U. Advances in dietary pattern analysis in nutritional epidemiology [J]. European Journal of Nutrition, 2021, 60 (8): 4115–4130.

[11] Stampfer M J, Hu F B, Manson J E, et al. Primary prevention of coronary heart disease in women through diet and lifestyle [J]. The New England Journal of Medicine, 2000, 343 (1): 16–22.

第9章 食品与营养科学研究中的统计分析

杜传来

学习目标

1. 掌握统计学常用术语的含义。
2. 了解如何使用 GraphPad Prism 处理数据。
3. 了解科技论文的撰写流程，掌握论文的各个部分如何组织。

食品与营养科学研究领域涉及大量数据，统计分析在研究设计、数据处理和结果解释中起着关键作用。通过恰当的统计方法，研究者可以从数据中提取有价值的信息，为科学决策提供支持。然而，多数研究者仅根据假设检验来讨论研究的统计显著性，结果通常以检验统计量（如 t 值和 F 值）及 P 值呈现，临床意义却常被忽视。临床意义不仅与治疗效果相关，还关乎研究结果对推动实践变革的影响。尽管研究结果可能具有统计学意义，但这并不一定能够影响或调整临床实践及建议。本章的教学目的主要是澄清统计显著性与临床显著性之间的关系，理解和掌握食品营养科学研究中的统计分析方法。至于统计学基础知识，已有著作如《食品试验设计与统计分析》和《试验设计与数据处理》做了详细讨论，本文不再赘述。

9.1 食品与营养科学研究中的数据统计方法

食品与营养科学涵盖了物理、微生物、化学、感官和商业分析等领域的数据评估，是一个充满定量数据的跨学科领域，统计学在其中发挥着核心作用。科学推理、理论构建和结论的得出，在很大程度上依赖于对数据的正确解读。统计学可分为两大部分：描述统计与统计检验。描述统计如柱状图、趋势线和散点图等，被广泛应用于科学研究及日常生活中。相比之下，统计检验则涉及更为复杂的数学分析，如显著性检验、P 值、置信区间和概率分布等，用于揭示研究结果的“真实”效应。

食品科学研究与营养科学研究的试验设计与数据分析既有相似之处，也存在明显差异。但两者目标一致：都旨在评估特定因素对健康或产品质量的影响，以改进食品功能性或营养价值。常用的实验设计如随机对照试验（randomized controlled trial，RCT）、队列研究、横断面研究和病例对照研究，在两者中均被广泛使用。两者都涉及定量数据（如营养成分、体重变化）和定性数据（如感官评估、饮食习惯），并采用相似的统计方法，如 t 检验、方差分析（analysis of variance，ANOVA）和回归分析。然而，两者在研究重点、试验对象、结果测量和伦理要求上存在差异。食品科学主要关注食品的理化特性（如质地、颜色和风味）和加工过程，而营养科学则侧重于人体健康（如疾病预防和营养代谢）。食品科学的研究对象通常是食品成分，而营养科学则以人或动物为主，研究膳食摄入对健康的影响。食品科学的结果测量多为物理、化学和感官分析，而营养科学则使用健康指标如血糖、胆固醇、BMI 等。此外，由于营养科学涉及人体试验，必须严格遵循伦理规定，而食品科学的伦理要求相对宽松。

9.1.1 数据统计与分析方法简要介绍

在食品与营养科学研究中，统计描述不仅能为后续的分析奠定基础，还能帮助研究者了解数据的基本特征，从而选择合适的统计分析方法。

（1）**描述统计**

大多数统计分析方法（如 t 检验和 ANOVA）都假设数据符合正态分布。然而，许多营养数据却并不符合正态分布。例如，个体的 BMI 值常呈偏态分布，此时需要使用非参数检验（如 Mann–Whitney U 检验），来代替传统的参数检验。

（2）**试验假设**

研究的设计始于提出研究问题并制定可检验的零假设。假设用于指定可测量变量之间的关系，且必须基于对科学文献的全面审查。统计学家在零假设中陈述的内容不涉及差异或影响，研究的目的是检验这一零假设。例如，研究生酮地中海饮食与传统地中海饮食对血清低密度脂蛋白（LDL-C）水平的影响。研究问题为:“与传统地中海饮食相比，生酮地中海饮食对 30 ～ 60 岁高脂血症久坐不动的西班牙裔女性在 12 周内血清 LDL-C 水平有何影响？”相应的零假设是:“在 30 ～ 60 岁生酮地中海饮食久坐不动的西班牙裔高脂女性与遵循传统地中海饮食 12 周的女性之间，血清 LDL-C 水平无统计学显著差异。”因此，研究的目标是准确检验这一假设。

（3）**假设检验的类型**

假设检验依据数据类型分为参数检验和非参数检验。

参数检验：如 t 检验和 ANOVA，适用于正态分布的连续型数据。

非参数检验：如 Mann–Whitney U 检验和克鲁斯卡尔 – 沃利斯（Kruskal-Wallis）检验，适用于非正态分布或顺序数据。例如，使用5点量表评分比较不同年龄段的人群对某种食品的偏好程度，则可以使用非参数检验来评估各组之间的差异。

（4）**多重比较问题**

当研究涉及多个组之间的比较时，简单地使用多次 t 检验会导致增加 I 类错误的风险。为此，可采用邦费罗尼（Bonferroni）校正或 Tukey HSD 检验等方法，来调整显著性水平。例如，在比较 3 种不同饮食干预对体重的影响时，使用 Bonferroni 校正能降低犯 I 类错误的风险。

（5）**P 值的解释与局限性**

虽然 P 值是判断统计显著性的标准之一，但其存在许多局限性。首先，P

值无法衡量效应的大小；其次，*P* 值受样本量影响较大。在大样本研究中，微小效应也能产生显著 *P* 值。因此，*P* 值应与效应量和置信区间结合解读，避免误判。而过度依赖 *P* 值，尤其在多次检验中，仅报告显著结果而忽略无显著性结果，会造成“*P* 值操控”。

（6）置信区间

置信区间（confidence interval，*CI*）反映了效应量的估计精确性。较窄的置信区间表示效应量估计较为准确，而较宽的置信区间则表明估计的不确定性较高。例如，在一项研究饮食与心血管健康的研究中，若效应量的 95% 置信区间为［0.5，1.5］，则说明真实效应量很可能介于此范围内。如果置信区间跨越零（如［–0.1，0.9］），则结果可能不具统计显著性。

（7）逻辑回归与分类变量的分析

当研究涉及二分类或多分类变量时，逻辑回归是一种有效的分析方法。例如，研究不同饮食对糖尿病发病风险的影响时，糖尿病状态是二分类变量，适合用逻辑回归分析。此外，逻辑回归还可通过计算优势比（dominance ratio，*OR*）评估暴露因素与结果之间的关联。

（8）交互效应与调节效应

在多变量分析中，除了直接分析自变量与因变量之间的关系，自变量之间的交互效应也常是研究重点。例如，饮食和运动对体重的影响可能会相互作用，需通过回归模型中的交互项进行评估。此外，某些变量可能在特定条件下，调节其他自变量与因变量之间的关系。例如，性别可能会调节高蛋白饮食对肌肉质量的影响。这种情况可以通过调节效应分析来揭示这种复杂关系。

（9）样本量与统计的功效

试验研究设计中的关键之一是确定合适的样本量。功效分析有助于评估找到效应所需的样本量，同时降低Ⅰ类和Ⅱ类错误风险。效应量越大，所需样本量越小；显著性水平越低，样本量需求越大。小样本研究通常用于试点研究，能为大规模研究提供初步数据；而大样本研究虽具备更高的统计功效，但也可能发现临床无意义的显著结果，因此应谨慎解读。

9.1.2 统计学的显著性与临床意义的关系

表9–1列出了本文中使用的关键术语。统计显著性是判断组间差异或变量关系是否由随机因素引起，或相反，不太可能由随机因素造成的标准。提出零假设后，差异或关系通过统计检验（如独立*t*检验）评估，检验结果的临界值由样本量和显著性水平决定。通常，显著性水平或*P*值设定为0.05。*P*值小于0.05，则被视为统计显著，意味着估计的关系是真实存在的，而非偶然；应该拒绝零假设，因为实际不存在差异或关系的可能性小于5%。

表9–1 统计分析显著性与临床显著性相关术语

术语	定义
统计显著性	判断组间差异或变量之间的关系是否由随机因素引起，或不太可能是偶然的结果
临床显著性	指差异或关系的大小，决定了研究结果能否影响临床实践
0假设（原假设）	在研究开始之前提出的假设，表示变量之间没有关系或组间没有差异
*P*值	表示在原假设为真时，偶然获得等于或更极端结果（如均值差异）的概率
效应量	衡量研究中效应大小的统计量
合并标准差	2个对照组的平均标准差
置信区间（*CI*）	由样本均值、*OR*、*RR*、标准偏差和样本量计算得出的范围；表示在一定的置信水平下，该范围可能包含真实的总体均值、*OR*或*RR*
功效分析	当零假设为假时，拒绝零假设的概率。功效范围从0到1，随着功效增加，未能拒绝错误零假设的可能性减少
Ⅰ类错误	错误地拒绝了一个真实的零假设时，就会发生Ⅰ类错误。这意味着结果被错误地报告为显著，实际上它们只是偶然出现（概率为α）。统计检验中的*P*值反映了发生Ⅰ类错误的风险。例如，若*P*值为0.04，意味着发生Ⅰ类错误的概率为4%
Ⅱ类错误	当研究人员未能拒绝错误的零假设时，即发生了Ⅱ类错误。在这种情况下，尽管确实存在效应，研究人员仍得出没有显著影响的结论。犯Ⅱ类错误的概率称为β，它与统计功效相关（功效 = 1～β）。确保足够的功效可以降低犯Ⅱ类错误的风险。通常，β值在研究设计阶段预先设定，代表研究人员愿意承担的、未能拒绝错误假设的风险。常见的设定β = 0.20，这意味着测试的统计功效0.80
RCT	受试者被随机分配到两个或更多组，其中至少一组接受干预，另一组作为对照组，所有组测量相同的结果。研究人员尽量控制无关变量，最大限度地减少混杂因素的影响。随机化分组能够为属性变量创建等效组

续表

术语	定义
队列研究	一种流行病学研究设计通过在一定时间内跟踪一组具有共同特征的个体，收集暴露（风险因素）与结果之间的数据
病例对照研究	是一种回顾性的非实验性研究方法。它对比了患有特定疾病或病症的个体与未患病个体的差异，特别关注两组中暴露于某些风险因素的比例
横断面研究	指在特定时间点，对人群数据进行分析。所有变量在同一时间被测量，以探索它们之间的关系。然而，由于没有进行干预或操作，因此无法从这类研究中确定因果关系
最小临床重要差异（minimal clinically important difference，MCID）	MCID 是指研究结果的阈值，表示能够为患者提供临床显著的益处或伤害的最小值。例如，临床医生可能会认为，主观量表上 5 分（满分 10 分）的疼痛缓解，表明疼痛得到了显著的改善。如果一项 RCT 的 95% *CI* > 5，则说明治疗具有临床意义
内部有效性	指研究在治疗或风险因素与结果之间，建立可信因果关系的程度
外部有效性	指研究结果能够推广到其他人群、环境和时间段的程度

尽管统计显著性定义广泛应用，但对临床显著性的定义尚无统一标准。临床显著性指差异或关系的大小是否足以影响临床实践。临床显著性应考虑变化的程度、对人们生活的实际影响、影响的持续时间、消费者的接受度、成本效益以及实施难度。值得注意的是，统计显著性和临床显著性是不同的概念，并对实践决策有着独特的影响。

P 值能够指示效应是否具有统计学意义，但无法揭示效应的实际大小或临床重要性。在营养学研究中，临床显著性通常通过效应量和临床经验来评估。例如，在一项干预研究中，尽管实验组的体重变化相较对照组表现出统计显著性，但若体重差异不足 1kg，这种变化对个体健康的改善可能不具临床意义。因此，研究者在报告统计显著性的同时，还需解释结果的实际应用价值。在一项 RCT 研究中，组合饮食（portfolio diet）与得舒饮食（dietary approaches to stop hypertension，DASH，降血压饮食）组在 24 周后方法的比较显示，收缩压、舒张压和平均动脉压的组间平均差异分别为 2.1mm Hg（$P = 0.056$）、1.8mm Hg（$P = 0.013$）和 1.9mm Hg（$P = 0.015$）。尽管其中两个结果在 $P < 0.05$ 时具有统计学意义，并且报告了 *CI*，但效应量并未被报告，且 *P* 值的报告通常缺乏原始单位或效应方差。这会影响结果的解释，此时无法有效判断临床效应的显著性。

效应大小是研究中效应强度的统计量。与统计显著性结合解释时，效应大小的报告对评估研究的临床意义至关重要。常见的效应量包括组间差异的描述，如 Cohen's d、*ORs* 和 *RR*。其中，Cohen's d 是评估随机临床试验效应量的常用指标，用于衡量两组均值差异的大小。其值 0.2 表示小效应，0.5 表示中等效应，0.8 表示大效应。例如，在比较不同饮食干预组的 BMI 变化时，即便 *P* 值不显著，Cohen's d 有助于研究者评估干预效果的实际大小。通过计算效应量，研究者能为临床实践提供更具信息量的支持。

简而言之，Cohen's d 是用于 RCT 的效应量指标，衡量干预对结果变量总体变化的效果。Cohen's d 反映了两组试验之间的效应大小，效应量越大，研究结果越可能具有临床意义，并为临床实践的变更提供依据。然而，即使是产生相对较小效应量的研究，在人群层面上也可能具有临床意义。Cohen's d 值可以为正或负，解释时需考虑系数的方向和含义（例如，负 Cohen's d 值在不同比较组和结果下，可能具有不同的含义）。*OR* 和 *RR* 则是用于观察性研究（如病例对照研究和队列研究）的效应量。*OR* 和 *RR* 衡量暴露（如低纤维饮食）与结局（如 2 型糖尿病）之间的关系。*OR* 的计算方法是具有特定暴露结果与未暴露参与者的概率之比。*RR* 是有暴露时事件与无暴露时事件发生的概率之比。计算相对风险需要知道所有个体的暴露状态（暴露或未暴露），并将风险因素组结局的概率除以对照组结局的概率。*OR* 基于赔率，*RR* 基于概率。*OR* 和 *RR* 的值为 1 表示风险因素与结局之间没有显著关系；当值偏离 1 时，关系的强度会相应增加或减少。

表 9-2　Cohen's d、*OR* 和 *RR* 效应量的定义、公式和案例

效果量	定义，计算公式和案例分析
Cohen's d	随机临床试验的效应量参数计算为组均值之间的差异除以合并标准差 公式：Cohen's d =（第 1 组平均值 – 第 2 组平均值）/2 组的合并标准差 RCT：12 周生酮地中海饮食与传统地中海饮食（单位：mg/dL） 生酮地中海饮食（第 1 组）：前 LDL-C 为 173；后 LDL-C 为 160；平均差值为 –13，标准差为 12 传统地中海饮食（第 2 组）：前 LDL–C 为 173；后 LDL–C 为 165；平均差值为 –8，标准差为 14

续表

效果量	定义，计算公式和案例分析
Cohen's d	d = [−13 − (−8)] / [(12+14) /2] = −5/13 = 0.39 结果解读：这个 0.39 是一个有利于生酮地中海饮食的小到中等效果。这意味着，相对于遵循传统地中海饮食的人，遵循 12 周生酮地中海饮食的人的 LDL–C 变化（或减少）的幅度是小到中等的
OR	定义：暴露组 / 风险因素组与非暴露组 / 对照组发生相同结果的概率的比值 公式：*OR* = 暴露组中受试者与结果的比例 / 未暴露组中受试者结果的比例 案例：病例对照研究——冠心病（CHD）和高血压（HTN）之间的关系 暴露组：(a) CHD + HTN + 为 250；(b) CHD + HTN − 为 50 对照组：(c) CHD − HTN + 为 100；(d) CHD − HTN − 为 200 *OR* = ad/bc = 250*100/100*50 = 50000/5000 = 10 这意味着患有高血压的人患冠心病的概率是没有高血压的人的 10 倍
RR	与对照组或非风险因素组发生相同结果的概率相比，治疗组或风险因素组发生相同结果的概率 *RR* = 治疗组结局概率 / 对照组结局概率 队列研究：纤维摄入量与 2 型糖尿病之间的关系。（单位：个） （a）2 型糖尿病：低纤维摄入为 3000；高纤维摄入为 1000 （b）对照组：低纤维摄入为 17000；高纤维摄入为 19000 *RR* =（a/ 总计）/（b/ 总计）=（3000/20000）/（1000/20000）= 0.15/0.05 = 3 这意味着吃低纤维饮食的人患 2 型糖尿病的概率是吃高纤维饮食的人的 3 倍

解释 *P* 值和效应大小时，单独依赖其中之一可能不够全面。总体而言，综合考虑 *P* 值、效应大小和样本量能提供更可靠的信息，以指导临床实践。评估研究结果时，可考虑 4 种情况：①具有统计显著性但效应大小较小；②具有统计显著性且效应大小中等或较大；③未达到统计显著性但效应大小中等或较大；④未达到统计显著性且效应大小较小。这些情况虽然不尽全面，但有助于阐明关键概念。值得注意的是，样本量在解释统计显著性和临床意义时至关重要。统计显著性受样本量和效应大小的影响，因此 *P* 值可能会因为样本量的不同而产生混淆。大样本量的研究即使差异很小可能也存在显著性，因为统计显著性依赖于样本量。因此，统计显著的 *P* 值有时可能仅仅反映了样本量的大小，特别是在观察性研究中。这种情况下，统计显著结果可能具有较小或无关的临床意义。改变临床实践或提出基于实践的建议需要多项具有足够样本量的研究，以证明统计显著性和效应大小的可靠性。此外，由于研究通常有特定

的人群和环境特征，必须在不同人群和环境中进行进一步研究，以确保外部有效性并影响标准临床实践。

在样本量较小的研究中，需要较大的效应差异，才能拒绝原假设。不具统计显著性的结果不应被忽视，因为效应大小可能仍然有临床意义。在对小样本量研究的结果进行解读时，必须谨慎，特别是当研究设计为试点或可行性研究时。试点研究通常样本量较小，即使没有统计显著的结果，也可能提供有价值的临床见解。重要的是，考虑如果在更大样本量的研究中重复这些结果，统计显著性可能会有所变化。试点和可行性研究旨在为完全研究的样本量估计提供信息，因此需要明确研究的目标和性质。

总之，仅凭统计显著性水平无法预测效应大小或相关的临床解释。一项研究即使能够检测到统计差异，也不一定意味着效应大小足以影响临床实践。同样，一项研究可能报告主要结果的影响，但也需要评估研究是否有足够的样本量，来检测主要和次要结局的影响。

9.1.3 食品与营养科学研究中的统计分析结果对临床的意义

统计参数是研究中的一个关键考虑因素，但仅仅报告 *P* 值和统计显著性是不够的。理想情况下，RCT 应包括平均差、*P* 值、95% *CI* 和效应大小。同样，观察性研究应报告 *OR*、*RR* 和 95% *CI*。此外，研究类型及其内部和外部效度的评估，也十分重要。

以地中海饮食的 RCT 研究为例，它是确定因果关系的参考标准。在分析时，研究者还需考虑与因果关系相关的其他因素，如样本量、潜在生物学机制及在不同人群中的重复研究。内部效度的评估需关注研究对外来变量的控制，如药物和其他饮食因素。然而，研究中的控制越多，外部效度通常越低。数据分析显示：组间平均差为 5mg/dL（95% *CI*：-2.31 ～ 12.31），效应量为 0.39（95% *CI*：-0.15 ～ 0.93），*P* 值为 0.17。由于差异的 95% *CI* 包含 0 且 *P* 值 > 0.05，表明差异无统计学意义。

此外，必须考虑 MCID，这是指在临床实践中具有实际意义的结果水平。例如，体重减轻 5% 或 10% 在临床上具有重要性，但不同肥胖类别的阈值可能不同。文献表明，对于超重个体，体重减轻 5% 可能具有临床意义；而对于 BMI 为 10 级、1 级或 2 级肥胖的个体，体重减轻 3% 或更高可能更具临床意义。

例如，RCT 对组合饮食（portfolio diet）与得舒饮食（DASH，降血压饮食）组在 24 周后的平均动脉压、收缩压和舒张压的比较，组间差异为 1.9mm Hg（95% *CI*：3.4 ～ 0.4mm Hg；*P* = 0.015）、2.1mm Hg（95% *CI*：4.2 ～ –0.1 mm Hg；*P* = 0.056） 和 1.8mm Hg（95% *CI*：3.4 ～ 0.4mm Hg；*P* = 0.013）。其中，平均动脉压和舒张压的降低具有统计学意义。但是，是否应根据这些结果选择 Portfolio 饮食而非 DASH 饮食？在考察结果时，需首先考虑样本量。DASH 饮食组有 82 人，而 Portfolio 饮食组有 159 人，这较大的样本量可能使微小差异具有统计学意义。*P* 值受大样本量的影响。此外，这些差异是否在降低心血管风险方面具有临床意义？许多临床医生认为不具临床意义，因为收缩压降低 10mmHg 和舒张压降低 5mmHg 通常被视为 MCID，该研究结果未达到此阈值。

总结解释研究结果的要点：①完整报告数据，包括 *P* 值、均值差和 95% *CI*；②在解释组间差异时，报告和解释效应值（如 Cohen d、*OR* 和 *RR*）；③将效应大小分类为小、中等或大，并讨论其临床意义；④理解研究设计及其对内部和外部有效性的影响，评估其改变实践标准的可能性；⑤在推断研究结果时，考虑 MCID；⑥同时考虑统计显著性和临床显著性的影响，为基于实践的决策提供信息；⑦在应用研究结果时，始终结合临床判断。

9.1.4 小结

在食品与营养科学研究中，数据统计方法对于研究设计、数据分析和结果解释至关重要。深入理解各种统计技术及其适用场景，能够帮助研究者更好地设计实验、收集数据并进行合理的统计分析。本章详细探讨了研究设计、假设检验、效应量与置信区间、多变量分析、样本量与统计功效以及数据可视化等内容，旨在为食品与营养学领域的研究者提供全面的统计方法指南，从而提高研究的科学性和临床适用性。科学合理地应用这些统计方法不仅能获得更可靠的研究结果，还能为相关领域的实践提供坚实的理论支持。此外，理解和应用研究结果的统计与临床意义，对指导注册营养师（registered dietitian，RDN）的循证标准化实践至关重要。综合考虑临床意义、假设检验、*P* 值、效应大小、*CI*、功效计算、MCID 及有效性相关概念，将有助于 RDN 更敏锐地将研究结果与临床判断相结合，从而为营养学及营养实践提供有效的信息。

9.2 GraphPad Prism 统计分析软件的应用

9.2.1 GraphPad Prism 统计分析软件简介

GraphPad Prism 是一款集统计分析、数据可视化和科学绘图功能于一体的软件，专为生物医学研究、生命科学、食品与营养学、心理学和社会科学等领域的科研工作者设计。该软件以用户友好的界面和强大的功能著称，为数据处理和分析提供了极大便利。GraphPad Prism 的欢迎界面如图 9–1 所示。GraphPad Prism 的特点在于灵活的数据输入与管理、多样的统计分析方法、强大的曲线拟合功能、高效的数据可视化能力以及全面的报告生成和协作功能。

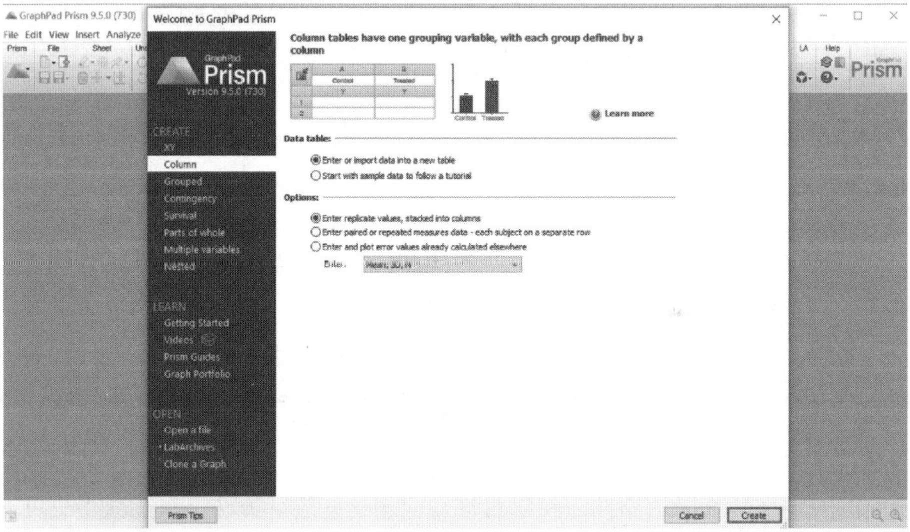

图 9–1　GraphPad Prism 的欢迎界面

GraphPad Prism 支持多种数据格式的导入与管理，用户可以轻松输入和整理实验数据。软件提供了多种数据表类型，如 XY 数据表、分组数据表、存活分析数据表等，使用户能够根据研究需求选择最适合的表格类型，从而提高数据组织和管理的效率。GraphPad Prism 的统计分析功能非常强大，支持多种常见的统计方法，包括 t 检验、方差分析、非参数检验、相关性分析和回归分析等。软件内置的统计指导和逐步分析流程指导，能够帮助用户根据实验设计选择合适的统计方法，即使是非统计学背景的用户也能轻松进行分析。此外，GraphPad Prism 还支持复杂的多因素实验设计和数据分析，如重复测量的方差分析和生存分析，这对于设计复杂的科学实验非常有用。

在高级分析功能方面，GraphPad Prism 提供了卓越的非线性回归功能，可以拟合多种常用的和自定义的数学模型。该软件内置了大量的曲线拟合模型，如剂量—反应曲线、双相反应曲线等，特别适用于药物学、毒理学和生物化学等领域的研究。这些功能不仅能够帮助研究人员准确建模和解释数据，还能显著提高实验结果的可靠性和可重复性。

GraphPad Prism 还具有强大的数据可视化功能，能够生成多种类型的图表，如条形图、散点图、线图、箱线图和等高线图等。用户可以轻松自定义图形的颜色、样式、标记和轴标签等，生成高质量、专业级别的图形。更重要的是，GraphPad Prism 能够自动更新图表，随数据的改变而动态调整图形展示，确保数据和图形始终保持同步。此外，GraphPad Prism 还支持快速生成综合的分析报告，并提供多种格式的输出选项，如 PDF、PNG、JPG 和 TIFF 等，方便用户与团队成员或合作伙伴进行数据共享和协作。

总的来说，其通过直观的用户界面、灵活的数据管理、多样的统计分析方法、强大的曲线拟合功能和卓越的数据可视化能力，成了科研工作者进行统计分析和数据展示的理想选择。它不仅简化了数据处理和分析的流程，还帮助科研人员更高效地完成科研工作，提高了数据分析的准确性和结果的可发表性。

9.2.2 GraphPad Prism 内置统计分析方法的应用

GraphPad Prism 内置的统计分析方法为科学研究提供了一个强大且用户友

好的工具平台，能够显著提高数据分析和解读的效率和准确性。这些统计方法涵盖了从简单的描述性统计到复杂的多因素方差分析、回归分析和生存分析等多种常用分析工具，使科研人员能够根据不同实验设计和数据类型，灵活地选择适当的分析方法。例如，*t* 检验、方差分析和回归分析等方法，帮助用户评估数据之间的差异和关系；非参数检验提供了在数据不符合正态分布条件下的有效替代方法；生存分析和列联表分析特别适用于医学和生物统计学领域，用于分析生存数据和分类数据的关联性。

GraphPad Prism 通过内置的多种统计分析方法，不仅为用户提供了强大的数据处理能力，还简化了复杂的分析过程，可自动执行假设检验和统计显著性测试，并生成详细的报告和图形，使研究者能够更直观地解读结果。此外，GraphPad Prism 的多重比较分析工具允许用户在发现总体差异后，进一步分析具体组间差异，从而得出更具洞察力的结论。

通过选中工具栏中的 Analyze 图标，进入 Analyze Data 界面，观察到 GraphPad Prism 共有 11 种内置的统计分析方法，还有 1 种是 Recently used，便于快速选择统计分析方法，如图 9–2 所示。在这 11 类统计分析方法中，有

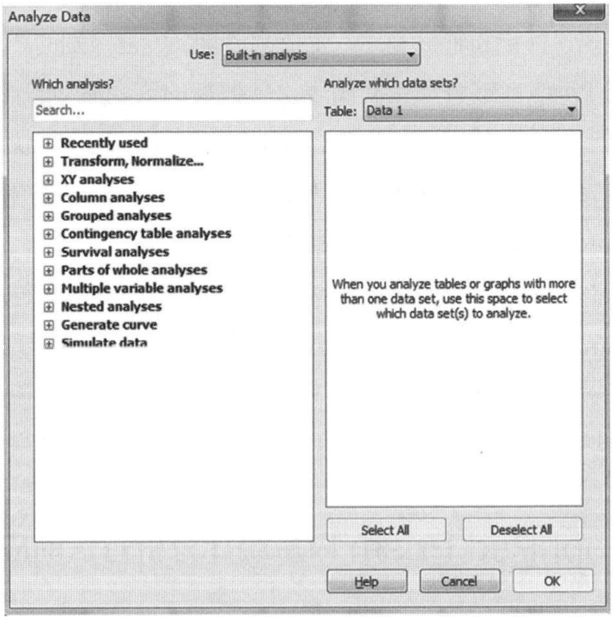

图 9–2　GraphPad Prism 内置的统计分析方法

3类如Transform、Normalize、Generate curve和Simulate data，可以进行常见的数据变换或辅助使用；另外8类统计分析方法与8种数据表相对应也是整个软件进行数据分析的重点。

（1）Transform，Normalize

Transform，Normalize主要针对数据变换和归一化，其下的统计分析方法如图9-3所示。其中，Transform具备标准函数变换，包括*X*值和*Y*值互换位置，以及*X*值和*Y*值根据函数进行变换、药学和生物化学变换和用户自定义语法和函数变换功能；Transform concentrations（*X*）可对数据集中自变量（浓度）进行数学转换（如对数转换），以便于线性化分析、数据标准化或更好地满足统计分析的假设要求；Normalize可对数据进行归一化；Prune rows可根据设定范围排除数据和按条件选定行进行计算；Remove baseline and column math可选择作为基线的行列，并用其他行列对基线行列进行相应计算；Transpose X and Y可转置*X*值和*Y*值；Fraction of total可计算局部在整体中的比例，并且所有变换结果将在左侧导航栏的Results部分以绿色网格线的新表格表示。

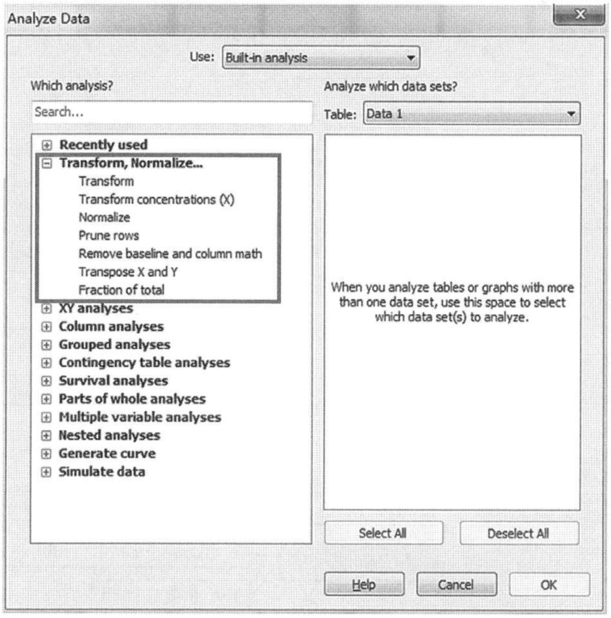

图9-3 Transform，Normalize下的统计分析方法

（2）XY analyses（XY 表分析）

XY 表展示的是 *X* 和 *Y* 两个变量的关系。而变量间常见的关系有平行关系和因果关系两种。平行关系是指两个或两个以上变量之间共同受到其他因素的影响，如男 / 女性身高和体重之间的关系，一般使用相关性分析（Correlation）进行研究。因果关系是指一个变量的变化受到另一个或几个变量的制约，如细胞的生长速度受到温度、CO_2 浓度、生长因子等因素的影响，一般使用回归分析进行研究。

根据平行关系和因果关系涉及的变量数量，相应的研究方法有很多。XY 表只涉及两个变量，图 9–4 中黑色阴影部分的研究方法，包括简单相关（Pearson 系数）、秩相关（Spearman 系数）、简单线性回归（Simple linear regression）、非线性回归（Nonlinear regression）、简单 Logistic 回归（Simple logistic regression）都可以在 XY analyses 下完成。

图 9–4 中的多元线性回归（Multiple linear regression）、多元 Logistic 回归（Multiple logistic regression）等则需要在多变量数据表下完成。具体而言，XY 表统计分析方法如图 9–5 所示。其中，Nonlinear regression（curve fit）的内容极其丰富，涵盖了生命科学领域常见的 17 类模型；Simple linear regression 可通过计算得出实验数据点 X 坐标和 Y 坐标所反映的规律；Simple logistic

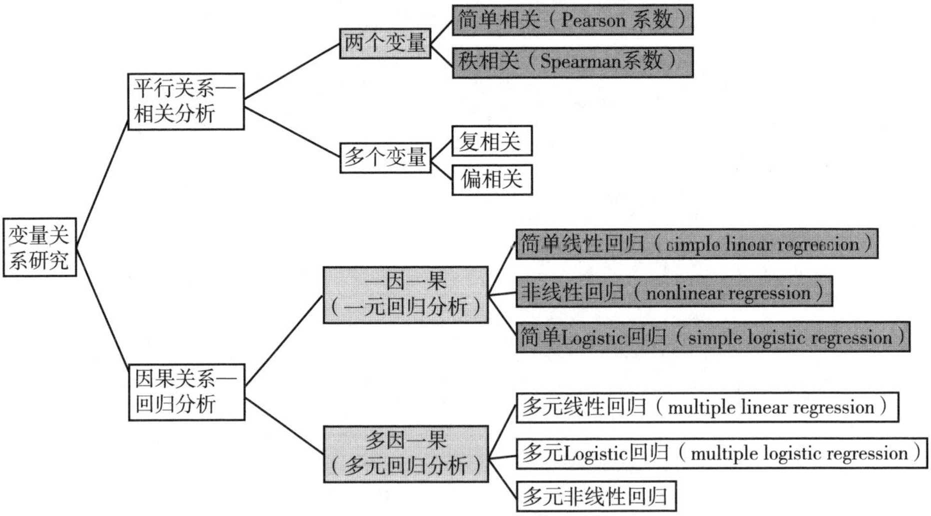

图 9–4　变量关系研究方法

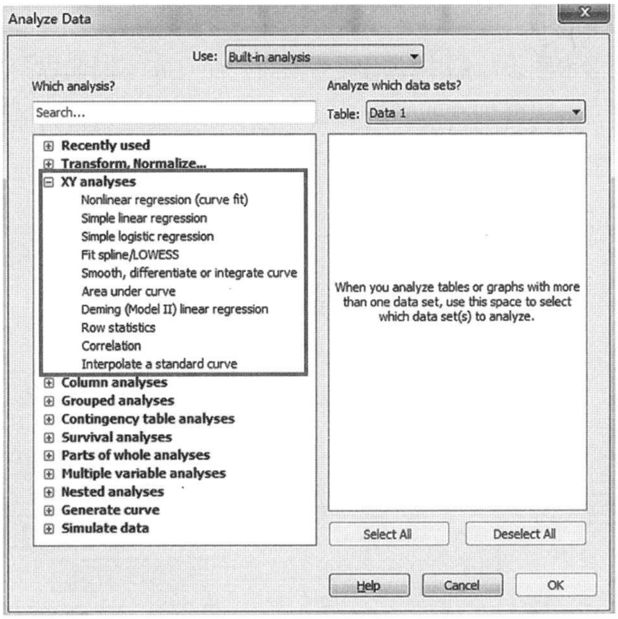

图 9-5 XY 表统计分析方法

regression 可对二分类数据反应变量和多个影响因素进行回归分析；Fit spline/LOWESS 可在散点中绘制平滑曲线；Smooth，differentiate or integrate curve 可对数据进行平滑处理以改善图形的外观；Area under curve 进行 AUC 计算，对可测量的效果或现象的综合测量；Deming（Model Ⅱ）linear regression 是与标准线性回归对应的一种回归分析方法。标准线性回归是假设 *X* 值完全已知，所有的不确定性都来源于 *Y* 值，最终回归时一般使用最小二乘估计法。如果 *X* 和 *Y* 变量都容易出错，则使用 Deming（Model Ⅱ）linear regression；Row means with SD or SEM 是带 SD 或 SEM 的行平均值，以表示数据的离散程度或估计均值的精度；Correlation 衡量两个或多个变量之间的关联程度或线性关系；Interpolate a standard curve 使用标准曲线上的已知数据点，通过插值方法来估算未知样本的值，从而确定样本浓度或其他相关参数。

（3）Column analyses（**纵列表分析**）

Column（纵列表）又称为一维分组表，以列的形式安排一个分组因素。根据分组后的样本数量，可将样本分为单样本、两样本和多样本，分别对应不同的统计分析方法，常见的有单样本 *t* 检验、成组 *t* 检验、配对 *t* 检验、单因素方差分析及对应的非参数检验方法。纵列表涉及的统计分析是整个统计学的基础部分，在学术图表绘制中使用频率较高，而且在不同前提条件下使用的检验方法也不同，显得特别繁杂。图 9-6 总结了对连续变量进行差异分析时，在不同前提条件下 GraphPad Prism 所使用的方法。

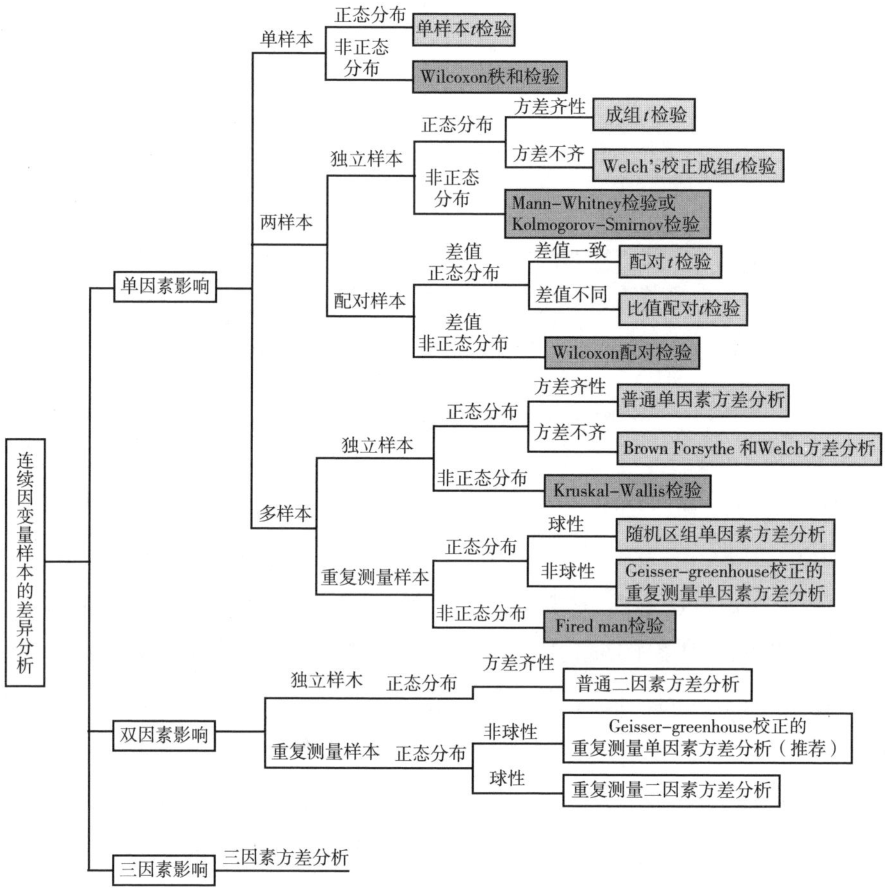

图 9-6 差异分析法

纵列表统计分析方法如图 9-7 所示。其中，*t* tests（and nonparametric tests）可比较两组数据的均值是否存在显著差异，而非参数检验用于数据不满足正态分布假设时比较组间差异；One-way ANOVA（nonparametric or mixed）比较三个或更多独立组的均值是否存在显著差异，非参数或混合的变体则用于不满足正态分布或具有不同类型变量的数据；One sample *t* and Wilcoxon test 用于确定单个样本的中位数（Wilcoxon）或平均值（*t* 检验）是否与已知值或假设值显著不同的统计方法；Descriptive statistics 可对各列数据进行简单的描述性统计分析，如最小 / 最大值、极差、(几何）平均值、SD、SEM、四分位数、列值之和、置信区间及子列相关内容等；Normality and Lognormality Tests 用于确定数据集是否遵循正态分布（高斯分布）或对数正态分布的统计方法，这对于选择适当的统计模型和分析至关重要；Frequency distribution 用于显示数据集中每个不同值或范围出现的频率，从而揭示数据的分布特征；ROC Curve 可评估分类模型的性能，通过绘制不同阈值下的真阳性率（ture positive rate，TPR）与假阳性率（false positive rate，FPR）之间的关系来反映模型的判别能力；Bland–Altman method comparison 评估两种测量方法之间的一致性，通过分析它们的差异和平均值来确定偏差和一致性限度；Identify outliers 在数据集中检测那些明显不同于大多数数据点的异常值，以便更准确地分析和理解数据的整体趋势和特征；Analyze a stack of *P* values 对一系列统计检验的 *P* 值进行分析，以评估结果的显著性和确定是否存在统计学上的显著差异。

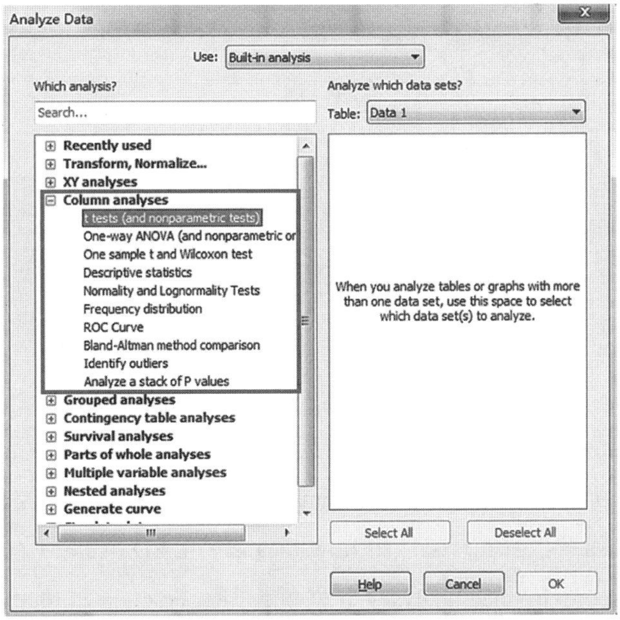

图 9–7　纵列表统计分析方法

（4）Grouped analyses（**行列分组表分析**）

Grouped（行列分组表）又称为二维分组表，以行和列结合的形式安排2个或3个分组因素。以行列分组表安排2个或3个分组因素对应的统计分析方法主要是二因素方差分析（Two-way ANOVA）和三因素方差分析（Three-way ANOVA，见图9-6）。此外，如果试验过程中对同一受试对象进行了多次观察和测量，则还需要使用重复度量的方差分析，GraphPad Prism也支持此类分析。如图9-8所示，Grouped analyses下具体的统计分析方法除了Two-way ANOVA（二因素方差分析）、Three-way ANOVA（三因素方差分析）和Row means with SD or SEM（带SD或SEM的行平均值），还有Multiple t tests-one per row（每行之间的多重*t*检验）。

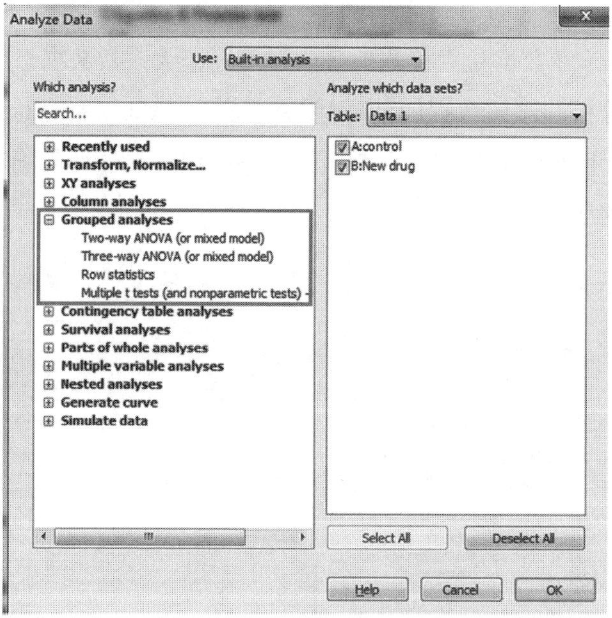

图9-8　行列分组表下分析的统计分析方法

（5）Contingency table analyses（**列联表分析**）

如图9-9所示，Contingency table analyses下的统计分析方法主要包括Chi-square（and Fisher's exact）test；而Row means with SD or SEM在XY analyses、Column analyses、Grouped analyses下重复出现；Fraction of total在Transform、Normalize和Parts of whole analyses下重复出现。

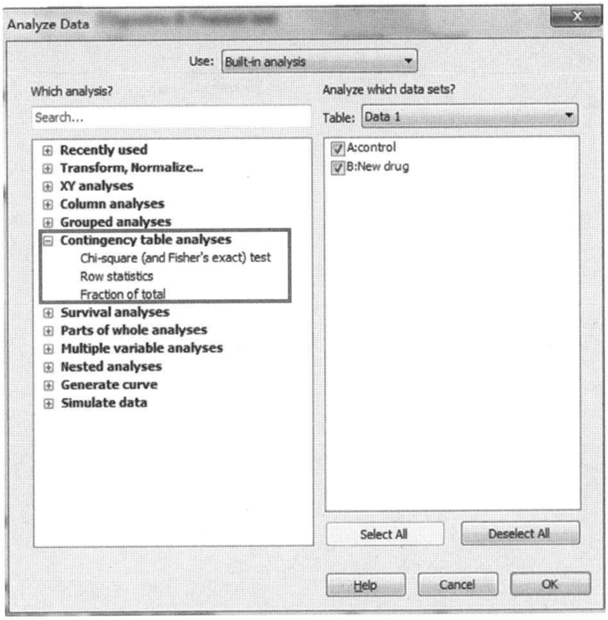

图 9-9　列联表分析下的统计分析方法

（6）Survival analyses（生存表分析）

Survival（生存表）主要用于生存分析和生存曲线绘制。在生存分析中，以随访时间为横轴，以生存率（Survival probability）为纵轴，将各个时间点所对应的生存率连接起来的一条曲线就是生存曲线。生存率表示观察对象的生存时间 T 大于某时刻 t 的概率，其估计方法有非参数法和参数法。如图 9-10 所示，非参数法又分为寿命表法和 Kaplan-Meier 法（K-M 法，也被称为乘积极限法），二者均应用定群寿命表的基本原理，首先求出各个时段的生存概率，然后根据概率乘法定理计算生存率，但前者往往适用于大样本资料，对于小样本或大样本且有精确生存时间的资料一般采用 Kaplan-Meier 法。

Kaplan-Meier 法只能用于研究单因素对生存时间的影响，当对生存时间的影响因素有多个时就不再适用了，并且 Kaplan-Meier 法与 Logrank 检验只适用于分类变量（如常见的不同治疗方案、肿瘤大小、基因表达高低），却不适用于连续变量。Cox proportional hazards regression model 则可以评估多个研究因素对风险率的影响，可以分析分类变量与连续变量。

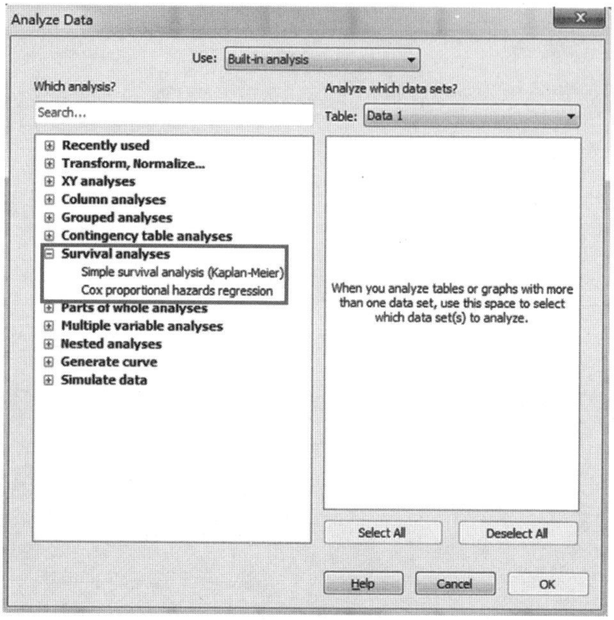

图 9-10　生存表的统计分析方法

（7）Parts of whole analyses（**局部整体表分析**）

Fraction of total（局部占总体比例）在 Transform、Normalize 和 Contingency table analyses 下重复出现。如图 9-11 所示，局部整体表统计分析方法有两种：一种是 Fraction of total，用来计算行、列和总数的百分比；还有一种分析方法是 Compare observed distribution with expected，用来推断两个总体率或构成比之间有无差别。

（8）Multiple variable analyses（**多变量表分析**）

Multiple variable（多变量表）是 GraphPad Prism 8 新增的数据表，每一列代表一个变量，每一行代表一个个体或 ·次试验，常用于安置高级统计分析方法，如多元线性回归（Multiplelinear regression）、多元 Logistic 回归（Multiple logistic regression）、泊松回归（Poisson regression）及相关性矩阵计算（Correlation matrix）。多变量表统计分析方法如图 9-12 所示。其中，Correlation matrix 显示多个变量之间相关系数的矩阵，用于揭示变量之间的线性关系强度和方向；Multiple linear regression 基于几个独立变量的线性组合，来预测另一个变量；Multiple logistic regression 基于几个独立变量或预测因子，

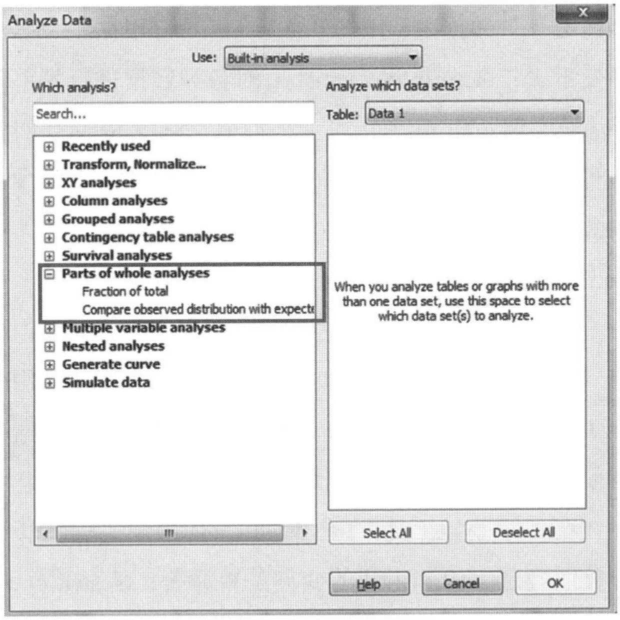

图 9-11　局部整体表的分析方法

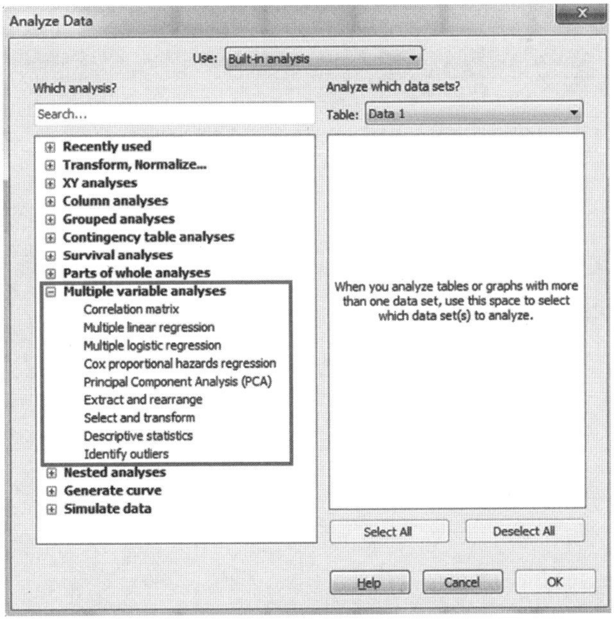

图 9-12　多变量表统计分析方法

来拟合二元结果；Extract and rearrange 从多变量表的一部分中提取数据，并用提取的数据创建另一种数据表；Select and transform 根据一个已有的数据表创建一个新的多变量表；Descriptive statistics 对各列数据进行简单的描述性统计分析，如最小 / 最大值、极差、（几何）平均值、SD、SEM、四分位数、列值之和、置信区间及子列相关内容等；Identify outliers 在数据集中识别和检测显著偏离其他数据点的异常值或不符合总体模式的数据点。

（9）Nested analyses（**嵌套表分析**）

Nested（嵌套表）主要用于解决嵌套数据的统计分析和图形绘制（图 9-13）。因此，在该表中，数据格式和统计分析方法是配套专用的，其中同名的 Descriptive statistics（描述性统计）等描述的都是子列的数据。嵌套表适用于既有试验重复又有技术重复的数据结构，可以同时判断分组内部单元和分组之间是否存在统计学差异。其中，Nested *t* test 用于比较嵌套设计中不同组间的均值差异，以确定组内和组间的变异是否显著；Nested one-way ANOVA 用于分析具有嵌套结构的数据，以确定在一个因子内各个组之间是否存在显著差异，并评估嵌套因素对总变异的贡献；Descriptive statistics 对各子列数据

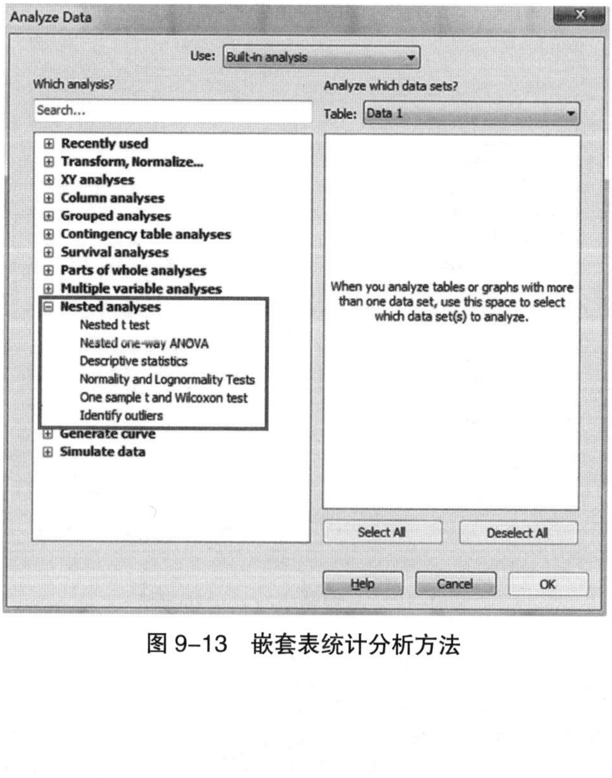

图 9-13　嵌套表统计分析方法

进行简单的描述性统计分析，如最小 / 最大值、极差、(几何) 平均值、SD、SEM、四分位数、列值之和、置信区间及子列相关内容等；Normality and Lognormality Tests 用于确定数据集是否遵循正态分布或对数正态分布，这对于选择适当的统计方法和做出有效推论至关重要；One sample t test and Wilcoxon test 用于子列单样本 *t* 检验和 Wilcoxon 检验。

（10）Generate curve（**生成曲线**）

Generate curve 根据软件内置的函数模型和自行指定的参数生成曲线，如图 9–14 所示。

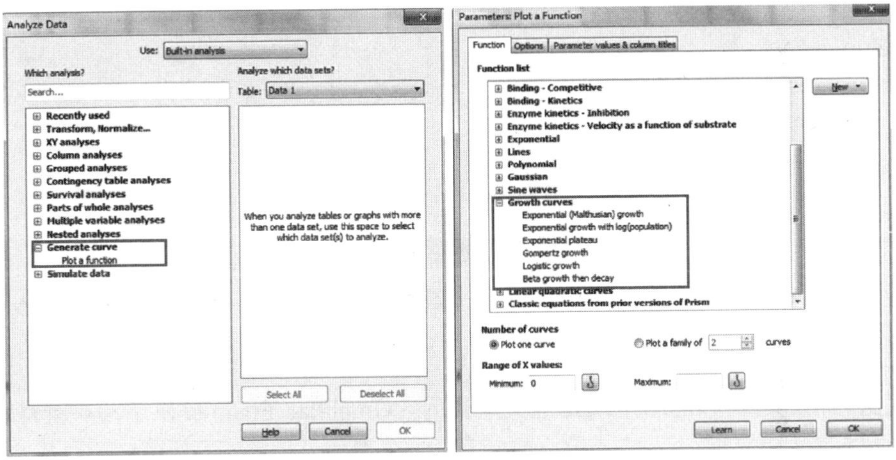

图 9–14 生成曲线

（11）Simulate data（**模拟数据**）

Simulate data 可以根据要求模拟数据，如图 9–15 所示，模拟 XY 表、纵列表、列联表数据，主要用于研究软件的使用和统计分析方法。其中，Simulate XY data 用于模拟 XY 表数据；Simulate column data 用于模拟纵列表数据；Simulate 2 × 2 contingency table 用于模拟 2 × 2 列联表数据；Monte Carlo 用于子列正态分布和对数正态分布检验。

9.2.3 GraphPad Prism 在食品与营养科学研究中的应用

GraphPad Prism 在食品数据分析中具有重要的应用意义，主要体现在其强

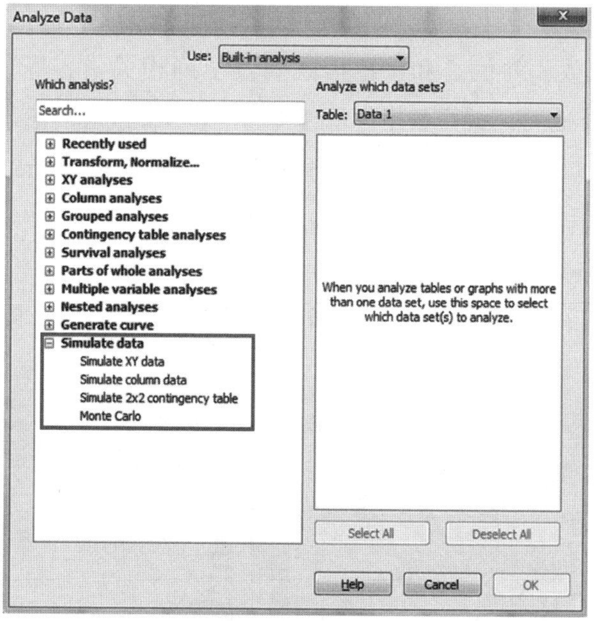

图 9-15 模拟数据统计分析方法

大的统计分析能力和易于使用的图形化呈现功能上。在食品科学研究中无论是研究食品成分、评估加工过程对营养成分的影响，还是检测食品中的污染物，数据的精确分析和清晰呈现是至关重要的。GraphPad Prism 提供了多种统计分析工具，如 t 检验、方差分析、回归分析等，使研究者能够有效地对实验数据进行处理和解读。而且，GraphPad Prism 的用户界面直观友好，操作简便，这使它非常适合需要快速生成图形和分析数据的科研人员。它的图形制作功能可用于生成各种类型的科学图表，如柱状图、散点图、曲线图等。这些图表能够直观地展示研究结果，便于分析和解释复杂的数据。食品科学研究常需要比较不同样本的营养成分或添加剂含量，GraphPad Prism 能够迅速生成相关的统计图表，有助于研究者更好地理解和展示数据。

目前，GraphPad Prism 已在食品与营养科学研究中得到广泛的应用。例如，使用 GraphPad Prism 统计程序估计 1，1- 二苯基 -2- 三硝基苯肼（1，1-diphenyl-picrylhydrazyl radical，DPPH）试验中的抗氧化活性；在海藻提取物在牛奶中作为功能性成分的潜力研究中，使用 GraphPad Prism 软件对体外氧化测定、表面颜色、脂质氧化和微生物测量进行统计分析；在海藻提取物在酸奶中的潜在功能成分研究中，对表面颜色、脂质氧化、pH 值、微生物学、乳清分离和流变性测量，用 GraphPad Prism 软件进行统计分析；在姜黄素光动力灭活食源性和食品腐败细菌的研究，采用 GraphPad Prism 软件进行数据统计分析；在果蝇食物摄取量的量化：现行方法的比较分析研究中，所有统计分析均使用 GraphPad Prism 软件；采用 DPPH 和 ABTS 测定巨峰葡萄（Kyoho）皮、种子和果肉提取物的抗氧化能力研究中，采用 GraphPad Prism 统计程序对 DPPH 和 2，2’- 联氮 -3- 乙基苯并噻唑啉 -6 磺酸［2，2’-azino-bis（3-ethylbenzothiazoline-6-sulfonic acid）］（ABTS）测定的 Kyoho 皮、种子和果肉提取物的 IC_{50} 值进行预测；GraphPad Prism 法也被用于比较野生埃塞俄比亚和印度枣子的化学成分及抗氧化性能。

因此，GraphPad Prism 在食品与营养科学研究中具有十分广泛的应用前景。其强大的数据分析能力和直观的可视化工具，能够帮助研究者从复杂数据中提取有用信息，提高实验结果的可靠性和可解释性。随着研究的不断深入，GraphPad Prism 在该领域的应用前景将更加广阔。

9.3 食品与营养科学研究论文撰写概述

食品与营养科学研究论文对推动农业和食品产业的发展、保障公众健康，都具有重要指导和借鉴意义。研究论文不仅能为学术界提供最新的研究结果，也可以为制定食品标准和法规提供一定的科学依据，并促进食品创新。同时，大众消费者也可以通过阅读论文了解营养与健康，为个人饮食选择提供一定的指导。

整体而言，食品与营养科学研究论文需注重以下几个方面要求或准则。首先，实验设计要科学合理；其次，实验开展、数据采集和分析要科学严谨，以保证实验结果的真实性；最后，论文撰写的思路要清晰，逻辑连贯，语言需易读易理解，同时避免过度复杂的语句。本章节旨在为本领域研究人员、专业人士和学生撰写高质量研究论文提供一定的参考，内容涵盖研究论文的各个方面，包括文章题目、摘要、引言、材料与方法、结果与讨论、致谢和利益冲突等。除了上述几方面，作者还需遵循学术道德和规范，确保学术诚信；同时还应注意正确引用他人的研究成果、避免数据造假和抄袭剽窃等行为。本章节内容旨在为研究者在食品与营养科学研究领域论文撰写中，提供一定帮助。

9.3.1 标题（Title）

科学引文索引（science citation index，SCI）论文标题是整篇论文的核心概括，要能准确反映论文的核心内容，激发读者的兴趣，因此要具有一定的吸引力。字数上也要简洁明了，避免字数过多。国际期刊《科学》（*Science*）和《自然》（*Nature*）多数的标题平均不到 16 个单词，Web of Science 里营养学相关科研论文的标题平均也为 16 个单词，较短的标题简洁明了。作者应该根据研究论文的内容，选择合适的标题类型，其类型主要可以分为以下 3 种：

（1）提问 / 问题式标题（Interrogative Titles）

该类型的标题整体为疑问句形式，能激起读者的阅读欲，通过提出疑问引发读者的思考，来探究真相。例如，"*Sleep deprivation makes you fat：Myth or reality？*"（睡眠缺失会让人发胖，谣言还是事实？）

（2）陈述式标题（Declarative Titles）

该类型的标题直接交代了论文研究的主要结果，清晰简洁。例如，"*Dietary nitrate improves vascular function in patients with hypercholesterolemia*"（膳食硝酸盐改善高胆固醇血症患者的血管功能），直接告诉读者论文的主题是关于膳食硝酸盐在胆固醇血症方面的研究。

（3）描述式标题（Descriptive Titles）

该类型的标题主要交代了论文的研究对象、方法或范围，不直接交代结论。例如，"*Effects of grape seed extract beverage on blood pressure and metabolic indices in individuals with pre-hypertension：A randomised，double-blinded，two-arm，parallel，placebo-controlled trial*"，描述了研究关注的对象是 Grape seed extract beverage，主题是 Blood pressure and metabolic indices，以及采用的研究方法。

除了选择合适的类型，撰写标题还需精炼，避免使用过于夸大或缩小研究范围的词汇。标题也应具有一定的独特性，不要与已有论文标题过于类似。

9.3.2 摘要和关键词（Abstract and Keywords）

论文的摘要通常为一个段落，需简明准确地描述研究内容。不同期刊要求不同，字数通常在 150 ～ 250 字之间。摘要让读者无须阅读整篇论文，就能快速了解全文要点。在撰写时，作者应明确论文的主题和研究方向，并围绕此展开。因此，摘要需简明扼要，避免列出详细的仪器和方法。摘要主要包括背景、目的、方法、结果和结论等几个方面内容。首先需要简要介绍研究背景以及研究目标，或者当前存在的问题；接着，简单描述开展研究的方法，让读者能简要了解论文实验方法和技术手段；然后，阐述论文研究的主要结果，用具体的数据来说明论文的主要发现，应注意的是，避免使用笼统的概括或描述；最后，交代研究内容的结论，阐述研究结果的意义和影响。此外，摘要的撰写应避免使用第一人称和主观性评论，所有的表述均应为研究中得到的客观结果。摘要是研究论文的点睛之笔，好的摘要能有效提升论文的吸引力和可读性。

关键词紧随摘要之后，其数量根据期刊不同有所差异，通常为 3 ～ 6 个关键词。个别期刊会明确要求使用美式或英式拼写，同时避免使用复数术语以及长词汇（例如，避免使用“and”和“of”）。同时还应注意避免使用缩写，只有本研究领域广为人知的术语，才可以使用缩写（如 DNA）。论文关键字将用于发表后的索引，需要简明、准确，与论文的研究主题密切相关。

9.3.3 引言（Introduction）

引言是整篇论文正文的开篇部分，需具有一定的逻辑和层次，应阐述研究的背景、存在的问题、现有的研究方法或进展、存在的不足和本研究的切入点、研究方法和手段、预期达到的结果等，在全文中具有引领读者的作用。

首先，引言的开头部分应简要叙述研究的背景，如该领域的研究热点、前沿问题，以及当前研究的不足之处，从而指出本文研究的主题及其重要性，但需避免烦琐和冗长的论述。

接下来，引言应指出当前问题的研究现状，发展历程，已有的方法和技术手段，针对该问题还存在哪些亟待解决的问题，从而提出问题和假设并引出论文的研究目标。在这一部分，作者需要查阅本领域方向的文献，多以近 5～10 年的文献为主，了解研究现状后阐述研究目的，即想要解决什么问题，达到什么目标。同时，还需要大胆提出研究假设，引出后续的实验设计和数据分析。此外，引言中还应简要介绍本文所采用的研究方法，让读者对论文的实验过程和数据分析有一个简要的了解，主要包括：实验设计、实验流程、数据结构等，但篇幅不宜过多，交代主要的技术方法即可。在阐述完研究背景、目标和方法后，引言还应指出本研究对学术界或产业领域的贡献，创新性和实用性，潜在的应用前景以及能为社会带来的潜在价值和经济效益等。

最后，引言的结尾部分可以概述论文的结构安排，让读者对整篇论文的布局有一个大致的了解，从而引导读者理解和把握论文的整体内容和思路。此外，需要注意的是，引言部分应避免出现下文内容中的具体实验结果和数据等细节内容，而是以交代背景、目的、研究现状、方法等为主。下面是引言最后部分的撰写范例。

“However，whether probiotics have direct benefits on depressive symptoms and metabolic status in patients with MDD（major depressive disorder）has to date not been assessed. The present study was therefore conducted to assess the favorable effects of probiotic supplementation on symptoms of depression，parameters of glucose homeostasis，lipid concentrations，biomarkers of inflammation，and oxidative stress in patients with MDD”

9.3.4 材料、方法和数据处理（Materials and Methods）

论文的“材料和方法”应具有可重复性，因此需确保内容详尽和准确，以便读者或其他研究人员能根据方法描述重复实验。

“材料和方法”应首先列出所有使用的材料，详细阐述其种类，包括生物样本、化学试剂以及纯度信息，如分析纯、优级纯、色谱纯、生物技术级等，大分子类试剂应指出分子量，多糖类物质还应交代其特性信息，如壳聚糖的脱乙酰度等。此外，试剂材料还应该提供生产商、生产地等信息。实验室自制的试剂，还应该详细交代制备流程和纯度鉴定。

接下来，应详细描述实验方法，包括实验设计、具体操作步骤、参数条件等，其中要尤其注意描述实验中的关键步骤和细节，如变温实验中的温度（升温速率，恒温等）和时间、样品浓度和溶液 pH 值以及离子强度、离心速率和温度等参数的设置。方法描述使用第三人称，采用科学、客观的语言，避免模糊或不确定的表述。同时，也要注意逻辑性和条理性，使读者能够清晰地了解实验的详细流程。对于具体的操作方法或创新的实验方法，应提供相关文献给予支持。在涉及仪器或大型设备时，应准确交代仪器的型号、厂家和生产地。

试验数据统计和分析一节中，应当描述试验重复的批次数，试验数据处理过程中所用的软件，如 SPSS 和 SAS 等，交代具体的版本号，数据处理所用的方法，如单因素方差分析、聚类分析等，显著性分析的置信度区间等。对于单因素方差分析等，还应交代多重比较的方法，如 Duncan 和 LSD 等。数据结果绘图还应交代所使用的软件，如 Origin 和 Graphpad 等。

以上是“材料和方法”部分撰写的主要原则。总体而言，撰写应详细、准确，具有可重复性；实验过程描述应该详尽且清晰，便于读者能全面了解实验过程，增加实验结果的可信度。

9.3.5 结果与讨论（Results and Discussion）

论文的“结果与讨论”是整篇论文的核心，不仅要分析实验结果，也要深入挖掘实验现象背后的主要原因及科学问题。不同期刊的要求不同，结果和讨论内容有些期刊会要求二者放在一起，有些则要求分开。但无论哪一种，撰写时均需确保内容清晰、分析全面。其实，在实验设计阶段时，作者就应首先明确研究目的和假设，以便合理设计实验。在实验过程中，作者要仔细记录数据、观察现象，及时进行初步的分析。此外，作者还需要广泛阅读相关文献，了解研究领域的最新进展，以便将自己的研究结果与现有知识相结合，能更好地分析和总结。

首先，作者在撰写时，应区分实验结果和讨论内容。实验数据和分析结果应客观和准确。对于结果的描述，要避免模糊或夸大的语言，确保数据的真实性和可靠性。同时，实验结果也要具有一定的逻辑顺序，应按照实验设计的顺序或递进关系排列。其次，在讨论部分，作者需要深入分析实验结果，探讨其背后的原理和机制，并提出自己的理解和看法，但同时也要考虑其他可能的解释和局限性，以保证内容的客观性。

此外，结果与讨论还需要注意：一是运用简洁和清晰的语言来描述结果和分析原因，避免复杂的句式结构；二是合理运用图或者表来展示实验结果，使结果更加清晰明了；三是注重撰写的逻辑性和条理性；四是引用相关文献来支持自己的观点和解释，从而增加结果的可靠性。对于结果不一致的，要敢于分析原因，提出自己的观点。需要注意的是，引用的文献以近 5 ～ 10 年为主。此外，还应该注意避免大量讨论和引用已有的参考文献；五是讨论结束后，可以简要总结研究结果，提出未来研究方向或改进建议。

总体而言，在撰写“结果与讨论”时，作者不仅需要具备一定的写作技能，还需要广泛阅读相关文献并掌握扎实的专业知识，以确保讨论内容的全面和深入。

9.3.6 结论（Conclusion）

研究结论通常单独成段，是对整篇研究工作的精炼总结，旨在向读者明确传达研究论文的主要发现、创新性和潜在价值。结论的撰写需用凝练的语言和清晰的逻辑，来总结论文的核心研究结果，确保每一句话都有理有据。逻辑上需条理清晰，使读者能够迅速把握研究的重点与亮点。具体而言，内容应紧扣全文的研究目的，首先概述研究的主要结果与发现，这些结果要直接呼应研究问题。接着，强调研究的创新之处，如方法上的改进、新现象的揭示，或是理论的拓展等。此外，还需要简要讨论研究的局限性，客观地指出研究中可能存在的偏差、未解决的问题。同时也应注意，避免重复描述每一个试验指标得到的结果，而是将其总结归纳，阐述主要的结论和发现。最后，结论应以确切的肯定句结束，突出研究的正面影响与贡献。

9.3.7 致谢（Acknowledgement）

致谢部分主要表达对在论文完成过程中，给予帮助和支持的个人或机构的感激；可以提及有指导帮助或建议的老师或学者，以及实验室有所帮助的同事或合作单位。此外，对试验开展有所帮助的科研机构、平台，提供资金支持的基金项目，也要提出感谢。

9.3.8 作者贡献（Author contribution）

为了提高透明度，作者贡献声明已被多数期刊或出版社要求提供，以阐述每位作者对论文的个人贡献。以 Elsevier 出版社为例，作者贡献主要分为：Conceptualization；Data curation；Formal analysis；Funding acquisition；Investigation；Methodology；Project administration；Resources；Software；Supervision；Validation；Visualization；Writing–original draft, Writing–review & editing。作者贡献声明的格式应首先写出作者姓名，然后写出对论文贡献的 CRediT 角色。例如："Zhang San：Conceptualization；Data curation；Writing–original draft"。

9.3.9 利益冲突（Declaration of Interest）

所有作者必须声明与其他人或组织的任何经济利益和个人关系，这些关系可能对其科研工作产生不当影响（偏倚）。潜在的利益关系例子包括雇佣关系、顾问服务、股票持有、酬金、有偿专家证词、专利申请 / 注册等。在撰写利益冲突声明时，作者应客观、诚实和准确全面，确保所声明的信息与实际情况相符，并在论文的适当位置（如标题页、摘要后或正文前）明确标注利益冲突声明。需要注意的是，利益冲突的存在并不一定意味着研究结果不可信或存在偏倚，而是学术诚信和透明度的重要体现。利益冲突的声明可以增强研究结果的信任度，有利于促进学术界的健康发展。

思考题

1. 食品与营养科学研究中，统计分析结果对临床的意义有哪些？
2. 在连续因变量样本的差异分析中，如何选择由单因素影响的分析方法？
3. 一篇优秀的科研论文应该必备哪几个要素？

参考文献

[1] 王钦德，杨坚. 食品试验设计与统计分析 [M]. 北京：中国农业大学出版社，2009：1–10.

[2] 吕英海，于昊，李国平. 试验设计与数据处理 [M]. 北京：化学工业出版社，2021：1–15.

[3] 吕全军. 营养流行病学 [M]. 北京：科学出版社，2017：1–50.

[4] Pripp，Hugo A. Statistics in Food Science and Nutrition [M]. New York：Springer，2013.

[5] Nelson M. Statistics in Nutrition and Dietetics [M]. Hoboken John Wiley & Sons，2020：03.

[6] George P. Analysis in Nutrition Research：Principles of Statistical Methodology and Interpretation of the Results [M]. Cambridge Academic Press，2018：10.

[7] Harris J E，Zoellner J. Pointers and pitfalls in interpreting nutrition and dietetics research：The importance of statistical and clinical significance [J]. Journal of the Academy of Nutrition and Dietetics，2022，122（4）：709–721.

[8] 张敏. GraphPad Prism 学术图表 [M]. 北京：电子工业出版社，2021：51–59.

[9] Chen，Z，Bertin，R，Froldi，G. EC_{50} estimation of antioxidant activity in DPPH assay using several statistical programs [J]. Food Chemistry，2013，138（1）：414–420.

[10] Sridhar K，Charles A L. *In vitro* antioxidant activity of Kyoho grape extracts in DPPH and ABTS assays：Estimation methods for EC_{50} using advanced statistical programs [J]. Food Chemistry，2019（275）：41–49.

[11] Deshpande S A，Carvalho G B，Amador A，et al. Quantifying Drosophila food intake：comparative analysis of current methodology [J]. Nature Methods，2014，11（5）：535–540.

[12] Belayneh T，Gebremichel S，Chinchkar A V，et al. Comparative study on chemical composition and antioxidant properties（GraphPad Prism Approach）of wild ethiopian Z. spina–christi and Indian Z. jujube fruit species [J]. Food Analytical Methods，2022，15（8）：2224–2237.

[13] O'Sullivan A M, O'Callaghan Y C, O'Grady M N, et al. An examination of the potential of seaweed extracts as functional ingredients in milk [J]. International Journal of Dairy Technology, 2014, 67 (2): 182–193.

[14] O'sullivan A M, O'grady M N, O'callaghan Y C, et al. Seaweed extracts as potential functional ingredients in yogurt [J]. Innovative Food Science & Emerging Technologies, 2016 (37): 293–299.

[15] Penha C B, Bonie E, Silva da A F, et al. Photodynamic inactivation of foodborne and food spoilage bacteria by curcumin [J]. LWT-Food Science and Technology, 2017 (76): 198–202.

[16] 洪云. 高级英语写作教程 [M]. 南京：南京大学出版社，2017：294.

[17] 杨艳. 实用英语写作 [M]. 重庆：重庆大学出版社，2016：106.

[18] 蔡基刚. 国际 SCI 期刊论文写作与发表 [M]. 上海：复旦大学出版社，2020：226.

[19] ELSEIVER-CRediT author statement [EB/OL]. https://www.elsevier.com/researcher/author/policies-and-guidelines/credit-author-statement.

第 10 章 食品与营养科学研究的机遇与挑战

周合江

学习目标

1. 了解食品与营养科学研究的机遇。
2. 了解食品与营养科学研究所面临的技术挑战。

食品营养从宏观转向微观，从分子水平上，将食物的营养功能与物质代谢等联合在一起。人们对营养素在人体中所起的作用的认识，也从最初的全机体层面不断向器官、组织、亚细胞结构、分子层面逐渐深入。营养是维持生命、生长发育和健康的重要物质基础，在没有可借助的方法之前，人们对于营养的理解仅止于感觉器官能够感知到的程度。然而，随着健康意识的提升，人们的营养需求也逐步从“大众化”过渡为“精准化”。在科技的驱动下，食品营养科学的研究迎来了新机遇，同时食品营养科学也面临着研究方法、技术等方面的新挑战。

10.1 食品与营养科学研究的机遇

10.1.1 技术创新带来的突破

当今时代，食品营养科学技术创新正以前所未有的速度蓬勃发展，带来了诸多令人惊叹的突破，在技术上的突破主要包括3个方面，分别是组学技术的应用、大数据与人工智能的融合、先进检测技术的进步。

10.1.1.1 组学技术的应用

随着科技革命和产业变革的纵深演进，新一代前沿技术与装备等在食品领域不断渗透融合，驱动着全球食品健康产业向高技术、全营养、智能化、可持续方向快速发展。生物技术的最新进展，如全基因组关联研究、代谢组学和蛋白质组学，以及使用人工智能和机器学习的新分析方法，为同时检查复杂过程提供了潜在的新方法，并将帮助科学家了解不同群体和个人对饮食摄入的反应差异。在极端层面上，营养科学通过解析个体遗传和代谢特征，使人们的营养需求逐步从“大众化”过渡为“精准化”。

基因组学、蛋白质组学和代谢组学等组学技术的迅速发展，为食品营养科学研究提供了全新的视角和强大的工具。通过对生物体基因、蛋白质和代谢产物的全面分析，人们能够深入了解食品营养成分在分子水平上与人体生理过程的相互作用。例如，基因组学研究可以揭示个体对某些营养素的遗传敏感性差异，从而实现个性化的营养干预；代谢组学则有助于发现食品成分在体内代谢过程中产生的新生物标志物，为评估营养状况和健康风险提供更精确的指标。

围绕食品营养与健康关系，采用以宏基因组学、转录组学、蛋白质组学和代谢组学等技术为基础的分子营养学研究方法，可实现针对我国不同地区、不同民族、不同生命周期的人群体质和代谢特征，探讨食物营养成分、功能因子对人体靶基因表达的影响，阐明食品成分、功能因子之间的协同作用及其健康效应，建立适于不同人群和个体的食品精准营养设计智能化模型，最终实现对不同人群更精准、更有效、更安全的营养支持。

10.1.1.2　大数据与人工智能的融合

食品营养领域产生的大数据涵盖了从食品成分、生产加工过程、消费者饮食偏好到人体生理指标等多方面的信息。这些数据来源广泛，包括医疗机构的健康记录、食品企业的生产数据、科研机构的实验数据以及消费者通过移动设备和智能穿戴设备产生的数据等。人工智能技术如机器学习和深度学习算法，能够从海量的、复杂的数据中自动发现模式和规律，具有强大的预测和分类能力。

大数据的积累和人工智能算法的应用，为食品营养科学研究带来了革命性的变化。海量的食品营养数据、人群健康数据以及饮食行为数据等可以被整合和分析，挖掘出隐藏在其中的潜在规律和关联。人工智能算法能够预测食品营养成分的吸收、代谢和生物利用度，优化膳食配方和营养干预策略。同时，基于大数据和人工智能的智能饮食推荐系统，也能够根据个体的健康状况、饮食习惯和遗传背景，为人们提供个性化的饮食建议。

10.1.1.3　先进检测技术的进步

高分辨率色谱—质谱联用技术、NMR 技术等先进检测技术的不断涌现，使对食品中微量营养成分、污染物和生物活性物质的检测更加灵敏、准确和快速。这有助于更全面地评估食品的营养价值和安全性，并为食品质量控制和营养标签的制定，提供科学依据。此外，非侵入性的检测技术（如近红外光谱技术、生物电阻抗分析等）在人体营养状况评估中的应用，为实时监测和动态追踪营养变化提供了可能。

10.1.2　跨学科合作的深化

10.1.2.1　医学与食品营养科学的融合

食品营养是人民身体健康、生活幸福的基石。食品营养研究的本质实际上是食品（或食品成分）与身体相互作用的过程和所产生的结果。因此，食品营养科学研究必须以食品与人体的相互作用为基础，通过实验数据来阐述食品的营养和健康功能。以食品与人体相互作用为出发点和依归，可以让食品营养回归到以实验验证为依托的研究。而医学领域的研究成果为食品营养科学提供了重要的理论基础和临床实践经验。营养与疾病的关系研究，如心血管疾病、糖尿病肥胖症等慢性疾病的营养预防和治疗，需要医学和食品营养科学的紧密结合。临床营养学的发展也为制定个性化的营养治疗方案提供了依据，通过精准的营养干预改善患者的临床结局。

10.1.2.2 生物学与食品营养科学的协同创新

生物学中的细胞生物学、分子生物学和微生物学等学科的研究方法和成果，在食品营养科学中得到了广泛应用。例如，利用细胞培养技术研究食品营养成分对细胞生长、分化和凋亡的影响；通过分子生物学手段解析营养素在基因表达和信号转导通路中的作用机制；微生物学的研究有助于揭示肠道微生物群落与食品营养成分之间的相互作用，以及其对人体健康的影响。

10.1.3 政策支持与资金投入增加

10.1.3.1 政府的重视与推动

各国政府越来越认识到食品营养对于国民健康和经济发展的重要性，纷纷出台相关政策和法规，加大对食品营养科学研究的支持力度。例如，设立专项研究基金、资助重点科研项目、建立国家级的食品营养研究机构等。政策的引导和支持为食品营养科学研究，创造了良好的政策环境和发展机遇。

10.1.3.2 产业界的积极参与

产业界的参与促进了跨学科的合作，推动了食品工程、市场营销、数据分析等学科与食品营养科学的融合。同时，共同搭建研究平台促进学术界和产业界之间的人员交流与合作，加速研究成果的转化和应用。此外，食品企业为了满足消费者对健康食品的需求，不断加大在研发方面的投入，与科研机构合作开展创新研究。产业界的资金支持和市场导向，拓宽了食品营养科学研究的渠道，推动了健康食品产业的蓬勃发展。

10.1.4 社会需求的增长与公众意识的提高

10.1.4.1 健康饮食的追求

随着人们生活水平的提高和健康意识的增强，对健康饮食的需求日益旺盛。食品营养研究引导人们对健康饮食的追求，有助于维持身体的正常生理功能。通过深入了解食物中各种营养素的含量和作用，人们能够合理搭配膳食，确保摄入足够的蛋白质、碳水化合物、脂肪、维生素和矿物质等，从而为身体的生长、发育、修复和免疫提供坚实的物质基础。因而，对健康饮食的追求促使消费者更加关注食品的营养价值、安全性和功能性，愿意为高品质的健康食品支付更高的价格。这为食品营养科学研究提供了强大的市场动力和社会需求。对于未来发展，一方面需要进一步加强营养科学的研究；另一方面则需要进一步做好营养的科普工作，通过提升消费者的营养知识素养，促进科学理性消费。

10.1.4.2 教育与科普的促进

食品营养是人类维持生命、生长发育和健康的重要物质基础，营养不足与过剩的相关疾病是影响国民健康的重要因素。食品营养教育的普及和科普宣传活动的开展，提高了公众对食品营养知识的认知水平，增强了公众对科学研究的关注和支持。公众对食品营养科学研究的参与度不断提高，有助于形成良好的社会氛围和舆论环境，进而有利于研究工作的顺利开展和成果的广泛传播。

10.2 食品与营养科学研究的挑战

10.2.1 食品营养科学研究的技术挑战

10.2.1.1 研究模型的不完善

在食品营养科学研究领域，研究模型的不完善极大地制约了我们对食品营养与人体健康之间复杂关系的深入理解和准确把握。

动物实验虽然在食品营养研究中被广泛应用，但动物模型与人类在生理结构、代谢过程和饮食习惯等方面存在显著差异，导致从动物实验中获得的结果在向人类外推时存在不确定性。例如，某营养素在动物体内的吸收、代谢和利用方式可能与人类大不相同，导致基于动物模型得出的营养建议可能并不完全适用于人类。细胞培养模型虽然能够在一定程度上模拟细胞水平的反应，但无法完全再现体内复杂的环境和相互作用。此外，数学模型和计算机模拟在食品营养中的应用仍处于发展阶段，模型的准确性和可靠性有待进一步提高。它们在预测营养物质的代谢途径和健康效应时，可能会因参数设置的不准确或对复杂生理过程的简化而产生偏差。

10.2.1.2 检测和分析技术的不足

尽管现代检测技术在不断进步，但仍存在一些局限性。食品中包含众多复杂的营养成分，如微量营养素、生物活性物质等。现有技术对于某些微量营养素和生物活性成分的检测精度和准确性仍有待提高，并且一些新发现的营养成分可能缺乏有效的检测方法。同时，对于营养成分在体内的吸收、分布、代谢和排泄等过程，现有的分析技术往往不够灵敏，缺乏特异性，导致结果可能存在偏差。此外，现有检测技术难以同时分析各种营养成分之间的协同或拮抗作用，无法准确评估食品的综合营养价值。

10.2.2 科学研究耗费成本大

10.2.2.1 先进设备和技术的购置与维护

食品营养研究常常需要借助高精密度、高性能的分析仪器和检测仪器，如高效液相色谱、质谱仪、基因测序仪等。科技发展迅速，导致设备和技术在短时间内就可能过时或被更先进的型号所取代。这意味着科研机构在购置时，需要做出具有前瞻性的决策。同时，后期维护、校准和升级也需要持续投入大量的资金。

10.2.2.2 数据管理和分析的成本

在食品营养研究中，数据来源广泛，包括实验室检测数据、临床数据、流传病学调查问卷数据、消费者反馈数据等。这些数据类型多样，格式不一，涵盖了营养成分分析、生理指标测量、饮食习惯记录等多个方面。对这些数据进行有效的管理、存储和分析，需要强大的信息技术支持和专业的数据处理人员。购买数据存储设备、数据管理软件以及聘请数据分析师，都需要大量的资金投入。并且，随着数据安全和隐私保护要求的提高，数据管理的成本还在不断增加。

10.2.3 精准营养的多元复杂性

10.2.3.1 个体数据的复杂性和多维度性

个体在基因构成、生理状态、生活方式、饮食习惯等方面存在巨大的差异，这使大规模人群研究难以准确评估食物对个体健康的影响。例如，相同的食物摄入量在不同个体中，可能导致不同的代谢反应和健康结果。而精准营养依赖于对个体大量且多样化的数据收集，包括基因信息、肠道微生物组、代谢组学数据、饮食习惯、运动水平、睡眠质量以及心理状态等。然而，获取这些全面且准确的数据并非易事。第一，基因检测技术虽然不断进步，但解读基因与营养需求之间的复杂关系，仍存在诸多不确定性；第二，对于个体生活方式等主观因素的评估，往往依赖于自我报告，存在偏差和不准确性。

10.2.3.2 食物成分的复杂性

食品中包含了种类繁多的营养素、生物活性物质、添加剂等。各种成分并非孤立存在，它们之间存在着复杂的相互作用。此外，食物中的生物活性成分与其他成分结合或反应，可能改变其生物活性和功效。但目前的分析技术难以全面、准确地测定食物中的所有成分及其相互作用，这导致对食物营养价值的评估存在偏差。

10.2.4 伦理和社会因素的考量

10.2.4.1 人体试验的伦理约束

食品营养研究对于改善人类健康、预防疾病以及制定合理的饮食指南具有重要意义，人体试验作为研究食品营养在人体内代谢吸收和作用机制的重要方法，为科学认识和应用营养知识提供了直接证据。然而，由于涉及人体受试者，这类实验需要谨慎设计和执行，以避免对参与者造成潜在的伤害，并严格遵循伦理原则，确保受试者的权益和安全。这在一定程度上限制了研究的设计和实施，例如某些高风险或潜在有害的干预措施可能无法进行。此外，在食品营养科学研究中，涉及人体试验和基因编辑等领域时，往往会面临伦理和法律方面的争议。如何在保障研究进展的同时，遵循伦理原则和法律法规，是一个亟待解决的问题。

10.2.4.2 社会文化和经济因素的影响

社会文化和经济因素会影响个体的饮食习惯和食物选择，从而干扰对食品营养与健康关系的研究。

不同地区和民族拥有独特的饮食文化和传统，这些文化和传统不仅影响了食物的选择，还决定了食物的制备和消费方式。例如，某些文化强调食用特定的谷物、肉类或蔬菜，而另一些文化可能有独特的烹饪方法，如发酵、腌制等。这使在进行跨文化的营养研究时，难以制定统一的标准和指标，来评估营养摄入和健康结果。宗教信仰对饮食有着严格的规定，如某些宗教禁止食用某些动物产品或在特定时期禁食。这些宗教习俗可能导致特定人群的营养摄入不均衡，但在研究中，由于宗教因素的敏感性和复杂性，很难准确评估其对营养状况的具体影响。社会对美的观念、健康的定义以及对食物的态度，也会影响人们的饮食行为。例如，追求苗条身材的社会观念可能导致一些人过度节食或选择不健康的减肥方法，从而影响营养摄入。此外，对某些食物的偏见或偏好也可能基于社会价值观而非营养科学，这给营养教育和干预带来了困难。

10.2.4.3 公众认知和信任的问题

食品营养科学的不断发展为人们提供了丰富的知识和指导。然而，公众对这一领域的理解和信任程度却参差不齐。这种状况不仅影响了公众对营养建议的遵循，也给食品营养科学的研究方法带来了一系列挑战。

在当今数字化时代，公众面临着海量的食品营养信息，其中不乏不准确、片面甚至误导性的内容。这些信息来源广泛，包括社交媒体、未经证实的健康博客和部分缺乏科学依据的广告宣传。公众的科学素养水平存在差异，导致对食品营养科学的理解和接受程度不同。部分人群可能缺乏基本的科学知识和批判性思维能力，难以分辨可靠的科学研究与虚假信息。同时，一些食品丑闻和不实报道削弱了公众对食品行业和科学研究的信任，导致他们对食品营养科学的研究成果持怀疑态度。

思考题

食品与营养科学研究面临的机遇和挑战有哪些？

参考文献

[1] 李兆丰，孔昊存，刘延峰，等. 未来食品：机遇与挑战［J］. 中国食品学报，2022，22（04）：1-13.

[2] Kaushal S，Tammineni D K，Rana P，et al. Computer vision and deep learning-based approaches for detection of food nutrients/nutrition：New insights and advances［J］. Trends in Food Science & Technology，2024（146）：104408-104422.

[3] Knorr D，Augustin M A. Uncertainty，insightful ignorance，and curiosity：Improving future food science research［J］. Trends in Food Science & Technology，2021（118）：559-568.

[4] Mondal D D，Chakraborty U，Bera M，Ghosh，et al. An overview of nutritional profiling in foods：Bioanalytical techniques and useful protocols［J］. Frontiers in Nutrition，2023（10）：1124409-1124424.

[5] Ulaszewska M M，Weinert C H，Trimigno A，et al. Nutrimetabolomics：An integrative action for metabolomic analyses in human nutritional studies［J］. Molecular Nutrition & Food Research，2018（63）：1800384.

[6] Xia W，Fang X，Gao Y，et al. Advances of stable isotope technology in food safety analysis and nutrient metabolism research［J］. Food Chemistry，2023（408）：135191.

[7] Zhang J，Sun M，Elmaidomy A H，et al. Emerging trends and applications of metabolomics in food science and nutrition［J］. Food & Function，2023，14（20）：9050-9082.